土杂鸡高效养殖一本通

主　编　李慧芳　赵宝华　赵振华

U0349435

中国农业科学技术出版社

图书在版编目（CIP）数据

土杂鸡高效养殖一本通 / 李慧芳，赵宝华，赵振华
主编 . —北京：中国农业科学技术出版社，2021.4
　　ISBN 978-7-5116-5133-4

　　Ⅰ.①土… Ⅱ.①李… ②赵… ③赵… Ⅲ.①鸡－饲
养管理 Ⅳ.① S831.4

中国版本图书馆 CIP 数据核字 (2021) 第 016227 号

责任编辑　张志花
责任校对　李向荣
责任印制　姜义伟　　王思文

出 版 者　中国农业科学技术出版社
　　　　　北京市中关村南大街 12 号　　邮编：100081
电　　话　（010）82106636（编辑室）（010）82109702（发行部）
　　　　　（010）82109709（读者服务部）
传　　真　（010）82106631
网　　址　http://www.castp.cn
经 销 者　各地新华书店
印 刷 者　北京科信印刷有限公司
开　　本　170 mm × 240 mm　1/16
印　　张　12.5
字　　数　285 千字
版　　次　2021 年 4 月第 1 版　2021 年 4 月第 1 次印刷
定　　价　59.80 元

《土杂鸡高效养殖一本通》

编 委 会

主 编　李慧芳　赵宝华　赵振华

副主编　戴鼎震　宋卫涛　章双杰　薛　明

编 委（以姓氏笔画为序）

万晓星　王金美　王晓峰　王钱保

朱　静　朱春红　刘宏祥　李　新

李建梅　李春苗　李婷婷　邹建香

沈欣悦　张　丹　陈俊红　范梅华

茅慧华　赵　靓　姜　逸　徐文娟

高明燕　陶志云　黄正洋　黄华云

蒋加进　程　旭

前　言

　　我国多样化的地理、生态、气候条件，众多的民族及不同的生活习惯与饮食文化，加上经过广大劳动者长期以来的精心驯养，以及与国外高产配套系杂交选育，培育了具有中国特色、丰富多彩、品质优良的土杂鸡品种，其外貌漂亮、肉质鲜美、蛋品质风味独特而深受我国消费者的喜欢。随着我国老百姓生活水平不断提高和对美好生活的追求，对优质、特色的土杂鸡消费需求日益增长。目前，我国土杂鸡的生产量和消费量均居世界首位。

　　土杂鸡适应性广，耐粗饲，抗病性强，养殖效益高，随着养殖规模的不断扩大，对养殖技术的需求也越来越高。为此，中国农业科学技术出版社委托中国农业科学院家禽研究所，组织了来自科研院校从事土杂鸡生产研究的专家以及生产上一线技术人员共20多名作者，充分利用丰富的专业知识和生产实践经验，借鉴成熟的科学技术，就土杂鸡生产概况、土杂鸡主要品种（配套系）、养鸡场建设、日粮配制技术、饲养管理、人工孵化技术、防疫保健、疾病防治技术、生产经营等内容精心编写。书中介绍的土杂鸡高效养殖技术科学先进、实用性强，配套展示大量的生产技术图片，图文并茂，通俗易懂，利于读者快速掌握土杂鸡高效养殖技术。本书是广大养鸡场管理者和员工以及基层畜牧业从业人员的好帮手，也可供畜牧兽医院校师生阅读参考。

　　虽然本书在整体编写、图片采集方面都做了精心准备，进行了创新尝试，力求科学性、实用性和趣味性，但受编者收集材料有限和认识的局限性，书中介绍的内容若存在不足之处，敬请广大同行、读者批评指正！

李慧芳　赵宝华

2021 年 3 月

目　录

第一章　我国土杂鸡生产概况

一、土杂鸡概念

土杂鸡是我国老百姓对当地草鸡的通俗称谓，又称为土鸡、草鸡、笨鸡、柴鸡等，是优质鸡的代名词。目前，国内具有普遍意义的土杂鸡概念是相对于国外商用快长型肉鸡（国内称其为"洋鸡"）而言的，通常指含有地方鸡种血缘、生长较慢、肌肉与蛋品质优良、外貌和屠体品质适合消费者需求的地方鸡种或肉鸡杂交的仿土鸡。其特色主要有体型外貌符合消费者要求，肉质优良，含一定量的肌间脂肪，风味和口感较好；适应性好，饲养周期较长，适合传统工艺加工，包括文昌鸡、广西三黄鸡、清远麻鸡、北京油鸡、仙居鸡、狼山鸡、邵伯鸡、如皋黄鸡、乌骨鸡、惠阳胡须鸡、鹿苑鸡和固始鸡等优良的地方鸡种，其中，黄羽肉鸡占绝大多数。

我国肉鸡按照体重和生长速度可以分为3种类型，即快速型（快大型、快长型）、中速型（仿优质型）和慢速型（优质型），本书中讲的商品土杂鸡是指90～180日龄上市的草鸡，是慢速型优质鸡。

土杂鸡与普通肉鸡、蛋鸡的区别在于其"土"，其适应性广，耐粗饲，抗病性强，适合放养。土杂鸡因漂亮的外貌、肉蛋品质优良而深受当地老百姓的喜欢。随着我国老百姓生活水平不断提高和对美好生活的追求，广大民众基本告别了缺衣少食的贫穷生活，生活质量有了明显提高，对家禽的消费也开始由温饱数量型向品质消费型方向转变，对优质、特色的土杂鸡消费需求日益增长，尤其在广东、广西、海南、福建、上海、江苏、浙江以及港、澳等南方地区消费量更大，我国土杂鸡可谓供需两旺，市场前景喜人（图1-1）。

图1-1　土杂鸡市场前景喜人（韦玉勇提供）

二、土杂鸡生产特点

1. 我国土杂鸡品种丰富，拥有自主知识产权（具有较强的地域性）

我国多样化的地理、生态、气候条件，众多的民族及不同的生活习惯与饮食文化，加上长期以来广大劳动者的驯养和精心选育，形成了丰富多彩、种质特性的家禽品种，《中国畜禽遗传资源志·家禽志》一书中共收录了北京油鸡、文昌鸡等107个地方鸡品种（2011年）。我国的家禽育种专家和企业以这些优良的地方品种为育种素材，培育了岭南黄鸡、京海黄鸡、邵伯鸡、雪山草鸡等55个新品种（配套系）（截至2019年年底，通过国家审定），建立了中国特色的肉鸡产业技术体系。目前，我国家禽的养殖量和消费量均排在世界首位。

2. 土杂鸡生命力强，适合放养

一般而言，土杂鸡长期生活在管理粗放的条件下，其体型协调，外貌优美，适应性强，抗病力强，适合散养、放养。我国地域辽阔，拥有丰富的牧草、林木等资源，养殖土杂鸡可以充分利用这些自然资源（图1-2、图1-3），降低养殖成本，同时为林木、花草提供有机肥，形成良好的循环生产模式，增加社会、经济及生态效益。

3. 土杂鸡肉质鲜美、蛋品质好

土杂鸡通常具有肉质鲜美（图1-4）、蛋品质好（图1-5）的特点，深受当地老百姓喜欢。人们往往将其当作高档的禽产品，售价也较普通肉鸡、蛋鸡以及鸡蛋要高，部分地区直接按只数销售，如岭南黄鸡每只200元，草鸡蛋每枚1～2元，经济效益显著，这也是土杂鸡赖以存在和发展的基础。要保证土杂鸡的品质，除选择优质土杂鸡品种外，选择适宜土杂鸡的饲养方式也非常重要。目前，采取相对低的饲养密度，选择良好的养殖环境，提供较大的活动场地或者林间草地放养，原粮粗饲，适当补饲牧草等措施是非常必要的。

4. 品种繁杂，生产性能参差不齐

我国土杂鸡品种众多，部分地方品种得到了国家和地方政府的重视，并建立了国家家禽地方品种种质资源基因库、原种场等，给予保护和利用，但仍然有相当的地方品种散落在民间，未能得到有效保护，未经系统选育，致使其生产性能参差不齐，在羽色、体型整齐度、上市时间、开产时间、蛋重等方面存在较大差异，也影响到肉蛋品质风味。

图1-2　利用滩涂闲地放养土杂鸡

图1-3　利用果树林木资源放养土杂鸡

图1-4　土杂鸡肉质鲜美

图1-5　土鸡蛋风味独特

5. 土杂鸡专业化程度低，疫病净化程度低

土杂鸡生长速度较慢，产肉量较少，产蛋量也低，市场占有率不高，通常为肉蛋兼用型，以个体养殖户为主。另外，土杂鸡也没有严格的父母代和商品代之分，育成期结束后，选优秀的个体留作种用，未能对鸡白痢、禽白血病等垂直性疫病进行净化，存在种源性传播疾病的风险。而广东温氏食品集团有限公司、常州市立华畜禽有限公司等大型养殖企业或集团以及江苏省家禽科学研究所等科研院所积极开展土杂鸡的选育、病原净化等工作，培育了京海黄鸡、邵伯草鸡、雪山草鸡、新兴土杂鸡Ⅱ号等新的品种（配套系）。

三、土杂鸡生产现状

土杂鸡全国各地均有饲养，凡是有草地、林地、花木等空闲土地的都可饲养，受消费习惯的影响，土杂鸡的养殖主要集中在广东、广西、福建、江苏、安徽、浙江、海南、河南、河北、湖北、新疆、吉林等省、自治区。

随着人民生活水平的提高，人们对鸡肉和鸡蛋的品质也提出了更高的要求，市场上更喜欢土生土长的、品质较高的土杂鸡和土鸡蛋。另外，土杂鸡也更适合中式烹调方法（煲汤、清蒸、爆炒、红烧等），而且土杂鸡在售价方面也具有较明显的优势，因此，价格受市场行情影响较小，相对来说售价比较稳定。

中国畜牧业协会公布的统计数据显示，2019年我国商品代黄羽肉鸡、白羽肉鸡的出栏量分别为49亿只、44亿只，日出栏数量分别约为1 340万只、1 200万只，与2018年同比分别增加了约10亿只、5亿只，增幅分别达到25.6%、12.8%。目前，土杂鸡的饲养量及消费量已占肉鸡的一半，甚至超过了白羽肉鸡的规模，但在土杂鸡养殖蓬勃发展的同时，我们也应重视当前存在的一些问题。

第一，土杂鸡品种繁杂，产品质量参差不齐，无序生产和恶性竞争情况较为严重，生产不规范甚至以次充好的问题也一直存在。有些地方采取传统方式养殖土杂鸡，固然有利于保持土杂鸡品质，但生产效率较低。

第二，由于技术和市场的原因，部分企业过于急功近利，采用国外快大型肉鸡与国内知名的地方品种进行杂交选配，通过缩短上市时间以及增加上市体重来获得更大的利润，结果导致鸡的传统风味和肉质口感被严重破坏，最终导致一些优良地方品种鸡面临巨大的保种压力，甚至造成部分地方品种失传，对土杂鸡行业的发展极其不利。

第三，养殖户对鸡白痢、禽白血病等垂直性传染病净化不重视，或者受技术、资金等因素所限，净化难以达标，存在种源性散毒的风险，使苗鸡品质下降，增加了后期生产成本和影响上市鸡的品质，最终也影响到土杂鸡行业的健康发展。

目前，国家对活禽上市的政策调整以及环保政策的加强，对土杂鸡行业的发展提出了新的挑战，土杂鸡养殖的出路在于传统保种与市场需求开发的有机结合，传统饲养与现代工艺的紧密联系，在种鸡管理、孵化、育雏、饲料配制和防疫等环节上应主动吸纳现代养鸡新技术，提高土杂鸡饲养技术水平，以保证土杂鸡独特的品质和肉蛋的绿色健康安全，促进土杂鸡行业可持续发展。

四、土杂鸡行业发展趋势

随着土杂鸡生产水平的提高、市场份额的进一步扩大以及现代消费理念的更新，土杂鸡养殖也应向科学化、专业化和现代化过渡。

科学化是按照土杂鸡养殖特色的要求，针对性地规划土杂鸡养殖场制定，生产卫生防疫工作规范，科学指导土杂鸡的育雏、育肥、产蛋饲养管理，充分发挥其生产性能，保障土杂鸡健康成长，保证土杂鸡品质和食品健康安全。

专业化是指要在我国众多的地方品种中筛选出生产性能优良、体型外貌更加一致、适应性更广的品种用于生产。这就要求一方面要有目的地对本地区品种提纯复壮，选优提高；另一方面要利用现代育种技术，在保证产品品质不下降的前提下培育专门的土杂鸡配套系，大幅度提高其生产性能和经济效益。

现代化是指打破传统的土杂鸡生产方式，即改变千家万户将养鸡当作副业，一家仅养十几只，有什么喂什么，粗放放养的生产方式。而应将土杂鸡养殖当成一个产业，采用培育优良品种、配套养殖设施、饲喂营养全面的饲料、严格执行科学的卫生防疫措施、废弃物无害化处理等现代化的土杂鸡养殖技术。

当然，我们这里所讲的土杂鸡养殖科学化、专业化和现代化都是在保证土杂鸡的传统品质不被破坏的前提下，进行的选育开发和养殖生产工作，要保证肉蛋品质，做精做细，打造肉鸡业的优良品种，以满足市场对优质、高档禽产品的需求。

土杂鸡具有适应性广，耐粗饲，抗病性强，适合放养，饲养成本较低，售价较高，养殖利润较高的特点；土杂鸡的外貌美观，风味口感较好，符合我国特色的消费观念，拥有较大的消费市场。可见，土杂鸡养殖业在我国发展稳定，市场前景喜人。

五、饲养土杂鸡需要考虑的因素

现代肉鸡（包括土杂鸡）生产是集现代科技、经济和管理于一体的产业，必须用科学技术指导养鸡生产，有一定的经济实力作保障，在人力、物力等方面创造必要条件，融入现代企业管理和市场营销理念，才能达到现代土杂鸡生产的要求，才可能取得良好的养殖效益。在开始正式土杂鸡养殖之前，鸡场的经营管理者一定要综合考虑以下几点因素，然后再做出决策。

（一）市场因素

鸡是商品，只有通过在市场上销售后才能收回成本并获取利润，在计划土杂鸡养殖前，需对本地肉鸡市场做一定的摸底了解，通过市场调研，掌握市场对土杂鸡的品质需求及消费特点。不同地区对土杂鸡有不同的消费习惯，总的来说，南方消费者喜欢刚刚性成熟的童子鸡和母鸡，而北方消费者喜欢体型大的公鸡；农村消费者喜欢用体型大、肉多的鸡做白斩鸡，城市消费者喜欢用体型小、肉质优的鸡煲汤。具体来说，例如，香港、广东等地喜欢用1.25～1.5千克的黄鸡做白斩鸡，广东、江苏等地喜欢用放养的草鸡煲汤，上海、浙江等地喜欢用1千克左右的童子鸡清蒸，黑龙江、吉林等地喜欢用体型大的鸡红烧。消费者不仅对体型大小、性别有偏好，而且由于土杂鸡一般以活禽形式销售，所以消费者对羽色、脚色、体色、冠的颜色与形状等表观性状也有一定的要求。当然，因对禽流感疫情的控制及公众健康等因素的考虑，我国在北京、上海、南京等部分城市取消了活禽交易，并推广以屠宰后的冰鲜鸡等形式上市销售，以逐渐取代活禽销售，引导老百姓对家禽的购买习惯和消费观念。国家对家禽销售政策的调整，对土杂鸡培育提出了新的要求，为此在市场调研时，也需充分了解本地的活禽交易政策以及未来活禽交易政策调整的趋势。因此，需根据本地区的消费习惯、市场需求和活禽交易规定，选择土杂鸡饲养品种和数量。

同时规划好自己的销售渠道，是直销还是代销或者兼而有之，每批土杂鸡上市之前，就应联系好买家。加入养鸡合作社是一个很好的选择，尤其是对新养殖户更适合，养鸡合作社提供养鸡技术支撑，对产品品质也有严格规定，还会以保护价收购，可省去自己很多麻烦，只需按合同订单精心抓养殖生产就好了。

（二）品种因素

如果是初次搞养殖的，最好选择长速较慢的土杂鸡品种，这些品种通常适应性广、抗病力强，对养殖条件要求相对较低。如是具备一定条件与技术的鸡场，完全可以根据市场行情选择市场需求量大、利润空间大的品种。在同一类型鸡中，要尽量选择生产性能高的品种。

商品鸡养殖周期短，投资少，对养殖技术要求也比较低，但利润相对较低。饲养种鸡周期长，投资高，对养殖技术要求较高，利润较高。养殖者可根据自身的资金情况和技术条件确定到底是饲养商品鸡还是种鸡。同一鸡场一般饲养同批次的鸡，以便实施"同进同出"养殖模式，减少疫病传播风险。父母代鸡场主要任务是饲养父母代种鸡，生产商品代苗鸡，相应需配套孵化设备设施，对鸡舍的设计及繁殖配

种方式、饲养管理方法均有特定的要求；而商品鸡场则主要考虑发挥鸡的最大生产潜力，以获得最高的生产效益。

（三）规模因素

到底饲养多大的规模，需根据自己的设施条件、资金周转状况、市场需求量来确定。适当的饲养规模，是进行土杂鸡生产管理和获得最佳经济效益最重要的因素。从养殖业的角度考虑，必须具有较大的规模才能产生较好的经济效益，因为毕竟每只鸡的绝对利润是有限的，需要有数量的积累，才能产生规模效益。但是，如果不进行市场调研、效益分析，盲目扩大规模，超出自身承担风险的能力，往往也难以成功。一般种鸡场以上千只的规模较为适宜，饲养商品鸡则要求具有较大的规模。

（四）技术因素

科学技术是养鸡成功的保障，贯穿于整个饲养过程。鸡是最基本的生产物资，也是最终创造价值的主体，鸡养得好不好直接决定了整个生产是盈利还是亏损。

进行土杂鸡生产，首先必须掌握土杂鸡饲养关键技术，掌握土杂鸡各生产环节的关键技术，这是搞好土杂鸡生产的先决条件。规模化土杂鸡养殖场生产管理人员必须具备养鸡生产知识和实践技能，最好能配备管理、经营、机电设备等方面的技术型人员。

（五）生产条件

生产条件是进行土杂鸡生产的基础条件，太过简陋的生产设备不能很好满足鸡只生长的需要。进行土杂鸡生产必须投入足够的资金，提供必要的生产条件。

鸡场应有合理的规划和布局，修建较

为规范的鸡舍。要求鸡场各功能区域有明确的划分，鸡舍具有较好的保温、通风、控制光照等性能，不同阶段的鸡对鸡舍有不同的要求，应能达到基本技术指标的要求。如进行种鸡生产，孵化时使用较好的孵化设备是必要的。如进行放养，需提供充足的牧草资源和活动场所，并进行有效隔断，避免鸡外逃。

在饲养管理方面，采用适宜的饲养方法十分重要。针对不同鸡种、不同生产阶段，采用相应的饲养方式，如阶段性饲养、限制饲养等；采用不同形状的饲料，如粉料、粒料、破碎料等，饲喂次数、饲喂时间等均按要求进行。管理条件是多方面的，目的在于为鸡只提供最适宜的生长发育环境和生产环境，在自然环境达不到要求的情况下，必须采用人工的办法加以解决，如保温设备、降温设备、光照设备和通风设备等，因地制宜地采取措施，以达到较好的效果。

六、土杂鸡生产效益分析

（一）土杂鸡生产成本分析

生产成本是衡量生产活动最重要的经济尺度（表1-1）。鸡场的生产成本反映了生产设备的利用程度、劳动组织的合理性、饲养技术状况、鸡种生产性能潜力的发挥程度，并反映了养鸡场的经营管理水平。鸡场的总成本主要包括以下几部分。

1. 固定成本

养鸡场的固定成本，包括各类鸡舍及饲养设备、孵化室及孵化设备、运输工具及生活设施等。固定资产的特点是使用年限长，以完整的实物形态参加多次生产过程，并可以保持其固有的物质形态，只是随着它们本身的损耗，其价值逐渐转移到鸡产品中，以折旧方式支付。这部分费用和土地租金、基建贷款、管理费用等组成鸡场的固定成本。

2. 可变成本

用于原材料、消耗材料与工人工资之类的支出，随产量的变动而变动。因此，称之为可变资本。其特点是参加一次生产过程就被消耗掉，例如，饲料、兽药、燃料、垫料、雏鸡、牧草等成本。

3. 常见的成本项目

鸡苗成本　指购买种鸡苗或商品鸡苗的费用。

饲料费　指饲养过程中消耗的饲料费用，运杂费也列入饲料费中。这是鸡场成本核算最主要的一项成本费用，可占总成本的 60% ~ 70%。

工资福利费　指直接从事养鸡生产的饲养员、管理员的工资、奖金和福利费等费用。

固定资产折旧费　指鸡舍等固定资产基本折旧费。建筑物使用年限较长，15 年

表 1-1　鸡场生产成本构成

单位：%

鸡苗费	饲料费	工人工资和福利费	水电费	防疫费	固定资产折旧费	资产占用利息	其他费用
10	65	11	2	3	3	3	3

左右折清；专用机械设备使用年限较短，7～10年折清。固定资产折旧分为两种，为固定资产的更新而增加的折旧，称为基本折旧；为大修理而提取的折旧费称为大修折旧。计算方法如下。

每年基本折旧费＝（固定资产原值－残值＋清理费用）÷使用年限

每年大修折旧费＝（使用年限内大修理次数×每次大修理费用）÷使用年限

燃料及动力费　指用于养鸡生产、饲养过程中所消耗的燃料费、动力费、水费与电费等。

防疫及药品费　指用于鸡群预防、治疗等直接消耗的疫（菌）苗、药品费。

管理费　指场长、技术人员的工资以及其他管理费用。

固定资产维修费　指固定资产的一切修理费。

其他费用　不能直接列入上述各项费用的列入其他费用内。

（二）经济效益的估算

经济效益估算的最终目的是盈利核算，盈利核算就是从产品价值中扣除成本以后的剩余部分。盈利是鸡场经营好坏的一项重要经济指标，只有获得利润才能生存和发展。盈利核算可从利润额和利润率两个方面衡量。

利润额　指鸡场利润的绝对数量。其计算公式如下。

利润额＝销售收入－生产成本－销售费用－税金

因各饲养场规模不同，所以，不能只看利润的大小，而要对利润率进行比较，从而评价养鸡场的经济效益。

利润率　将利润与成本、产值、资金对比，从不同的角度相对说明利润的高低。

资金利润率（％）＝（年利润总额÷年平均占用资金总额）×100

产值利润率（％）＝（年利润总额÷年产值总额）×100

成本利润率（％）＝（年利润总额÷年成本总额）×100

农户养鸡一般不计生产人员的工资、资金和折旧，除本即利，即当年总收入减去直接费用后剩下的便是利润，实际上这是不完全的成本、盈利核算。下面是饲养商品肉鸡的经济效益分析，供养鸡场（户）参考。

土杂鸡投入产出分析

（1）假设条件　某农户购进雏鸡2 000只，育雏期末存栏1 960只，上市1 900只，饲养周期120天，两批间隔15天，出栏体重2千克/只。

鸡舍投资2万元，使用寿命15年，残值为0；设备投资0.1万元，使用寿命15年，残值为0，每年的维修费2%。周转资金2万。

饲料消耗：育雏期0.65千克/只，育成期3.85千克/只。

饲料价格：雏鸡料3.0元/千克，育成鸡料2.6元/千克。

（2）成本计算

鸡苗款2 000只×2.5元/只=0.50万元

饲料费

育雏期2 000只×0.65千克/只×3.0元/千克=0.39万元

育成期1 960只×3.85千克/只×2.6元/千克=1.96万元

共计2.35万元

工人工资和福利费　工人1名

工资1人×1 000元/月×4月=0.40万元

福利1人×300元/年×4月=0.12万元

共计0.52万元

水、电费0.04万元

防疫费0.05万元

固定资产折旧费

鸡舍折旧（2万元–0）÷15年×0.37年=0.049 3万元

设备折旧（0.1万元–0）÷15年×0.37年=0.002 5万元

鸡舍和设备维修费（2+0.1）万元×2%×0.37年=0.015 5万元

共计0.067 3万元

资金占用利息（2+0.1+2）万元×5%（年息）×0.37年=0.075 9万元

其他费用0.05万元

合计以上成本，总成本为3.65万元。

（3）产出部分

肉鸡销售收入1900只×2.0千克/只×11元/千克=4.18万元

（4）效益分析

纯收入4.18–3.65=0.53万元

成本产出率

4.18万元÷3.65万元×100%=114.52%

成本利润率

（4.18÷3.65）÷3.65×100%=31.38%

资金利润率

（4.18–3.65）÷（2+0.1+2+0.076）×100%=0.53÷4.176×100%=12.69%

投资利润率=年利润额÷基本建设投资总额×100%=0.53×3÷2.1×100%=75.71%

注：肉鸡的周期为4.5个月，按每年养3批计。

在决定是否养鸡、是否扩大规模或是否继续养鸡之前，应当进行经济效益的估算，初步估计盈利的多少。

（三）对土杂鸡养殖要充满信心

由于土杂鸡的肌纤维细嫩，肉质风味独特，随着人民生活水平的提高，会有更多的人转向对土杂鸡的消费，所以其必将会有良好的国内市场和国际市场。准备养殖和正在养殖土杂鸡的养殖户，对自己从事的事业要有信心，只要做好市场调研，充分准备，抓好饲养管理，就一定会赚钱。

第二章　土杂鸡品种介绍

我国家禽地方品种资源丰富，许多优良地方品种具有国外家禽品种所不及的优良性状，这些优良性状是培育新品种不可或缺的原始素材，对养禽业的可持续发展发挥了重要作用。近年来，尤其具有特异性状的优良地方品种（如青脚鸡、麻鸡等）在我国许多城市消费红火。本书受篇幅限制，选择 20 个我国主要地方鸡种和 10 个国家获批审定过的土杂鸡新品种（品系、配套系）鸡种，详细介绍其产地分布、外貌特征、产蛋性能与产肉性能等。

一、北京油鸡

北京油鸡属于蛋肉兼用型鸡种（图 2-1）。

图 2-1　北京油鸡（图片来源于《中国畜禽遗传资源志·家禽志》）

1. 产地与分布

北京油鸡主产于北京市郊区，保种于中国农业科学院北京畜牧兽医研究所、北京市农林科学院畜牧兽医研究所的保种场。

2. 外貌特征

北京油鸡体型中等，羽色呈赤褐色（俗称紫红毛）的北京油鸡体型偏小，羽色呈黄色（俗称素黄色）的鸡体型偏大。初生雏全身披着淡黄或土黄色绒羽，冠羽、胫羽、髯羽也很明显，体浑圆。成年鸡的羽毛厚密而蓬松，冠型为单冠，冠叶小而薄，在冠叶的前段常形成一个小的"S"状褶曲，冠齿不甚整齐。虹彩多呈棕褐色，喙和胫呈黄色，少数个体分生五趾。

3. 生产性能

（1）产蛋性能　性成熟较晚，北京油鸡开产日龄 145 ~ 161 天，72 周龄产蛋数 140 ~ 150 个，平均蛋重 53.7 克，蛋壳呈褐色，个别呈淡紫色。种蛋平均受精率 92%，受精蛋平均孵化率 90.4%。母鸡就巢率 6% ~ 8%。

（2）产肉性能　成年公鸡体重为 2 049 克，母鸡为 1 730 克。成年鸡屠宰率：公鸡半净膛率为 83.5%，母鸡为 70.7%；公鸡全净膛率为 76.6%，母鸡为 64.6%。

4. 开发利用

目前，北京百年栗园生态农业有限公司培育出了北京油鸡新型蛋用和肉用配套系，肉用型北京油鸡 90 日龄平均体重为：公鸡 1.60 千克，母鸡 1.25 千克，平均料肉比 3.75∶1；蛋用型北京油鸡母鸡开产日龄 150 天，高峰产蛋率 75%（散养），平均蛋重 50 克，72 周龄产蛋数 160 个。

二、文昌鸡

文昌鸡属于肉用型鸡种（图2-2）。

图2-2　文昌鸡（图片来源于《中国畜禽遗传资源志·家禽志》）

1. 产地与分布

文昌鸡原产地为海南省文昌市，中心产区为文昌市的潭牛镇、锦山镇、文城镇和宝芳镇，在海南省各地均有分布。保种于海南省文昌市文昌鸡种鸡场。

2. 外貌特征

文昌鸡体型紧凑、匀称，呈楔形。羽色有黄、白、黑色和芦花等。头小，喙短而弯曲，呈淡黄色或浅灰色。单冠直立，冠齿6~8个，冠、肉髯呈红色。耳叶以红色居多，少数呈白色。虹彩呈橘黄色。皮肤呈白色或浅黄色。胫呈黄色。公鸡羽毛呈枣红色，颈部有金黄色环状羽毛带，主、副翼羽呈枣红色或暗绿色，尾羽呈黑色，并有墨绿色光泽。母鸡羽毛多呈黄褐色，部分个体背部呈浅麻花，胸部羽毛呈白色，翼羽有黑色斑纹。少数鸡颈部有环状黑斑羽带。

3. 生产性能

（1）产蛋性能　平均开产日龄150~155天，500日龄产蛋数120~150个，平均蛋重44克，蛋壳浅褐色。种蛋平均受精率94.2%，受精蛋平均孵化率94.9%。平养条件下母鸡就巢性较强，笼养条件下就巢性较低。

（2）产肉性能　13周龄公鸡体重为1 220克，母鸡为980克。成年公鸡体重为2 180克，母鸡为1 540克。成年鸡屠宰率：公鸡半净膛率为82.6%，母鸡为79.2%；公鸡全净膛率为72.9%，母鸡为66.6%。

4. 开发利用

海南潭牛文昌鸡股份有限公司利用文昌鸡培育了国家级优质肉鸡配套系"潭牛鸡"配套系，父母代56周入舍母鸡产蛋数155~160个，全期种蛋合格率85%~88%，种蛋受精率92%~95%，入孵蛋孵化率86%~88%，产蛋期存活率94%~96%。商品代母鸡16~17周龄上市体重为1 500~1 600克，料肉比（3.5~3.7）:1；公鸡13龄周上市体重为1 400~1 500克,料肉比（3.0~3.2）:1。0~13周公母鸡平均成活率97.5%以上。

三、清远麻鸡

清远麻鸡属于肉用型鸡种（图2-3）。

图2-3　清远麻鸡

1. 产地与分布

清远麻鸡原产地为广东省清远市，中心产区为清远市所属北江两岸，保种于广东清远市种鸡场。

2. 外貌特征

清远麻鸡的特征可概括为"一楔、二细、三麻身"。"一楔"指母鸡体型呈楔形，前躯紧凑，后躯圆大；"二细"指头细、脚细；"三麻身"指母鸡背羽有麻黄、褐麻、棕麻3种颜色。公鸡头部、背部的羽毛金黄色，胸羽、腹羽、尾羽及主翼羽黑色，肩羽、鞍羽枣红色。母鸡头部和颈前1/3的羽毛呈深黄色，背部羽毛分黄、棕、褐三色，有黑色斑点，形成麻黄、麻棕、麻褐3种。单冠直立，喙、胫呈黄色。虹彩呈橙黄色。

3. 生产性能

（1）产蛋性能 开产日龄150 ~ 210天，年产蛋数78个，平均蛋重47克，蛋壳呈浅褐色。平均种蛋受精率89% ~ 96%，平均受精蛋孵化率90% ~ 95%，母鸡就巢性较弱，就巢率约3%。

（2）产肉性能 13周龄公鸡为1 470克，母鸡为1 100克。成年公鸡体重为2 180克，母鸡为1 700克。180日龄屠宰率：公鸡半净膛率为83.7%，母鸡为85.0%；公鸡全净膛率为76.7%，母鸡为75.5%。

4. 开发利用

广东天农食品有限公司利用清远麻鸡，选育出凤中皇清远鸡、凤中凤清远鸡、金典皇土鸡以及天农麻鸡配套系。其中，天农麻鸡获得国家级新品种审定，父母代母鸡开产日龄为143天，父母代66周龄产蛋数分别为170 ~ 170个；商品肉鸡公鸡13周龄平均体重为1 645克，母鸡13周龄平均体重为1 475克，公母平均料重比为3.56：1，成活率为97.5%，饲料转化率高，适应性强，性成熟好，适合珠江三角洲、广西等地区优质鸡的市场需求。

四、广西三黄鸡

广西三黄鸡又称信都鸡、糯垌鸡、大安鸡、麻垌鸡、江口鸡，属于肉用型鸡种（图2-4）。

图2-4 广西三黄鸡

1. 产地与分布

广西三黄鸡原产地为广西壮族自治区桂平麻垌与江口、平南大安、岑溪糯洞、贺州信都，主产区为玉林、北流、博白、容县、岑溪等市（县），在梧州、苍梧、贵港、钦州、灵山、北海、合浦、南宁、横县等市（县）也有分布，桂林、柳州、来宾、百色、河池等市（县）有零星饲养。保种于广西壮族自治区容县三黄鸡原种场。

2. 外貌特征

广西三黄鸡体躯短小，体态丰满。公鸡羽毛酱红色，颈羽颜色比体羽浅。翼羽常带黑边。尾羽多为黑色。母鸡均黄羽，但主翼羽和副翼羽常带黑边或黑斑，尾羽也多为黑色。单冠直立，呈红色。耳叶呈红色，虹彩橘黄色。喙与胫黄色，也有胫白色。皮肤白色居多，少数为黄色。

3. 生产性能

（1）产蛋性能　广西三黄鸡开产日龄150～180天，62周龄饲养日平均产蛋数135个，平均蛋重43克，蛋壳呈浅褐色。种蛋受精率90%～94%，受精蛋孵化率88%～92%，母鸡有就巢性，就巢率约20%。

（2）产肉性能　13周龄公鸡平均体重为1 275克，母鸡为960克。成年公鸡体重为1 980～2 320克，母鸡为1 390～1 850克。150日龄屠宰率：公鸡半净膛率为85.0%，母鸡为83.5%；公鸡全净膛率为77.8%，母鸡为75.1%。

五、广西麻鸡

广西麻鸡又称土鸡、灵山香鸡、里当鸡，属肉用型鸡种（图2-5）。

图2-5　广西麻鸡

1. 产地与分布

广西麻鸡广泛分布于灵山县、浦北县、合浦县、横县、防城港市、马山县、都安县，中心产区为灵山县的伯劳、陆屋、烟墩等乡（镇），马山县的里当、金钗、古寨、古零、加方、百龙滩、乔利等乡（镇）。目前，灵山县兴牧牧业有限公司种鸡场承担保种任务。

2. 外貌特征

广西麻鸡体躯矮小紧凑，头小，骨细脚矮，单冠直立，冠齿5～9个，肉髯、颜面、耳叶红色，喙前部黄色，基部大多数呈栗色，皮肤、胫黄色。公鸡羽色以棕红为主，其次为棕黄或红褐色。母鸡以棕麻、黄麻为主，尾羽黑色，主翼羽、副翼羽以黑羽为主。

3. 生产性能

（1）产蛋性能　母鸡开产日龄150～180天，年产蛋75～130个，300日龄平均蛋重为42～45克，蛋壳呈粉色。

（2）产肉性能　成年公鸡体重2 000～2 200克，母鸡体重1 600～1 700克。

4. 开发利用

广西园丰牧业集团股份有限公司建设农业农村部"广西麻鸡资源保护场"，进行广西麻鸡的保种与开发利用。对广西麻鸡进行本品种选育，选育出慢速类优质型品系，开产周龄22～23周，66周龄产蛋数170个左右；公鸡90天2.0千克，母鸡105天1.9～2.0千克，肉料比：公鸡1：2.9，母鸡1：3.2。

六、狼山鸡

狼山鸡属于蛋肉兼用型鸡种（图2-6）。

图2-6　狼山鸡

1. 产地与分布

狼山鸡原产于江苏省如东县，中心产区为如东县马塘、岔河，主要分布于掘港、栟茶、丰收、双甸及通州区石港等地，除江苏省外，上海、黑龙江、湖南、湖北、云南、贵州等多个省（直辖市）也有分布。保种于南通市狼山鸡种鸡场、如东县狼山鸡原种场。

2. 外貌特征

狼山鸡体型较大，头尾高翘，背部较凹，呈"U"形。头部短圆，俗称蛇头大眼。狼山鸡羽色有纯黑、黄色、白色3种，其中黑鸡最多。喙黑褐色，尖端较淡。单冠，脸部、耳叶、肉垂均呈鲜红色，虹彩以黄色为主，皮肤白色，胫黑色。

3. 生产性能

（1）产蛋性能　平均开产日龄155天，500日龄产蛋185个，平均蛋重50克，蛋壳呈褐色。种蛋平均受精率92.7%，受精蛋平均孵化率90.1%。母鸡就巢性约16%。

（2）产肉性能　成年公鸡体重为2 840克，母鸡为2 283克。195日龄屠宰率：公鸡半净膛率为82.8%，母鸡为80.1%；公鸡全净膛率为76.9%，母鸡为69.4%。

七、丝羽乌骨鸡

丝羽乌骨鸡又称泰和鸡、武山鸡、白绒乌鸡、竹丝鸡，属于观赏型鸡种，为蛋肉兼用型鸡种，具有一定的药用价值（图2-7）。

1. 产地与分布

丝羽乌骨鸡原产地和中心产区为江西省泰和县和福建省泉州市、厦门市和闽南沿海等县。现分布到全国各地及世界许多国家。保种于江西省泰和县泰和鸡原种场。

图2-7　丝羽乌骨鸡

2. 外貌特征

丝羽乌骨鸡结构细致紧凑，体态小巧轻盈，头小，颈短，脚矮，外貌与其他鸡种有明显的不同。标准的丝羽乌骨鸡具有十大特征，又称"十全"。

桑葚冠：冠状属草莓冠类型，公鸡比母鸡略发达。鸡冠颜色在性成熟前为暗紫色，与桑葚相似，称为"桑葚冠"；成年后则颜色减退，略带红色，故也有"荔枝冠"之称。

缨头：头顶有聚集的丝羽冠，外观为一丛缨状，母鸡冠羽较发达，状如绒球，又称"凤头"。

绿耳：耳叶呈暗紫色，在性成熟前现出明显的蓝绿色彩，在成年后此色素即逐渐消失，但仍呈暗紫色。

胡须：在下颌和两颊着生有较细长的丝羽，俨如胡须，以母鸡较为发达。肉垂很小，或仅留痕迹，颜色与鸡冠一致。

丝羽：除翼羽和尾羽外，全身的羽片因羽小枝没有羽钩而分裂成丝绒状。一般翼羽较短，羽片的末端常有不完全的分裂，尾羽和公鸡的镰羽不发达。

五爪：脚有五趾，通常由第一趾向第二趾的一侧多生一趾，也有个别从第一趾再多生一趾成为六趾，其第一趾连同分生的趾均不着地。

毛脚：胫部和第四趾着生有胫羽和趾羽。

乌皮：全身皮肤以及眼、脸、喙、胫、趾均呈乌色。

乌肉：全身肌肉略带乌色，内脏膜及腹脂膜均呈乌色。

乌骨：骨质暗乌，骨膜深黑色。

现在也存在一些不完全具备这"十全"特征的丝羽乌骨鸡，为单冠、胫、趾无小羽等。

3. 生产性能

（1）产蛋性能　江西丝羽乌骨鸡平均开产日龄为156天，300日龄平均产蛋数70个，平均蛋重39.5克，蛋壳呈浅褐色。种蛋平均受精率88.5%，受精蛋平均孵化率91.3%。母鸡有就巢性，就巢率10%～15%。

福建丝羽乌骨鸡开产日龄平均为143天，457日龄平均产蛋数为131.8个，平均蛋重45.1克。种蛋平均受精率90%，受精蛋平均孵化率91%。就巢性强。

（2）产肉性能　江西丝羽乌骨鸡成年公鸡体重1 300克，母鸡为970克；福建公鸡1 810克，母鸡为1 660克。成年鸡屠宰率：公鸡半净膛率为88.4%，母鸡为84.2%；公鸡全净膛率为75.5%，母鸡为69.5%。

八、固始鸡

固始鸡属于蛋肉兼用型鸡种（图2-8）。

1. 主要产地与分布

固始鸡原产地为河南省固始县，中心产区为固始、商城、新县、淮宾、潢川、商城、罗山等县，安徽省霍邱、金寨等县亦有分布，现分布于全国28个省、区、市，饲养量较大。保种于河南三高集团。

图2-8　固始鸡

2. 外貌特征

固始鸡体型中等，外观清秀灵活，体型细致紧凑，结构匀称，羽毛丰满。公鸡羽色呈深红色和黄色，母鸡羽色以麻黄色和黄色为主，白色、黑色很少。尾型分为佛手状尾和直尾两种，佛手状尾羽向后上方卷曲，悬空飘摇。成年鸡冠型分为单冠和豆冠两种，单冠居多，少部分为豆冠。冠直立，冠、肉垂、耳叶和脸均呈红色。眼虹彩浅栗色。喙短略弯曲，喙尖带钩，呈青黄色。胫、趾呈靛青色，四趾，无趾羽。皮肤呈暗白色，少数呈黑色。

3. 生产性能

（1）产蛋性能　开产日龄160～180天，开产体重1 540～1 620克。舍饲68周龄产蛋数158～168个。初产蛋重43克，平均蛋重52.2克。公母比为1∶（10～14）条件下，种蛋受精率为90%～93%，受精蛋孵化率为90%～96%。在农村散养的情况下，大部分鸡都有就巢性；在集约化饲养条件下部分鸡有就巢性，但就巢性较弱。

（2）产肉性能　固始鸡早期增重速度慢，56日龄公母鸡平均体重为380克。成年公鸡为2 470克，母鸡为1 780克。

180日龄屠宰率：成年鸡半净膛率公鸡为81.8%，母鸡为80.2%；公鸡全净膛率为73.9%，母鸡为70.7%。

九、仙居鸡

仙居鸡又称仙居土鸡、仙居三黄鸡、梅林鸡、元宝鸡，属于蛋用型鸡种（图2-9）。

图2-9　仙居鸡

1. 产地与分布

仙居鸡原产地及中心区为浙江省仙居、临海、天台、黄岩等地，主要分布于仙居县埠头、横溪、白塔、田市、官路、城关等乡镇，临海市的白水洋、张家渡等县，广东、广西、福建、江苏、江西、上海等地区也有分布，保种于浙江省仙居鸡开发总公司。

2. 外貌特征

仙居鸡体型紧凑，有黄、黑、白3种羽色，黑羽体型最大，黄羽次之，白羽略小，以黄羽为多见。目前资源保护场上培育的目标，主要是黄羽鸡种的选育，现以黄羽鸡种的外貌特性表述如下：该品种羽毛紧密，背平直，骨骼细致，尾羽高翘，体型匀称、健壮结实，呈元宝形。神经敏捷，易受惊吓，善飞跃。单冠直立，冠齿5～7个，冠、肉髯呈红色。喙短，呈棕黄色，胫黄色无毛。耳叶以白色居多，少数呈红色。部分鸡只颈部羽毛有鳞状黑斑，主翼羽红夹黑色，镰羽和尾羽均呈黑色。虹彩多呈橘黄色，皮肤白色或浅黄色。

3. 生产性能

（1）**产蛋性能**　平均开产日龄145天，66周龄产蛋数172个，平均蛋重44克，蛋壳以浅褐色为主。种蛋平均受精率91.4%，受精蛋平均孵化率92.5%。母鸡就巢性弱。

（2）**产肉性能**　成年公鸡1 770克，成年母鸡1 300克。成年鸡屠宰率：公鸡半净膛率为79.5%，母鸡为75.0%；公鸡全净膛率为68.8%，母鸡为62.2%。

十、崇仁麻鸡

崇仁麻鸡属于蛋肉兼用型鸡种（图2-10）。

图2-10　崇仁麻鸡

1. 产地与分布

崇仁麻鸡原产地为江西省崇仁县，主要分布于崇仁县及周边的宜黄、丰城、乐安等市（县），福建、江苏、安徽和湖南等省也有分布。保种于江西省崇仁县麻鸡原种场。

2. 外貌特征

崇仁麻鸡羽毛紧凑，体型呈菱形。喙呈黑色。单冠直立，冠齿6~7个，肉髯长而薄，冠、肉髯均呈红色。虹彩呈橘黄色。皮肤呈白色。胫呈黑色。

3. 生产性能

（1）产蛋性能　开产日龄为154~161天，500日龄平均产蛋数202个；300日龄平均蛋重43克，种蛋平均受精率93%~94%，受精蛋平均孵化率91%~92%，就巢率10%~15%。

（2）产肉性能　12周龄公鸡体重为1 220克，母鸡为990克。成年公鸡体重为1 630克，母鸡为1 140克。成年鸡屠宰率：公鸡半净膛率为77.1%，母鸡为67.7%；公鸡全净膛率为69.3%，母鸡为58.9%。

十一、汶上芦花鸡

汶上芦花鸡属于蛋肉兼用型鸡种（图2-11）。

图2-11　汶上芦花鸡

1. 产地与分布

汶上芦花鸡原产地和中心产区为山东省汶上县，主要分布于汶上县及相邻的梁山、任城、嘉祥、兖州等市（县）。保种于汶上县种畜场。

2. 外貌特征

汶上芦花鸡体型中等，全身羽毛呈黑白相间、宽窄一致的斑纹状。头型多为平头，少数为凤头。喙基部呈黑色，边缘及尖端呈白色。冠型以单冠为主，少数复冠，呈红色。肉髯呈红色，耳叶呈灰白色。虹彩呈橘红色或橘黄色。皮肤白色。胫较长，胫、爪以白色为主，花、青等杂色次之。公鸡羽毛鲜艳，颈羽和鞍羽黑白相间，花色较深，并带有美丽的花纹，尾羽高翘，镰羽黑色中带有绿色光泽，其他部分羽毛呈黑白相间的花色。母鸡羽毛紧密，全身覆以黑白相间的斑羽，头部和颈部羽毛边缘色泽较深。

3. 生产性能

（1）产蛋性能　开产日龄为150天左右，年产蛋数170~175个，平均蛋重43.5克，平均种蛋受精率96%，平均受精蛋孵化率94.5%。

（2）产肉性能　成年公鸡体重为1.9千克，母鸡为1.6千克。17周龄公鸡体重为1.3千克，母鸡为1.0克。成年鸡屠宰率：公鸡半净膛率为83.2%，母鸡为82.6%；公鸡全净膛率为68.3%，母鸡为68.0%。

十二、大骨鸡

大骨鸡又称庄河鸡，属于蛋肉兼用型鸡种（图2-12）。

图2-12　大骨鸡

1. 产地与分布

大骨鸡原产于辽宁省庄河市，中心产区为庄河市、东港市、普兰店市、瓦房店市、岫岩满族自治县、凤城市、盖州市等，还分布于吉林、黑龙江、山东等省，保种于庄河大骨鸡繁育基地。

2. 外貌特征

大骨鸡骨架粗大，体型魁伟，胸深且广，背宽而长，腿高粗壮，敦实有力，腹部丰满，觅食力强。公鸡羽色棕红色，尾羽黑色并带金属光泽。母鸡多呈麻黄色。头颈粗壮，眼大明亮，单冠、冠、耳叶、肉垂均呈红色。皮肤呈黄色。喙前端为黄色，基部为褐色。胫、趾呈黄色。

3. 生产性能

（1）产蛋性能 平均开产日龄213天，年产蛋160个，平均蛋重63克，蛋壳呈深褐色。种蛋平均受精率93.1%，受精蛋平均孵化率89.3%。母鸡就巢率一般不超过5%。

（2）产肉性能 8周龄公、母鸡平均体重为1 030克。成年公鸡体重为2 840克，母鸡为2 283克。成年鸡屠宰率：公鸡半净膛率为82.8%，母鸡为80.1%；公鸡全净膛率为76.9%，母鸡为69.4%。

十三、白耳黄鸡

白耳黄鸡又称白耳银鸡、江山白耳鸡、玉山白耳鸡、上饶白耳鸡，属于我国稀有的白耳蛋用早熟鸡种（图2-13）。

1. 产地与分布

白耳黄鸡主产于江西省上饶地区广丰、上饶、玉山三县和浙江的江山市，保种于浙江光大种禽业有限公司。

图2-13 白耳黄鸡

2. 外貌特征

白耳黄鸡以三黄一白为标准外貌，即黄羽、黄喙、黄脚、白耳。该鸡种体型较小、匀称，后躯宽大。全身羽毛黄色，大镰羽不发达，呈黑色并有绿色光泽，小镰羽橘黄色。单冠直立，冠齿4～6个，呈红色。肉髯呈红色，耳垂大，呈银白色似白桃花瓣。虹彩金黄色，喙略弯，黄色或灰黄色，部分上喙端部呈褐色。皮肤和胫部呈黄色，无胫羽。成年公鸡体型呈船形，母鸡呈三角形。

3. 生产性能

（1）产蛋性能 平均开产日龄152天，300日龄平均产蛋数117个，500日龄平均产蛋数197个，平均蛋重55克，蛋壳呈深褐色。种蛋平均受精率93%，受精蛋平均孵化率89%。母鸡就巢性弱，就巢性约15.4%；就巢时间短，长的20天，短的7～8天。

（2）产肉性能 成年公鸡体重为1 420克，母鸡为1 174克。成年鸡屠宰率：公鸡半净膛率为83.3%，母鸡为85.3%；公鸡全净膛率为76.7%，母鸡为69.7%。

十四、寿光鸡

寿光鸡又称慈伦鸡，属于蛋肉兼用型鸡种（图2-14）。

图 2-14　寿光鸡

1. 产地与分布

寿光鸡产于山东省寿光市，邻近潍坊、昌乐、青州、临朐、诸城等市县也有分布，保种于山东省寿光市慈伦种鸡场。

2. 外貌特征

寿光鸡有大型和中型两种，还有少数是小型的。大型寿光鸡外貌雄伟，体躯高大，骨骼粗壮，体长胸深，胸部发达，胫高而粗，公鸡体躯近方形，母鸡体呈元宝形。成年鸡全身羽毛黑色，颈背面、前胸、背、腰、肩、翼羽、镰羽等部位呈深黑色，并有绿色光泽。其他部位羽毛略黄，呈黑灰色。单冠，公鸡冠大而直立，母鸡冠形有大小之分，冠、肉髯、耳叶均呈红色。虹彩多呈黑褐色，喙、胫、趾呈灰黑色，皮肤白色。

3. 生产性能

（1）产蛋性能　开产日龄，大型鸡240～270天，年产蛋90～100个，蛋重65～75克。中型鸡190～210天，年产蛋120～150个，蛋重60～65克。蛋壳呈褐色。种蛋平均受精率90.7%，受精蛋平均孵化率81%。母鸡就巢性很弱，就巢率约0.9%。

（2）产肉性能　大型成年公鸡体重为3 610克，母鸡为3 310克；中型成年公鸡为2 880克，母鸡为2 340克。成年鸡屠宰率：大型公鸡半净膛率为83.7%，母鸡为80.3%，中型公鸡半净膛率为83.7%，母鸡为77.2%；大型公鸡全净膛率为72.3%，母鸡为65.6%，中型公鸡全净膛率为71.8%，母鸡为63.2%。

十五、茶花鸡

茶花鸡属于蛋肉兼用型鸡种（图2-15）。

图 2-15　茶花鸡

1. 产地与分布

茶花鸡原产地为云南省德宏、西双版纳、红河、文山4个自治州和临沧、思茅两地区。中心产区为盈江、潞西、耿马、沧源、双江、澜沧、西盟、景洪、勐腊、勐海、河口、富宁等县。周边普洱市、临沧市及德宏、红河和文山3个自治州有少量分布。保种于云南省西双版纳茶花鸡保种场。

2. 外貌特征

茶花鸡体型矮小，羽毛紧凑，体躯匀称，近似船形，性情活泼，机灵，好斗，能飞善跑。头小而清秀，多为平头，少数凤头，翅羽略下垂。多为单冠，少数为豆冠，呈红色。喙黑色，少数黑中带黄色。耳垂、肉垂红色。虹彩黄色居多，少数呈褐色或灰色。皮肤多呈白色，少数浅黄色。胫、脚黑色，少数黑中带黄色。公鸡羽色除翼羽、主尾羽、镰羽为黑色或黑色镶边外，其余全身红色，颈羽、鞍羽具有鲜艳光泽，尾羽发达。母鸡除翼羽、尾羽多数是黑色外，全身为麻褐色。

3. 生产性能

（1）产蛋性能　平均开产日龄140～160天，年产蛋数70～130个，平均开产蛋重26.5克，平均蛋重37～41克，种蛋受精率84%～88%，受精蛋孵化率84%～92%，母鸡就巢性强，就巢率约80%。

（2）产肉性能　13周龄茶花鸡公鸡平均体重为1 050克，母鸡为910克。成年公鸡体重为1 190克，母鸡为1 000克。180日龄屠宰率：公鸡半净膛率为83.3%，母鸡为78.4%；公鸡全净膛率为70.4%，母鸡为70.1%。

十六、宁都黄鸡

宁都黄鸡又称宁都三黄鸡，属于蛋肉兼用型鸡种（图2-16）。

图2-16　宁都黄鸡

1. 产地与分布

宁都黄鸡产于江西省宁都县及周边瑞金、兴国等市县，广东、广西也有分布，保种于江西省宁都黄鸡原种场。

2. 外貌特征

宁都黄鸡体型偏小，头细脚细，嘴黄、脚黄、皮毛黄，故称为"三黄鸡"。公鸡单冠，冠、髯硕大鲜红。喙短宽，褐黄色。颈羽、鞍羽、镰羽金黄色，背羽、翼羽深黄或红黄色，胸、腹羽淡黄色，主尾羽黑色闪光。胫和爪橘黄色，胫内、外侧有点状红斑，脚偏矮。母鸡单冠直立，冠中等大小，冠、髯、耳垂呈鲜红色。全身羽毛黄色。整个尾翼呈鸵背状下垂而不上翘，为本品种外形特征之一。

3. 生产性能

（1）产蛋性能　开产日龄135～140天，年产蛋110～130个，平均蛋重45克，蛋壳以浅褐色为主，占78.8%，也有白色、褐色。种蛋平均受精率91%，受精蛋平均孵化率91%。母鸡就巢率30%。

（2）产肉性能　成年公鸡体重为2 100克，母鸡为1 350克。180日龄屠宰率：公鸡半净膛率为84.2%，母鸡为79.7%；公鸡全净膛率为70.6%，母鸡为62.1%。

十七、淮北麻鸡

淮北麻鸡又称宿县麻鸡、符离鸡，属于蛋肉兼用的小型鸡种（图2-17）。

1. 产地与分布

淮北麻鸡主要产区为安徽省宿县的时村、留安、解集、符离集等地，分布于濉溪、淮北、萧县等县，采取保护区保种。

图 2-17　淮北麻鸡

图 2-18　惠阳胡须鸡

2. 外貌特征

淮北麻鸡体型矮小,体态匀称秀丽,羽毛丰满而紧凑。头较小呈椭圆形,平头为多,凤头较少。单冠直立,少部分豆冠,冠、耳、脸呈红色。虹彩黄褐色居多,少数为橘红色。喙、胫、趾多为黑色,少数鸡灰白色。公鸡除尾羽、主翼羽呈黑色且具有青铜光泽外,全身羽毛呈金黄色。母鸡除尾羽、主翼羽呈黑色外,全身羽毛麻黄色。

3. 生产性能

(1)产蛋性能　开产日龄 145 ~ 160 天,年产蛋 140 ~ 150 个,平均蛋重 44 克,蛋壳浅褐色居多,乳白色、褐色次之。种蛋平均受精率 91.5%,母鸡就巢性较强,就巢率达 14.2%。

(2)产肉性能　成年公鸡体重为 1 500 克,母鸡为 1 250 克。成年鸡屠宰率:公鸡半净膛率为 83.5%,母鸡为 80.9%;公鸡全净膛率为 70.9%,母鸡为 68.7%。

十八、惠阳胡须鸡

惠阳胡须鸡又称惠阳鸡、三黄胡须鸡、龙岗鸡、龙门鸡、惠州鸡,属肉用型品种(图 2-18)。

1. 产地与分布

惠阳胡须鸡原产地为广东东江和西枝江中下游沿岸的惠阳、博罗、紫金、龙门和惠东等县。主要分布在广东省河源、东莞、宝安、增城等地。保种于国家级惠阳胡须鸡保种场。

2. 外貌特征

惠阳胡须鸡体型中等,胸深背宽,胸肌发达,后躯丰满。喙粗短,呈黄色。单冠直立,冠呈红色。耳叶呈红色。虹彩呈橙黄色。颌下有发达的胡须状髯羽,无肉垂或仅有一些痕迹。胫、皮肤均呈黄色。公鸡背部羽毛呈枣红色,颈羽、鞍羽呈金黄色,主尾羽多呈黄色,有少量黑色,镰羽呈墨绿色,有光泽。母鸡全身羽毛呈黄色,主翼羽和尾羽有些黑色。

3. 生产性能

(1)产蛋性能　平均开产日龄 154 天,平均年产蛋数 108 个,平均开产蛋重 29 克,平均蛋重 46 克。平均种蛋受精率 87.4%,平均受精蛋孵化率 91.3%。就巢性强,就巢率 10% ~ 20%。

(2)产肉性能　成年公鸡体重为 2 200 克,母鸡为 1 600 克。12 周龄肉鸡屠宰:公鸡半净膛率为 83.0%,母鸡为

79.0%；公鸡全净膛率为70.0%，母鸡为66.0%。

十九、如皋黄鸡

如皋黄鸡属于蛋肉兼用型鸡种（图2-19）。

图2-19　如皋黄鸡

1. 产地与分布

如皋黄鸡原产地及中心区为江苏省如皋市，主要分布于南通如东、海安、通州及泰州、盐城等地。保种于如皋市如皋黄鸡原种场。

2. 外貌特征

如皋黄鸡体型中等，具有"三黄"特征（黄喙、黄羽、黄脚），公鸡全身羽毛呈金黄色，富有光泽，颈羽、尾羽和主翼羽尖端有少量黑羽。母鸡全身羽毛为浅黄色，颈羽、翼羽和尾羽尖端夹有黑羽。喙黄色，稍弯曲。单冠直立，冠齿5～7个，呈红色。肉髯呈红色，虹彩以黄褐色为主，皮肤呈黄色或白色，胫黄色。

3. 生产性能

（1）产蛋性能　平均开产日龄135～145天，72周龄产蛋191个，开产蛋重40～46克，生产群300日龄蛋重48～52克，蛋壳呈褐色。种蛋平均受精率94%，受精蛋平均孵化率93%。母鸡就巢性约4%。

（2）产肉性能　成年公鸡体重为1 950克，母鸡为1 536克。成年鸡屠宰率：公鸡半净膛率为84.2%，母鸡为76.7%；公鸡全净膛率为73.0%，母鸡为66.3%。

二十、浦东鸡

浦东鸡又称九斤黄，属于蛋肉兼用型鸡种（图2-20）。

图2-20　浦东鸡

1. 产地与分布

浦东鸡产于上海市南汇、奉贤、川沙县沿海，保种于上海市南汇区浦东鸡良种场。

2. 外貌特征

浦东鸡体型较大。喙短而略弯，基部黄色，上端部呈褐色或浅褐色。冠、肉垂、耳叶均呈红色。虹彩黄色或金黄色，胫、趾黄色，有胫羽和趾羽。皮肤呈白色或浅黄色。公鸡羽色有黄胸黄背、红胸红背和黑胸黑背3种，主翼羽和副主翼羽多呈部分黑色，腹羽金黄色或带黑色。母鸡全身黄色，有深浅之分，羽片端部或边缘有黑色斑点，因而形成深麻色或浅麻色，主翼羽和副主翼羽黄色，腹羽杂有褐色斑点。公鸡单冠直立，冠齿 5 ~ 7 个；母鸡冠较小，有时冠齿不清。

3. 生产性能

（1）**产蛋性能**　平均开产日龄 167 天，60 周龄产蛋数 136 个，平均蛋重 54 克，蛋壳呈浅褐色。种蛋平均受精率 95%，受精蛋平均孵化率 84%。母鸡就巢率 10% ~ 15%。

（2）**产肉性能**　成年公鸡体重为 3 550 克，母鸡为 2 840 克。360 日龄屠宰率：公鸡半净膛率为 85.1%，母鸡为 84.8%；公鸡全净膛率为 80.1%，母鸡为 77.3%。

二十一、京海黄鸡

京海黄鸡属于肉用型鸡种（图 2-21），其适应性强，耐粗饲，成熟早，肉质细嫩鲜美，不仅适合广大农村舍饲，而且也适合利用林间、果园、桑园等自然资源进行生态养殖。

图 2-21　京海黄鸡

1. 培育单位及审定时间

京海黄鸡的原始亲本源于南通市郊县农村散养的土种杂鸡，由江苏京海禽业有限公司、扬州大学和江苏省畜牧总站联合

培育，于 2009 年通过国家畜禽品种资源委员会审定，是《中华人民共和国畜牧法》（以下简称《畜牧法》）颁布以来第一个通过国家审定，具有自主知识产权的鸡新品种。

2. 外貌特征

京海黄鸡公鸡体型中等，羽毛金黄色，主翼羽、颈羽、尾羽末端有黑色斑。母鸡体型中等，羽毛呈黄色，主翼羽、颈羽、尾羽尖端有黑色斑。单冠，冠齿 4 ~ 9 个，喙短，呈黄色。肉垂呈椭圆形，颜色鲜红。胫细，呈黄色，无胫羽。皮肤呈黄色。雏鸡绒毛呈黄色。

3. 父母代生产性能

5% 开产日龄 126 ~ 132 天，25 ~ 26 周龄达产蛋高峰，高峰产蛋率 81% ~ 82%，66 周龄入舍鸡产蛋数 170 ~ 180 个，43 周龄蛋重 47 ~ 50 克，22 ~ 66 周龄种蛋平均受精率 91% ~ 92%，受精蛋平均孵化率 94% ~ 95%，66 周龄母鸡体重 2 800 ~ 3 000 克。

4. 商品代生产性能与肉用性能

京海黄鸡肉用仔鸡 112 天出栏，公、母鸡平均出栏体重为 1 420 ~ 1 435 克，饲料转化比为 3.14 : 1，全期平均饲养成活率 95% 以上。112 日龄屠宰，公鸡平均体重为 1 596 克，母鸡为 1 256 克。屠宰率：公鸡半净膛率为 82.8%，母鸡为 81.5%；公鸡全净膛率为 67.1%，母鸡为 66.3%。

二十二、邵伯鸡

邵伯鸡属于蛋肉兼用型鸡种（图 2-22），其适应性强，耐粗饲，成熟早，肉质细嫩鲜美，不仅适合广大农村舍饲，而且也适合利用林间、果园、桑园等自然资源进行生态养殖。

图 2-22　邵伯鸡

1. 培育单位及审定时间

邵伯鸡的原始亲本源于扬州市江都区农村散养的土种杂鸡，由江苏省家禽科学研究所主持培育，扬州市畜牧兽医站、江苏畜牧兽医职业技术学院联合培育，于 2005 年通过国家畜禽品种资源委员会审定。

2. 外貌特征

邵伯鸡体型紧凑。单冠，胫青色，无胫羽。皮肤呈黄或白色。公鸡冠大、鲜红，羽毛呈棕黄色或红褐色，尾羽黑色，少数在颈、胸、腹部有黑色羽点。母鸡羽毛呈麻或黄麻色，少数呈棕黄色。雏鸡绒毛呈棕褐色或黄褐色，部分呈米黄或浅黄色，大多背部有 2 ～ 3 条浅或深色绒毛带。

3. 父母代生产性能

5% 开产日龄 145 ～ 150 天，28 ～ 30 周龄达产蛋高峰，高峰产蛋率 80% ～ 81%，66 周龄入舍鸡产蛋数 178 ～ 182 个，43 周龄蛋重 45 ～ 48 克，22 ～ 66 周龄种蛋平均受精率 91% ～ 92%，受精蛋平均孵化率 94% ～ 95%，66 周龄母鸡体重 1 900 ～ 2 200 克。

4. 商品代生产性能

商品代鸡上市日龄为 70 天，公鸡出栏体重为 1 300 ～ 1 450 克，饲料转化比为（2.4 ～ 2.6）：1。母鸡出栏体重为 1 000 ～ 1 100 克，饲料转化比为（3.3 ～ 3.6）：1。70 日龄公、母平均出栏体重为 1 150 ～ 1 250 克，饲料转化比为（2.8 ～ 3.1）：1，饲养成活率 95% 以上。70 日龄屠宰，公鸡平均体重为 1 596 克，母鸡为 1 256 克。屠宰率：公鸡半净膛率为 82.8%，母鸡为 81.5%；公鸡全净膛率为 67.1%，母鸡为 66.3%。

二十三、新兴黄鸡 II 号

新兴黄鸡 II 号属于肉用型鸡种（图 2-23），其适应性强，耐粗饲，成熟早，肉质细嫩鲜美，不仅适合广大农村舍饲，而且也适合利用林间、果园、桑园等自然资源进行生态养殖。

图 2-23　新兴黄鸡 II 号

1. 培育单位及审定时间

新兴黄鸡 II 号的原始亲本源于广州市郊县农村散养的土种杂鸡，由广东温氏食品集团有限公司主持培育，广东温氏南方家禽育种有限公司、华南农业大学参与培育，于 2003 年通过国家畜禽品种资源委员会审定。

2. 外貌特征

新兴黄鸡Ⅱ号体型团圆，胸宽，金黄色羽毛、尾羽和主翼羽处有轻度黑色，单冠，呈红色，胫、皮肤呈黄色。雏鸡绒毛为黄色，慢羽。

3. 父母代生产性能

5%开产日龄160～170天，28～30周龄达产蛋高峰，高峰产蛋率82%，66周龄入舍鸡产蛋数162个，43周龄蛋重57克，22～66周龄种蛋平均受精率91%～92%，受精蛋平均孵化率94%～95%，66周龄母鸡体重2 750克。

4. 商品代生产性能

商品代鸡公鸡出栏日龄为63天，出栏体重为1 500克，饲料转化比为（2.2～2.3）：1。母鸡77天出栏，出栏体重为1 700克，饲料转化比为（2.4～2.5）：1。饲养成活率96%以上。63日龄屠宰，公鸡平均体重为1 596克，母鸡为1 256克。屠宰率：公鸡半净膛率为82.8%，母鸡为81.5%；公鸡全净膛率为67.1%，母鸡为66.3%。

二十四、雪山鸡

雪山鸡属于肉用型鸡种（图2-24），其适应性强，耐粗饲，成熟早，肉质细嫩鲜美，不仅适合广大农村舍饲，而且也适合利用林间、果园、桑园等自然资源进行生态养殖。

1. 培育单位及审定时间

雪山鸡的原始亲本源于常州市郊县农村散养的土种杂鸡，由常州市立华畜禽有限公司培育，于2009年通过国家畜禽品种资源委员会审定。

图2-24　雪山鸡

2. 外貌特征

雪山鸡体型中等。公鸡红黑羽，母鸡深麻羽，尾羽发达。单冠直立，公鸡冠大而红，母鸡冠中等大小、较红。胫、趾呈青色。皮肤呈肉色，毛孔细。雏鸡绒毛色与父母代雏鸡同。

3. 父母代生产性能

5%开产日龄154天，29周龄达产蛋高峰，高峰产蛋率80%，22～66周龄种蛋平均受精率91%～92%，受精蛋平均孵化率94%～95%，66周龄入舍鸡产蛋数164个，43周龄蛋重58克，66周龄母鸡体重2 725克。

4. 商品代生产性能

雪山鸡商品代公鸡91日龄出栏，平均出栏体重为1 600克，饲料转化比为2.91：1；母鸡112日龄出栏，平均出栏体重为1 650克，饲料转化比为3.56：1。公、母鸡全期饲养成活率90%以上。91日龄屠宰，公鸡平均体重为1 596克，母鸡为1 256克。屠宰率：公鸡半净膛率为82.8%，母鸡为81.5%；公鸡全净膛率为67.1%，母鸡为66.3%。

二十五、江村黄鸡 JH-2 号

江村黄鸡 JH-2 号属于肉用型鸡种（图 2-25），其适应性强，耐粗饲，成熟早，肉质细嫩鲜美，不仅适合广大农村舍饲，而且也适合利用林间、果园、桑园等自然资源进行生态养殖。

图 2-25　江村黄鸡 JH-2 号

1. 培育单位及审定时间

江村黄鸡 JH-2 号的原始亲本源于广州市郊县农村散养的土种杂鸡，由广州市江丰实业股份有限公司培育，于 2000 年通过国家畜禽品种资源委员会审定。

2. 商品外貌特征

江村黄鸡 JH-2 号体型呈方形，肌肉丰满。羽毛呈黄色，于尾、颈、翼部有少量黑色羽毛；单冠直冠呈红色，喙、胫、皮肤呈黄色。雏鸡绒毛呈黄色，慢羽。

3. 父母代生产性能

5% 开产日龄 168 ～ 175 天，28 ～ 31 周龄达产蛋高峰，高峰产蛋率 81% ～ 82%，66 周龄入舍鸡产蛋数 158 ～ 167 个，22 ～ 66 周龄种蛋平均受精率 91% ～ 92%，受精蛋平均孵化率 94% ～ 95%，66 周龄母鸡体重 3 300 ～ 3 400 克。

4. 商品代生产性能

商品代鸡上市日龄为 56 天，公、母鸡平均体重为 1 500 克，平均饲料转化比为 3.0 ∶ 1，饲养成活率为 95% ～ 98%。56 日龄屠宰，公鸡平均体重为 1 596 克，母鸡为 1 256 克。屠宰率：公鸡半净膛率为 82.8%，母鸡为 81.5%；公鸡全净膛率为 67.1%，母鸡为 66.3%。

二十六、岭南黄鸡 II 号

岭南黄鸡 II 号属于肉用型鸡种（图 2-26），其适应性强，耐粗饲，成熟早，肉质细嫩鲜美，不仅适合广大农村舍饲，而且也适合利用林间、果园、桑园等自然资源进行生态养殖。

图 2-26　岭南黄鸡 II 号

1. 培育单位及审定时间

岭南黄鸡 II 号的原始亲本源于广州市郊县农村散养的土种杂鸡，由广东省农业科学院畜牧研究所培育，于 2003 年通过国家畜禽品种资源委员会审定。

2. 外貌特征

体型紧凑呈楔形。单冠，胫、皮肤和喙均呈黄色，无胫羽，四趾。公鸡冠大而红，羽毛呈金黄色，母鸡羽毛呈黄色。部分公、母鸡颈羽、主翼羽、尾羽为麻黄色。雏鸡绒毛为金黄色，胫为黄色。

3. 父母代生产性能

5% 开产日龄 168 天，30 ～ 31 周龄达产蛋高峰，高峰产蛋率 83%，66 周龄入舍鸡产蛋数 175 ～ 185 个，22 ～ 66 周龄种蛋平均受精率 91% ～ 92%，受精蛋平均孵化率 94% ～ 95%，66 周龄母鸡体重 3 100 ～ 3 200 克。

4. 商品代生产性能

商品代公鸡 45 天出栏，体重为 1 750 克，饲料转化比为 1.9 : 1。母鸡 50 天出栏，体重为 1 650 克，饲料转化比为 2.1 : 1。全期公、母鸡饲养成活率 96% 以上。45 日龄屠宰，公鸡平均体重为 1 596 克，母鸡为 1 256 克。屠宰率：公鸡半净膛率为 82.8%，母鸡为 81.5%；公鸡全净膛率为 67.1%，母鸡为 66.3%。

二十七、粤禽皇 2 号

粤禽皇 2 号属于肉用型鸡种（图 2-27），其适应性强，耐粗饲，成熟早，肉质细嫩鲜美，不仅适合广大农村舍饲，而且也适合利用林间、果园、桑园等自然资源进行生态养殖。

图 2-27　粤禽皇 2 号

1. 培育单位及审定时间

粤禽皇 2 号的原始亲本源于广州市郊县农村散养的土种杂鸡，由广东粤禽育种有限公司和广东省家禽科学研究所联合培育，于 2008 年通过国家畜禽品种资源委员会审定。

2. 外貌特征

粤禽皇 2 号的公鸡体型大，羽毛呈金黄色，偏红，富有光泽。尾部羽毛末梢呈黑色；颈部羽毛有黑斑。单冠直立，冠齿 6 ～ 7 个。少数有胫羽。母鸡体型呈楔形。羽毛黄色，主翼羽、尾羽为麻黄色，少数颈部羽毛有黑斑。单冠直立，少数倒冠，冠齿 6 ～ 7 个，冠薄。胫、皮肤均呈黄色。雏鸡可据羽速自别雌雄，公雏为慢羽，母雏为快羽。

3. 父母代生产性能

5% 开产日龄 154 ～ 161 天，66 周龄入舍鸡产蛋数 179 ～ 190 个，22 ～ 66 周龄种蛋平均受精率 91% ～ 92%，受精蛋平均孵化率 94% ～ 95%，66 周龄母鸡体重 2 800 ～ 2 900 克。

4. 商品代生产性能

粤禽皇 2 号商品代公鸡 50 ～ 56 天出栏，体重 1 800 ～ 1 900 克，饲料转化比为（2.1 ～ 2.2）：1。母鸡 56 ～ 60 天出栏，体重 1 470 ～ 1 570 克，饲料转化比为（2.3 ～ 2.4）：1。公、母鸡全期饲养成活率 90% 以上。56 日龄屠宰，公鸡平均体重为 1 596 克，母鸡为 1 256 克。屠宰率：公鸡半净膛率为 82.8%，母鸡为 81.5%；公鸡全净膛率为 67.1%，母鸡为 66.3%。

二十八、苏禽黄鸡 2 号

苏禽黄鸡 2 号属于肉用型鸡种（图 2-28），其适应性强，耐粗饲，成熟早，肉质细嫩鲜美，不仅适合广大农村舍饲，而且也适合利用林间、果园、桑园等自然资源进行生态养殖。

图 2-28　苏禽黄鸡 2 号

1. 培育单位及审定时间

苏禽黄鸡 2 号的原始亲本源于江苏省苏北地区农村散养的土种杂鸡，由江苏省家禽科学研究所与扬州翔龙禽业发展有限公司联合培育，于 2009 年通过国家畜禽品种资源委员会审定。

2. 外貌特征

苏禽黄鸡 2 号体型较大，呈方形。单冠，冠、肉髯、耳叶、脸呈红色。喙、胫、皮肤呈黄色。公鸡颈羽和鞍羽呈金黄色，背羽和肩羽呈红色，胸、腹部羽毛黄色，尾羽黑色。母鸡全身羽毛呈黄色，尾羽末梢部呈黑色。雏鸡绒毛呈黄色，快羽。

3. 父母代生产性能

5% 开产日龄 154 ～ 160 天，28 ～ 30 周龄达产蛋高峰，高峰产蛋率 84% ～ 86%，66 周龄入舍鸡产蛋数 190 ～ 200 个，43 周龄蛋重 54 ～ 58 克，22 ～ 66 周龄种蛋平均受精率 91% ～ 92%，受精蛋平均孵化率 94% ～ 95%，66 周龄母鸡体重 2 800 ～ 3 000 克。

4. 商品代生产性能

商品代鸡 42 天出栏，公鸡平均出栏体重为 1 550 克，饲料转化比为（1.85 ～ 1.95）∶1；母鸡平均出栏体重为 1 300 克，饲料转化比为（1.90 ～ 1.95）∶1。

全期平均饲养成活率 98% 以上。42 日龄屠宰，公鸡平均体重为 1 596 克，母鸡为 1 256 克。屠宰率：公鸡半净膛率为 82.8%，母鸡为 81.5%；公鸡全净膛率为 67.1%，母鸡为 66.3%。

二十九、金陵黄鸡

金陵黄鸡属于肉用型鸡种（图 2-29），其适应性强，耐粗饲，成熟早，肉质细嫩鲜美，不仅适合广大农村舍饲，而且也适合利用林间、果园、桑园等自然资源进行生态养殖。

图 2-29　金陵黄鸡

1. 培育单位及审定时间

金陵黄鸡的原始亲本源于广西壮族自治区郊县农村散养的土种杂鸡，由广西金陵养殖有限公司培育，于 2009 年通过国家畜禽品种资源委员会审定。

2. 外貌特征

金陵黄鸡的公鸡颈羽金黄色，尾羽黑色有金属光泽，主翼羽、背羽、鞍羽、腹羽均为红黄色或深黄色。冠、肉垂、耳叶鲜红色；喙、胫、皮肤皆呈黄色。冠大，胫细长。母鸡颈羽、主翼羽、背羽、鞍羽、腹羽均为黄色或深黄色，尾羽尾部黑色。冠、肉垂、耳叶鲜红色，喙、胫、皮肤呈黄色，胫细长。

3. 父母代生产性能

5% 开产日龄 163 ~ 168 天，30 ~ 32 周龄达产蛋高峰，高峰产蛋率 81% ~ 82%，66 周龄入舍鸡产蛋数 170 ~ 174 个，43 周龄蛋重 52 ~ 55 克，22 ~ 66 周龄种蛋平均受精率 91% ~ 92%，受精蛋平均孵化率 94% ~ 95%，66 周龄母鸡体重 2 050 ~ 2 150 克。

4. 商品代生产性能

商品代公鸡出栏日龄为 70 天，出栏体重为 1 730 ~ 1 850 克，饲料转化比为（2.3 ~ 2.5）：1。母鸡出栏日龄为 80 天，出栏体重为 1 650 ~ 1 750 克，饲料转化比为（2.5 ~ 3.3）：1。全期公、母鸡饲养成活率 95% 以上。70 日龄屠宰，公鸡平均体重为 1 596 克，母鸡为 1 256 克。屠宰率：公鸡半净膛率为 82.8%，母鸡为 81.5%；公鸡全净膛率为 67.1%，母鸡为 66.3%。

三十、新兴竹丝鸡 3 号配套系

新兴竹丝鸡 3 号配套系属于肉用型鸡种（图 2-30），由泰和乌鸡杂交培育而成，不仅保留了泰和乌鸡漂亮的外形，生产性能更是有大幅度提升，适合全国范围内养殖。

1. 培育单位及审定时间

新兴竹丝鸡 3 号配套系的原始亲本源于江西省的泰和乌鸡，由广东温氏集团南

图 2-30　新兴竹丝鸡 3 号配套系

方家禽育种有限公司培育，于 2007 年通过国家畜禽品种资源委员会审定。

2. 外貌特征

全身羽毛白色丝状，脚上也长有丝毛，保留了泰和乌骨鸡的"十全"特征。

3. 父母代生产性能

父母代母鸡 23 周龄开产，开产体重 1 400 克，24 周龄进入产蛋高峰期，产蛋率为 78% ~ 82%，一个生产周期也就是 65 周可产蛋 150 个，种蛋合格率为 92%。雏鸡成活率为 93% ~ 96%。

4. 商品代生产性能

商品蛋鸡生长快，抗病能力强，平均饲养 70 ~ 80 天上市，上市体重 1 000 ~ 1 100 克，料肉比 2.6：1，公、母鸡屠宰率分别为 89% 和 91%。

第三章　土杂鸡养殖场建设

鸡场是养殖最基本的生产条件，新建鸡场应选址科学，合理规划，使鸡场硬件上做到满足鸡群健康养殖的需要，一旦建成后就很难改变了。养鸡场建设有三大任务：一是选址，二是布局，三是建筑。

一、养鸡场选址

养鸡场的选址应遵循健康、绿色、生态、环保、可持续发展和便于防疫的原则，综合上讲就是从地势、地质、交通、电力、水源及周围环境的配置关系多方面考虑。

1. 环境

俗语说得好："环境好，赛金宝"，环境是鸡安全、健康养殖的重要保证，是卫生防疫措施中的重要环节。

（1）**环境内涵**　影响鸡的环境包括养鸡场所处位置的大环境、养鸡场内的小环境和鸡舍内微环境3个方面。简单地说，选址就是选环境，养鸡场的大环境既有自然因素，包括地势、土壤、水源、气候、雨量、风向和作物生长等；也有社会因素，包括交通、疫情、建筑条件和社会风俗习性等。养鸡场内的小环境主要包括鸡舍、道路、器具、车辆、设施等。鸡舍内的微环境主要包括鸡舍内光照、噪声、温湿度及空气中尘埃粒子等。具体可参照《畜禽场环境质量标准》（NT/Y 388—1999）。

（2）**远离交通干线和居民点**　鸡生性好动，神经敏感，对突然的声音、影像、光线、人员走动等变化易受惊扰而引起骚动，故在场地选择、环境规划时应远离交通干线和居民点，养鸡场距离公路、铁路等主要交通干线在500米以上，距离居民区和学校也应保持在500米以上（图3-1）。

（3）**远离养殖场和化工厂**　许多鸡

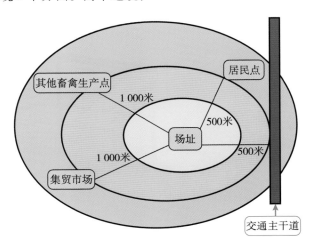

图 3-1　养鸡场距离交通干线、居民区 500 米以上

的疾病可由鸡、鸟等其他禽类传播而来，选址时应远离其他畜禽场、屠宰加工厂、畜产品加工厂、大型湖泊和候鸟迁徙路线，距离养殖场、种禽场、屠宰场和化工厂应保持在 1 000 米以上，距离病鸡隔离场所、无害化处理场所应保持在 3 000 米以上。

有效控制养鸡场的环境对鸡健康养殖非常重要，只有让鸡生活在舒坦、空气清新、无工农业"三废"污染、远离传染病的良好环境中，才能充分发挥其生长性能，减少疫病发生的概率，降低疾病造成的经济损失，才能取得良好的经济效益，提高鸡产品的质量，保障公共卫生的安全。

2. 地势干燥

潮湿是养鸡的大忌，鸡舍要常年保持干燥，要有新鲜的空气和充足的阳光，所以必须选择较高地势、硬质坡地、排水良好和向阳背风的地方建设养鸡场，地形上平坦、平缓，地面干燥，要求地下水位在 1.5 ～ 2 米。山区建鸡舍应选择稍平缓坡，坡面向阳，总坡度不超过 25° 的地方。切忌将养鸡场选建在低洼处和易被洪水冲刷

的地方（图 3-2）。

3. 符合《畜牧法》规定用地

我国《畜牧法》第 40 条规定禁止在下列区域内建设畜禽养殖场、养殖小区：生活饮用水的水源保护区，风景名胜区，以及自然保护区的核心区和缓冲区；城镇居民区、文化教育科学研究区等人口集中区域（文教科研区、医疗区、商业区、工业区、游览区等人口集中区）；法律、法规规定的其他禁养区域。新建、改建、扩建的畜禽养殖选址应避开规定的禁建区域，在禁建区域附近建设的，应设在规定的禁建区域常年主导风向的下风向或侧风向处，场界域与禁建区域界的最小距离不得小于 500 米。

4. 水电

要求有稳定的水和电力供应。水清澈透明，水质良好，没有受到病原微生物和"三废"的污染，符合饮用水标准，最好是居民饮用的自来水。水的 pH 不能过酸或过碱，即 pH 值不能低于 4.6，不能高于 8.2，pH 值最适宜范围为 6.5 ～ 7.5。

图 3-2　鸡舍选建在地势干燥、阳光充足的地方

二、养鸡场布局

1. 有利于生产

养鸡场的总体布局可参照《畜禽场场区设计技术规范》（NT/Y 682—2003），首先要满足生产工艺流程的要求，按照肉鸡生产过程的顺序和连续性来规划和布局建筑物，以便于管理，有利于达到生产目的。

（1）分区明确　养鸡场通常可分成生产区、管理区和隔离区3个功能区（图3-3）。生产区应包括种鸡舍、商品鸡舍、孵化室、育雏室和饲料加工配制室等，是卫生防疫控制最严格的区域，布置于全场核心区域。管理区包括药品室、兽医室、解剖室、职工房和办公室等，是全场人员往来与物资交流最频繁的区域，一般布置在全场的上风处，使其尽量不受饲料粉尘、粪便气味和其他废弃物的污染。病鸡隔离区位于养鸡场的常年下风处。生产区要与管理区、病鸡隔离区严格隔开，各区之间应有围墙或绿化带隔离，并留有50米以上距离（图3-4），进出口不能直通，每个区门口前要有一个供进出人员消毒的消毒池。

图3-4　养鸡场各区之间采用绿化带隔离

（2）鸡舍排列顺序　根据生产工艺流程及防疫要求排列，由于多数鸡舍采用自然通风，而当地主导风向对鸡舍的通风效果有明显的影响，因此，通常鸡舍的建筑应处于上风口位置，排列顺序依次为育雏室、育成鸡舍，最后才是成年鸡舍，以避免成年鸡对雏鸡的可能感染（图3-5）。

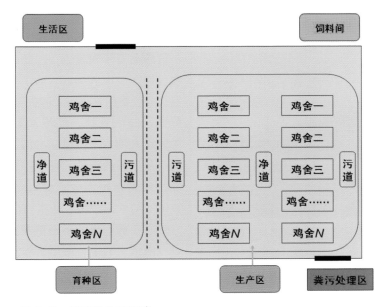

图3-3　养鸡场分区明确

图 3-5　鸡舍布局合理

（3）鸡舍朝向的选择　鸡舍朝向与鸡舍采光、保温、通风等环境效果有关，关系到对阳光、热和主导风向的利用。从主导风向考虑，结合冷风渗透情况，鸡舍的朝向应取与常年主导风向呈 45°。从鸡舍通风效果考虑，鸡舍的朝向应取与常年主导风向 30°～45°。从场区排污效果考虑，鸡舍的朝向应取与常年主导风向 30°～60°。因此，鸡舍的朝向一般与主导风向成 30°～45°，东西向建设，坐北朝南，即可满足上述要求，这样有利于阳光照射，并利用自然风力通风换气，使舍内光亮、冬暖夏凉（图 3-6）。

图 3-6　鸡舍坐北朝南，光照和通风良好

（4）场区绿化　场区绿化是养鸡场建设的重要内容，绿化不仅美化环境，更重要的是净化空气，降低噪声，调节小气候，

改善生态平衡。建设养鸡场时应有绿化规划，且必须与场区总平面布局设计同时进行。充分利用原有林带树木，并注意在设施周围种植绿化效果好、产生花粉少和不产生花絮的树种（如柏树、松树、冬青树、杨树、楤木、夹竹桃等），尽量减少黄土裸露的面积，降低粉尘。最好不种花，因为花在春、秋季节易产生花粉，其产生尘埃粒子很多，每立方米含 1 万～100 万个颗粒，平均含几十万个颗粒，很容易堵塞空气过滤器，影响通风效果（图 3-7）。

图 3-7　场区绿化

2. 有利于防疫

（1）养鸡场的围护设施　养鸡场的围护设施主要是防止人员、物品、车辆和动物等偷入或误入场区。为了引起人们的注意，一般要在养鸡场大门处设立明显标志，标明"防疫重地，谢绝参观"（图 3-8）。场区设有值班室，设立专门供场内外运输或物品中转的场地，便于隔离和消毒。另外，根据防疫需要，建设防鸟网窗（图 3-9）、防蚊虫纱窗、防鼠猫设施等。

（2）养鸡场的淋浴更衣室　养鸡场需设有淋浴更衣室，淋浴更衣室包括污染更衣间、淋浴间和清洁更衣间（图 3-10）。要求进入鸡舍的人员在污染更衣间换下自己的衣服，在淋浴间洗澡后，进入清洁更衣间换上干净的工作服才能进入鸡舍。通过淋浴、更衣措施尽量减少外源病原体带入生产区，以免造成鸡群的感染。

（3）**消毒池的设置**　所有通道口包括养鸡场的大门口、生产区的门口、鸡舍门口均应设有消毒池，以便对进出车辆的车轮、人员的鞋子进行消毒。养鸡场大门口消毒池的大小至少为3.5米×2.5米，深度为0.3米以上，其放置的消毒水应能对车轮的全周长进行消毒（图3-11）；生产区的门口设有同样的大消毒池，以便对进出生产区的车辆进行消毒（图3-12）。饲养员在进入鸡场前必须对手进行消毒（图3-13），然后更换工作服和工作靴，并经行人消毒池消毒工作靴后才能进入鸡场（图3-14）。

图3-8　养殖重地，非请莫入

图3-11　一级消毒池（车辆进出养鸡场）

图3-9　防鸟网窗

图3-12　二级消毒池（车辆进出生产区）

图3-10　更衣间、淋浴间

图3-13　手消毒盆

图 3-14　三级消毒池（人员进出养鸡场）

图 3-15　净道

（4）鸡舍的建筑　鸡舍内应为水泥地面，以便冲洗粪便和消毒。墙壁以砖墙为好，砖墙保温性能好，坚固耐用，便于清扫消毒。

（5）鸡舍的间距　鸡舍的间距应满足防疫、排污和日照的要求。按排污要求间距为 2 倍鸡舍檐高；按日照要求间距为 1.5 ~ 2 倍鸡舍檐高；按防疫要求间距为 3 ~ 5 倍鸡舍檐高。因此，鸡舍间距一般取 3 ~ 5 倍鸡舍檐高，即可满足上述要求。表 3-1 为鸡舍间距的参考值。

图 3-16　粪道（污染走道）

（7）无害化处理设施　为防止养鸡场废弃物对外界的污染，养鸡场要有无害化处理设施，如焚烧炉、化粪池、堆粪场等，其中堆肥法是一种值得推广的方法，其经济、环保、实用，对粪便往往采用此方法进行无害化处理。

表 3-1　鸡舍防疫间距

单位：米

种　类	鸡舍间距
育成鸡舍	15 ~ 20
商品鸡舍	12 ~ 15
种鸡舍	20 ~ 25

（6）场内道路　从养鸡场防疫角度考虑，设计上需将清洁走道与污染走道分开，以避免交叉污染，只能单向运输。从这条运输系统上经过的人员、车辆、转运鸡都应当遵循从育雏鸡舍至产蛋鸡舍，从清洁区至污染区，从生产区至生活区，这有助于防止污染源通过循环途径带入到下一个生产环节（图 3-15、图 3-16）。

三、鸡舍建筑

建筑鸡舍应根据鸡的生物学特点和消毒卫生防疫要求，结合南北气候差异特点，科学合理设计，因地制宜，就地取材，降低造价，节省能源，节约资金。

（一）鸡舍建筑的基本要求

1. 保温防暑性能好

鸡只个体较小，但其新陈代谢机能旺盛，体温也比一般家畜高。因此，鸡舍温度要适宜，不可骤变。尤其是 1 月龄以内的雏鸡，由于调节体温和适应低温的机能不健全，在育雏期间受冷、受热或过度拥挤，常易引起大批死亡。土杂鸡种鸡产蛋的最适宜温度是 13 ~ 25℃。肉仔鸡舍适宜温度范围为 21 ~ 25℃。

2. 空气调节良好

鸡舍规模无论大小，都必须保持空气新鲜，通风良好。尤其是在饲养密度过大的鸡舍中，氨、二氧化碳及硫化氢等有害气体迅速增加，不搞好鸡舍的通风换气工作，被污染的空气就会通过呼吸系统侵入鸡体内部，影响鸡体的发育和产蛋，并能引起许多疾病。有窗鸡舍采用自然通风换气方式时，可利用窗户作为通风口。如鸡舍跨度较大，可在屋顶安装通风管，管下部安装通风控制闸门，通过调节窗户及闸门开启的大小来控制通风换气量。密闭式鸡舍须用风机进行强制通风，其所起的换气、排湿、降温等作用更为显著和必要。在设计鸡舍时需按夏季最大通风量计算，一般每千克体重通风量在 4 ~ 5 米^3/ 小时，鸡体周围气流速度夏季以 1 ~ 1.5 米 / 秒、冬季以 0.3 ~ 0.5 米 / 秒为宜。

通风洞口的设置要合理，进气口设于上方，排气口设于下方，靠风机的动力组织通风，使舍外冷气进入鸡舍预热后再到达鸡群饲养面上，然后排出舍外，其对鸡群有利。

窗户、进出气口或风机的设置对卫生要求来说还在于防止鸡舍内有害气体浓度的升高。在正常情况下，鸡舍内氨气的浓度不应高于 20 毫克 / 千克，二氧化碳的浓度不得超过 0.5%（正常含量为 0.03%），硫化氢含量应在 10 毫克 / 千克以下。

3. 光照充足

光照分为自然光照和人工光照，自然光照主要对开放式鸡舍而言，充足的阳光照射，特别是冬季可使鸡舍温暖、干燥，有利于消灭病原微生物等。因此，利用自然采光的鸡舍首先要选择好鸡舍的方位，朝南向阳较好。其次，窗户的面积大小也要恰当，土杂鸡种鸡的鸡舍窗户与地面面积之比以 1：5 为好，商品土杂鸡舍则相对小一些。

4. 便于冲洗排水和消毒防疫

为了有利于防疫消毒和冲洗鸡舍的污水排出，鸡舍内地面要比舍外地面高出 20 ~ 30 厘米，鸡舍周围应设排水沟，舍内应做成水泥地面，四周墙壁离地面至少有 1 米的水泥墙裙。鸡舍的入口处应设消毒池。通向鸡舍的道路要分为运料清洁道和运粪脏道。有窗鸡舍窗户要安装铁丝网，以防止飞鸟、野兽进入鸡舍，引起鸡群应激和传播疾病。

（二）鸡舍建筑的类型

我国鸡舍建筑大致可分为开放式鸡舍、半开放式鸡舍和全封闭式鸡舍 3 种类型。

1. 开放式鸡舍

我国南方气温高，冬季不易结冰，鸡舍大部分为开放式鸡舍。土杂鸡可利用林间、果园、桑园等自然资源进行生态养殖，也可选择开放式鸡舍。其优点是节省建场工时，鸡舍造价低，通风良好，空气好，节电等。缺点是占地多，鸡生产性能受外界环境影响大，疾病传播率高等。开放式鸡舍有多种形式，常见的有两种。

（1）塑料大棚鸡舍 该鸡舍结构最简单，花钱最少，能快速建成，可在养鸡场选择一处平坦之地建筑，并可随着鸡群移动而移动，这是一种经济实用的简易鸡舍（图3-17）。该鸡舍以角铁、钢筋混凝土预制柱或砖墩、木桩、竹竿作立柱和纵横支架，采用塑料薄膜覆盖，水泥或砖头地面，可用竹片或铁丝做网底，上铺塑料垫网，网床高70厘米左右，实行网上平养（图3-18），减少鸡群接触粪便的机会，从而减少鸡球虫病等疾病的发生，也有利于鸡粪的清除，有利于保持鸡场清洁卫生的环境。当气温下降时，将塑料薄膜从整个鸡棚的顶部向下罩住以保温；当气温过高时，将两侧塑料薄膜全部掀开；在温差较大的季节可以半闭半开或早晚闭白天开，以此调节气温和通风。土杂鸡放养时，此鸡舍可作为育雏室，也可成为育肥鸡晚上回窝或下雨天避雨居住的地方，白天育肥鸡全部散养至林间、草地上。

图3-17　塑料大棚地面平养鸡舍

图3-18　塑料大棚网上平养

（2）简易顶棚鸡舍　该鸡舍同样结构简单，只有简易顶棚，屋顶可选择彩钢板、石棉瓦、大瓦等屋面瓦覆盖，采用角铁支架，砖墩立柱，四壁无墙或有矮墙，冬季用尼龙薄膜围高保暖（图3-19）。南方炎热的地区往往选择这样的开放式鸡舍。

图3-19　简易顶棚鸡舍

2. 半开放式鸡舍

北方气温低，冬季易结冰，鸡舍大部分为半开放式鸡舍，常见的有窗户式鸡舍、局部卷帘鸡舍、舍棚连接简易鸡舍等。半开放式鸡舍优点是有窗户，部分或全部靠自然通风、采光，舍温随季节变化而升降。缺点是饲养密度低，夏季高温时舍内要采用外力通风降温，鸡生产性能受外界环境影响大。

（1）窗户式鸡舍　该鸡舍的跨度一般为6～8米，夏季通风较好。南北墙上对应安装长0.6～0.8米、高1.0～1.2米的一排窗户，墙高一般2.8米即可，气温较高的地区鸡舍更高些为好。长度常依地势、地形、饲养数量而定。屋顶多为双坡式，通常盖瓦（图3-20）。窗户式鸡舍的优点是设备上投资较少，对设计、建筑材料、施工等要求及其管理均较简单；在有运动场和喂给青饲料的条件下，对饲料要求并不是很严格。鸡只由于经常活动，受到自然环境的锻炼适应性较强，体质也较强健。

该鸡舍在气候温和或较炎热的地区比较适合，也易于建造，适于一般的中小型鸡场和养鸡专业户。中型笼养种鸡场也可采用此种类型的鸡舍。其缺点是鸡只的生理状况与生产力受自然环境影响较大；因属半开放式管理，鸡只通过空气、土壤、昆虫等多种途径感染疾病的机会增多；如有运动场，则占地面积较大。

图 3-20　窗户式鸡舍

（2）局部卷帘式鸡舍　该鸡舍结构与窗户式鸡舍相近，一般采用砖混结构，角铁支架，屋顶多为双坡式，盖瓦，水泥地面，鸡舍南北墙全部砌起来，各留一排长 0.3 ~ 0.5 米、高 0.2 ~ 0.3 米的应急窗户，在南北墙前段留长 6 ~ 8 米、高 2.2 ~ 2.6 米的窗洞。窗洞以复合塑料编织布做成内外双层卷帘，以卷帘的启闭大小调节舍内气温和通风换气。饲养蛋鸡和种鸡时，一般配套安装湿帘和风机（图 3-21）。

图 3-21　局部卷帘式鸡舍

（3）舍棚连接简易鸡舍　该鸡舍系鸡舍与塑料棚连接组合而成（图 3-22）。结构简单，取材容易，投资少，较实用，多为平养，也可室内网上平养与室外地面平养相结合。白天在棚内采食、饮水、活动，晚上鸡进舍休息。该鸡舍的突出特点是有利于寒冷季节防寒保温。饲养量较小的北方地区的专业户可参考选用。

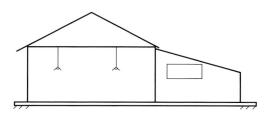

图 3-22　舍棚连接简易鸡舍

3. 全封闭式鸡舍

全封闭鸡舍又称现代化鸡舍（图 3-23），屋顶采用彩钢板等隔热性能好的新材料，降低热传导，起到冬暖夏凉的效果；墙壁采用砖、水泥、彩钢板等建筑材料，水泥地面，可耐受高压水的冲洗；有良好的防鸟、防鼠和防虫网，避免虫、鸟等侵袭；鸡舍全封闭，设有在停电时才开启的应急用窗，没有一般用透光、通风的普通窗户。房舍跨度可达 12 米左右，用人工照明控制光照时间和强度。纵向排风和无动力排风器，主动降尘、降温，夏天通过湿帘主动降温、控湿，控制鸡舍内的温、湿度和空气中有害气体的浓度等。其优点是鸡舍内全程环境可控，有利于采取先进的饲养管理技术和防疫措施，最大程度地发挥鸡的生产性能；减少外界气候对鸡的影响，减少环境污染，降低鸡病的发生率，有利于保证鸡产品的品质。缺点是一次性投资大，建筑和设备投资费用高，要求较

① 鸡 笼　② 饮水器　③ 集蛋槽　④ 料 槽
⑤ 挡粪板　⑥ 粪 池　⑦ 照 明　⑧ 通风扇

图 3-23　全封闭式鸡舍

高的建筑标准和性能良好而稳定的附属设备，饲养管理技术要求高，饲养成本高等。全封闭式鸡舍是现代畜牧业转型升级发展的方向，适合规模化大型养殖场选择。

四、土杂鸡饲养设备、设施

土杂鸡饲养设备、设施主要包括鸡笼、供暖加温、供水饮水、给料、防暑降温、通风等设备以及水电、防疫、废弃物处理等设施。

（一）鸡笼

1. 育雏笼

为了节省鸡舍面积和便于加热等管理，育雏笼多采用重叠式。现介绍生产上常用的 4 层重叠育雏鸡笼（图 3-24）。

图 3-24　立体育雏笼

单只笼体的长 × 宽 × 高为 100 厘米 ×50 厘米 ×30 厘米，笼脚高 15 厘米，笼间距离 14 厘米。笼侧壁、后壁网孔为 25 毫米 ×25 毫米，笼底网孔为 12.5 毫米 × 12.5 毫米，笼门间隙可调。4 层笼总高度为 1.86 米。每层单笼可容纳幼雏 20 只，每只雏鸡占笼面积 250 厘米^2。

2. 育成鸡笼

育成鸡笼与种鸡笼基本相同（图3-25）。其单体笼长×宽×高为80厘米×40厘米×40厘米，侧壁网孔为25毫米×25毫米，笼底网孔为40毫米×40毫米，笼前设有2个门，每个笼门宽37厘米，门栅间隙为40毫米×45毫米，每笼饲养10只育成鸡，每只鸡占笼面积为320厘米²。为了转群方便，一般采用综合式或半阶梯式鸡笼。

图3-25 育成鸡笼

3. 种鸡笼

土杂鸡种鸡笼单体尺寸，一般前高450毫米，后高400毫米，笼深400毫米，集蛋槽伸出笼外160毫米，笼底坡度为8°～10°。每只鸡的采食宽度为100～110毫米，1笼2鸡。种公鸡笼与母鸡笼相似，鸡笼高度和深度比母鸡笼大一些，没有集蛋槽（图3-26、图3-27）。

图3-26 种母鸡笼

图3-27 种公鸡笼

笼的侧壁和后壁，用直径2～2.5毫米钢丝做成网格，经向用粗丝排在外侧，间距100～200毫米，纬向用细丝排在内侧，间距30毫米，可防止鸡隔笼互啄。笼底宜用2.5～3毫米钢丝，纬向用细丝排在底下，间距50～60毫米，经向用粗丝排在上面，间距22～25毫米，这样排列，使鸡产出的蛋容易滚到集蛋槽上。笼门高400毫米，用3毫米钢丝做垂直栏栅，间距50～60毫米，其下缘至底网留45毫米间隙，让蛋滚出，有的加上护蛋板，防止鸡啄蛋，造成经济损失。种鸡笼养，人工喂料，人工授精，种蛋受精率可达95%以上。

4. 肉鸡笼

肉鸡笼构造与蛋鸡笼构造基本相同，只不过笼底不需集蛋槽装置。其单体尺寸为高350～400毫米，深540～600毫米，宽700～900毫米，可容纳土杂鸡12～15只。笼底网孔，幼雏为10毫米×10毫米，中雏为18毫米×28毫米。目前，为了克服因笼底坚硬而引起肉鸡胸部炎症，多采用优质塑料制成肉鸡笼底，雏鸡从进笼直到送屠宰场，不需再转笼，省去捉鸡的麻烦，也避免了一些应激因素。

经济条件比较好的专业户，可向工厂直接订购所需要的鸡笼，到家一装就用，比较省事。在乡镇企业比较发达的地方，往往有比较多的适宜于做鸡笼的工业产品边角料，可按照自己的需要，自制鸡笼，但要求点焊细致、光滑、牢固，尤其要注意，鸡笼内侧不可带刺，以防伤鸡。家有木条、竹条的朋友，也可用这些材料自制鸡笼。

5. 大鸡周转笼

可用钢筋焊成支架和四周边框，再用16号或11号铁丝围绕支架和边框编织成网，规格一般为80厘米×60厘米×30厘米，可装1.5千克的大鸡30只。市场上有塑料大鸡周转箱（笼）销售（图3-28），商品肉鸡场、种鸡饲养场都需要配备。

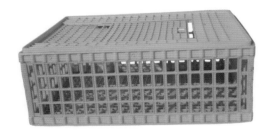

图3-28　大鸡周转笼

（二）供暖加温设备

雏鸡在育雏阶段，尤其是寒冷的冬天及早春、晚秋都要增加育雏室的温度，以满足雏鸡健康生长的基本需要。肉鸡的最适生长温度为18～28℃，有利于发挥其最佳生产性能。产蛋鸡在鸡舍温度低于15℃时往往会影响产蛋，低于10℃时，则停止产蛋，过低则造成死亡。当温度低于10℃时，应增设取暖设施，尤其在冬季应注意做好保暖工作。供暖加温设备有好多种，不同地区的各种养鸡场、养鸡户可根据当地的热源（煤、电、煤气、石油等）选择某一供暖设备来增加育雏温度，特别是初养鸡户，经济条件较差，要力争做到少花钱、养好鸡、争赢利。下面介绍几种保暖设备和加温方法供选择使用。

1. 煤炉

煤炉可用铁皮制成，或用烤火炉改制（图3-29）。炉上应有铁板制成的平面炉盖。炉身侧上方留有出气孔，以便接上炉管通向室外排出炉烟及煤气，煤炉下部侧面，在出气孔的另一侧面，留有一个进气孔，并有铁皮制成的调节板，由进气孔和出气管道构成吸风系统，由调节板调节进气量以控制炉温，炉管的散热过程就是对室内空气的加温过程。炉管在室内应尽量长些，也可一个煤炉上加两根出气管道通向室外，炉管由炉子到室外要逐步向上倾斜，到达室外后应折向上方且超过屋檐为好，以利于煤气的排出。煤炉升温较慢，降温也较慢，所以要及时根据室温更换煤球和调节进风量，尽量不使室温忽高忽低。其适用于小范围的加温育雏，在较大面积的育雏室，常用保姆伞来增加雏鸡周围的环境温度。

图3-29　煤炉

除用煤炉增加室温外，还可用锯末炉来增加育雏温度。用大油桶制成似吸风装置的煤炉（即锯末炉），在装填锯末时，在炉子中心先放一圆柱体，将锯末填实四周，压紧后将圆柱体拔出，使进风口和出气管道形成吸风回路，然后在进风口处点燃锯末，关小进风口让其自燃，这样可均匀发热。一间 20 米^2 的育雏室需用 2 个锯末炉，一个燃烧大约八成时，将另一炉点燃接着加温，不能等第一炉燃光熄火再点燃另一炉，这样会使室内温度不平稳，不利于雏鸡的健康生长。使用这种锯末炉一定要将炉中锯末填实，否则锯末塌陷易熄灭。锯末炉对能源和资金比较紧张的养鸡户更为适用。

2. 火炕（地下烟道）

将炕直接建在育雏室内，烧火口设在北墙外，烟囱在南墙外，要高出屋顶，使烟畅通。火炕由砖或土坯砌成，一般可使整个炕面温暖，雏鸡可在炕面上按照各自需要的温度自然而均匀地分布。

3. 电热保姆伞

可用铁皮、木板或纤维板制成，也可用钢筋管架和布料制成，内面加一层隔热材料。伞的下部用电热丝、电热板或远红外线加热，外加一个控温装置，可根据需要按事先制定的温度范围自动控制温度（图 3-30）。目前电热保姆伞的典型产品有浙江、上海等地生产的成型产品，每个 2 米直径的伞面可育雏 500 只雏鸡。伞的下缘要留 10～12 厘米的空隙，让雏鸡自由进出，离保姆伞周围约 40 厘米处加 20～30 厘米高的围篱，防止雏鸡离开保姆伞而受冻，7 天以后取走围篱。冬天使用电热保姆伞育雏，需用火炉增加一定的室温。

图 3-30　远红外线电热保姆伞

4. 燃气加热器

燃气加热器主要靠煤气和天然气加热（图 3-31）。采用湿帘降温，纵向通风的鸡舍，在进风的一端安装燃气加热器，在另一端靠风机开启将暖气吸过去，鸡舍里达到所需的温度，自动控制装置点火开关自动熄灭（图 3-32）。温度下降到规定的值，加热器自动点火燃烧加温。使用这种燃气加热器，鸡舍内温度平稳，清洁卫生，鸡群舒适，雏鸡生长快，饲料报酬高，育雏效果好，但燃气消耗大，费用较高。

图 3-31　热风炉

图 3-32　自动控温器

5.立体电热育雏笼

一般为 4 层，每层 4 个笼为 1 组，每个笼宽 60 厘米、高 30 厘米、长 110 厘米，笼内装有电热板或电热管为热源（图3-33）。

立体电热育雏笼饲养雏鸡的密度，开始每平方米可容纳 70 只，随着日龄的增加和雏鸡的生长，应逐渐减少饲养数量，到 20 日龄应减少到 50 只，夏季还应适当减少。

图 3-33　立体电热育雏笼

（三）供水、饮水设备

1.水箱

鸡场水源一般用自来水或水塔里的水，其水压较大，采用普拉松自动饮水器乳头式或杯式均需较低的水压，而且压力要控制在一定的范围内。这就需要在饮水管路前端设置减压装置，来实现自动降压

和稳压的技术要求。水箱是最普遍使用的减压装置，制造简便，又有利于防疫方面的需要（在饮水中加入药物或疫苗）（图3-34）。

图 3-34　水箱

2.普拉松自动饮水器（吊塔式饮水器）

主要用于平养鸡舍，其可自动保持饮水盘中有一定的水量，其总体结构见图3-35。饮水器通过吊攀用绳索吊在天花板或固定的专用铁管上，顶端的进水孔用软管与主水箱管相连接，进来的水通过控制阀门流入饮水盘供鸡饮用。为了防止鸡在活动中撞击饮水器而使水盘的水外溢，给饮水器配备了防晃装置。在悬垂饮水器时，水盘环状槽的槽口平面应与鸡体的背部等高。根据鸡群的生长情况，可不断地调整饮水器的高低水平位置。

图 3-35　普拉松自动饮水器

3. 真空饮水器

目前市场上销售的真空饮水器型号较多，有 2.0 千克、2.5 千克、3.0 千克、4 千克、5 千克等（图 3-36）。2.0 千克和 2.5 千克的饮水器适用于 3 周龄以内的雏鸡用；3.0 千克以上的饮水器适用于 3 周龄以上的仔鸡或育成鸡及种鸡用。

图 3-37　乳头饮水器

（四）给料设备

1. 雏鸡喂料盘

主要供开食及育雏早期（0～2 周龄）使用，市场上销售的优质塑料制成的雏鸡喂料盘有圆形（图 3-38）和方形两种，每只喂料盘可供 80～100 只雏鸡使用。

图 3-36　真空饮水器

4. 长流水水槽

大部分用于笼养种鸡舍。这种水槽由水槽、封头、中间接头、下水管接头、控水管、橡胶水塞等构成。水槽长度可根据鸡舍或笼架长度安装。一端进水，一端排水。这种供水方式，每天需要刷洗水槽，由于是长流水，浪费水较多，也不利于防疫卫生，近年来已越来越多地被自动乳头饮水器所取代。

5. 乳头饮水器

乳头饮水器因为其端部有乳头状阀杆而得名（图 3-37）。随着技术的革新，乳头饮水器的密封性能在原有基础上大为好转，乳头漏水现象很少出现，这样有利于舍内的干燥，使禽舍内卫生环境进一步得到改善。乳头饮水器的用水量只为长流水水槽的 1/8 左右，可以节省用水量及水费用。

图 3-38　雏鸡喂料盘

2. 饲料桶

供 2 周龄以上的仔鸡或大鸡使用。饲料桶由一个可以悬吊的无底圆桶和一个直径比桶略大些的浅圆盘所组成，桶与盘之间用短链相连，并可调节桶与盘之间的距离。圆桶内能放较多的饲料，饲料可通过圆桶下缘与底盘之间的间隙距离自动流进底盘内供鸡采食。目前市场上销售的饲料桶有 4～10 千克的几种规格（图 3-39）。这种饲料桶适用地面垫料平养或网上平养。饲料桶应随着鸡体的生长而提高悬挂

图 3-39　进料桶

的高度。饲料桶圆盘上缘的高度与鸡站立时的肩高相平即可。料盘的高度过低时，会因鸡挑食而溢出饲料，造成浪费；料盘过高，则影响鸡的采食，影响生长。

3. 食槽

适用于笼养黄羽种鸡和平养仔鸡，平养仔鸡使用的食槽要求方便采食，不浪费饲料，不易被粪便、垫料污染，坚固耐用，方便清刷和消毒。一般采用木板、镀锌板和硬塑料板等材料制作。所有食槽边口都应向内弯曲，以防止鸡采食时挑剔将饲料溢出槽外（图 3-40）。

图 3-40　食槽

4. 自动喂料机

为减小劳动强度，现代养殖业向装备化、自动化发展，目前已有大型养鸡场采用自动喂料机饲喂（图 3-41），这不仅有利于减轻给料的劳动强度，更主要的是能控制料量，并在短时间内上完料，使每只鸡采食均匀，有利于大群鸡生长发育整齐。自动喂料机也可以与消毒装置一并组装在一起，实现喂料与带鸡消毒一体化（图 3-42）。

图 3-41　自动喂料机

图 3-42　自动喂料、消毒一体机

蛋鸡生产上采用链式垂直喂料机为多，可根据需要安装成多层工作系统，主要由驱动电机、料箱、转角盘、链片和轨道组成（图 3-43、图 3-44），组装后，可以自主调节喂料量。

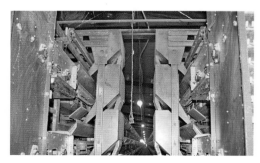

图 3-43　自动垂直喂料机

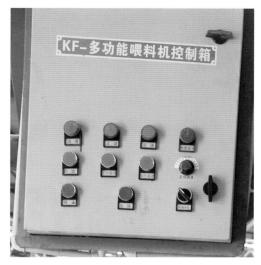

图 3-44　自动喂料机控制箱

（五）鸡舍降温设备

鸡舍温度在 18～28℃为肉鸡生长和种鸡产蛋最适宜的环境温度，超过 35℃肉鸡生长受阻，种鸡产蛋量下降，甚至发生中暑死亡。每年夏季在高温来临之前应该做好防暑降温的准备工作。鸡舍降温设备主要有以下几种。

1. 吊扇和圆周扇

吊扇和圆周扇置于顶棚或墙内侧壁上，将空气直接吹向鸡体，从而在鸡只附近增加气流速度，促进了蒸发散热。吊扇与圆周扇一般作为自然通风鸡舍的辅助设备，安装位置与数量视鸡舍情况和饲养数量而定。

2. 轴流式风机

这种风机所吸入和送出的空气流向与风机叶片轴的方向平行，轴流式风机的特点是叶片旋转方向可以逆转，旋转方向改变，气流方向随之改变，而通风量不减少。轴流式风机有多种型号，可在鸡舍的任何地方安装（图 3-45）。

图 3-45　轴流式风机

轴流式风机主要由叶轮、集风器、箱体、十字架、护网、百叶窗和电机组成。

3. 湿帘 - 风机降温系统

湿帘 - 风机降温系统由 IB 型低质波纹多孔湿垫、低压大流量节能风机、水循环系统（包括水泵、供回水管路、水池、喷水管、滤污网、溢流管、泄水管、回水拦污网、浮球阀等）及控制装置组成。

湿帘 - 风机降温系统一般在密闭式鸡舍里使用，卷帘鸡舍也可以使用，使用时将双层卷帘拉下，使敞开式鸡舍变成密封式鸡舍。在操作间一端南北墙壁上安装湿帘、水循环冷却控制系统，在另一端山墙壁上或两侧墙壁上安装风机（图 3-46）。湿帘 - 风机启动后，整个鸡舍内形成纵向负压通风，经湿帘过滤后冷空气不断进入鸡舍，鸡舍内的热空气不断被风机排出，可降低舍温 3～6℃，这种防暑降温效果比较理想。

图 3-46　湿帘

（六）其他生产设备

1. 断喙器

生产上常用的是电动断喙器（图3-47），操作方便，刀片上有大、中、小3个孔，插上电源，开启旋转开关，从1转到6达到最大功率，温度达到600～800℃，刀片烧红。断喙时，将待切部分伸入所需的切喙孔内，向上向下动一动，所需断喙的部分被灼热的刀片孔口边缘切去，将喙轻轻在烧热的刀片上按一下，起消毒与止血的作用。同类型的还有9DSH手提断喙器。断喙器是养鸡场必备的专用工具，尤其是对放养鸡更需要断喙，断喙可减少争斗，避免啄伤，也可减少产蛋期啄癖的发生。

图 3-47　电动断喙器

2. 光照控制器

饲养黄羽肉种鸡的鸡舍必须增加人工光照。一幢鸡舍安装1台自动光照控制器，这样既方便又准时，使用期间要经常检查定时钟的准确性。定时钟一般是由电池供电的，定时钟走慢时表明电池电力不足，应及时更换新电池（图3-48）。

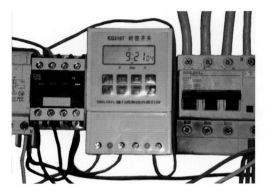

图 3-48　光照控制器

3. 产蛋箱

饲养肉用种鸡采用两层式产蛋箱（图3-49），按4～5只母鸡提供1个箱位。上层的踏板距离地面高度以不超过60厘米为宜，过高鸡不易跳上，而且容易造成排卵落入腹腔。每只产蛋箱大约30厘米宽，30厘米高，36厘米深。在产蛋箱的前面有一高6～8厘米的边沿，用以防止产蛋箱内的垫料落出。产蛋箱的两侧及背面可采用栅条形式，以保持产蛋箱内空气流通，也有利于散热。产蛋箱前上、下层均设脚踏板，箱内一般放垫料（草或木屑），垫料与粪便容易相混，需及时清理，要增加每日捡蛋次数，防止蛋受污染。

4. 红外线灯（图3-50）

5. 温湿度计（图3-51）

图 3-49 产蛋箱

图 3-50 红外线灯

图 3-51 温湿度计

6. 连续注射器

用于鸡只的疫苗和药物注射（图3-52）。

图 3-52 连续注射器

7. 焚烧炉

病死鸡滋生了大量病原微生物，是疾病传播最常见的重要传染源，根据动物卫生防疫法须为病死鸡进行无害化处理，生产上一般选择深埋或焚烧等方法无害化处理。需注意的是，在掩埋病死鸡时应注意远离住宅、水源、生产区，选择土质干燥、地下水位低的地方，并避开水流、山洪的

图 3-53 焚烧炉

冲刷，掩埋坑的深度为距离尸体上表面的深度不少于 1.5 ~ 2 米，掩埋前在坑底铺上 2 ~ 5 厘米厚的石灰，病死鸡投入后再撒上一层石灰，填土夯实。焚烧既卫生又环保，而且灭菌（毒）更彻底，但成本相对偏高，通常只有规模化的养殖场会配置焚烧炉（图 3-53）。通过无害化处理，切断传染源，对控制鸡病的发生具有重要作用。

（七）鸡场配套设施

1. 水电配套设施

（1）水源稳定

①水质良好。要求水质良好，其水质标准可参照《无公害食品 畜禽饮用水水质》（NY 5027—2008），目前绝大多数养殖场可选择使用自来水。

②水量充足。要求水量供应充足，满足场内生产、管理用水需要，满足职工、鸡的饮用水需要，每只鸡每天需要的水量大约是采食量的 2 倍。

（2）电力供应有保障　应靠近输电线路，尽量缩短新线铺设距离，安装方便，保证 24 小时供应电力，满足生活、办公、孵化、光照等电力需求。对重点部门（如孵化室）需要配备"双电力"线路，必要时自备发电机以保证电力供应。养殖场要求有二级供电电源，如为三级供电电源，必须自备发电机。

2. 消毒设施

养鸡场一般应具有一级消毒池、二级消毒池、三级消毒池、四级消毒盆（图 3-54）、更衣消毒室（图 3-55）和消毒器具等（图 3-56、图 3-57）。

3. 鸡粪堆集发酵池

鸡场的大气污染主要是鸡粪产生的臭气，并且鸡粪中含有大量的病原微生物，

图 3-54　四级消毒盆（饲养员进出鸡舍）

图 3-55　更衣消毒室

图 3-56　可移动消毒器

图 3-57　手推喷雾消毒机

图 3-58　鸡粪发酵池

从环保和健康的角度必须综合处理，减少对环境的污染，减少疫病传播的风险。根据养殖场规模情况，结合鸡粪发酵的特点，以水泥墙为主建设一定容积的池子（池子大小至少能容纳一批鸡产生的鸡粪量），上面建设遮雨棚（图 3-58、图 3-59）。及时清除出鸡粪，将鸡粪统一运送至鸡粪发酵池中，按比例添加鸡粪分解微生物菌剂，搅拌，堆积发酵，逐渐添加鸡粪和鸡粪分解微生物菌剂，到一定体积将封存发酵一周，如此处理过的鸡粪将病原微生物全部杀灭，无臭味，是蔬菜果树花木的优质有机肥，市场需求量大，可谓供不应求，既解决养殖场臭味熏人扰民问题，又利于降低鸡的发病率和死亡率，还增加了鸡粪有机肥料销售的额外收入，并使养殖场与周边环境友好、和谐相处。

图 3-59　大型鸡粪发酵池

（2）交通便利　有专门车道直达养鸡场，道路要宽，并尽量硬化（图 3-60），以满足运输要求。

4. 其他辅助设施

（1）贮存、净化水设施　养鸡场设水塔，并用水净化剂进行消毒，定期取水样检查，符合畜禽无公害饮用水的水质标准。

图 3-60　养鸡场内道路

第四章　土杂鸡日粮配制技术

一、土杂鸡的营养需要

要使土杂鸡发育正常、健康生长，发挥其生产性能，保证雏鸡品质，就必须了解土杂鸡所需的各种营养的作用，尽量供给营养成分较全的饲料，满足土杂鸡的营养需要，提高其相应的产肉、产蛋生产性能。土杂鸡的营养需要主要包括能量、蛋白质、维生素、矿物质和水。

（一）能量

能量是土杂鸡最基本的营养物质。土杂鸡的一切生理活动过程，包括运动、呼吸、循环、繁殖、吸收、排泄、神经活动、体温调节等都需要能量。饲料中的营养物质进入机体，经消化后，大部分转变成各种形式的能量。这些能量除一部分以体热的形式散失和经粪便排出体外外，其余作为维持生命活动和产肉（蛋）的需要。

土杂鸡对能量的需要可分为维持需要和生产需要两部分。

维持能量需要包括基础代谢和非生产活动的能量需要。土杂鸡采食的饲料能量，大部分消耗在维持需要上，如果能设法降低维持需要的能量，就会有更多的能量用于生产。基础代谢能量的需要与土杂鸡的体重有密切关系，土杂鸡的体重越大，单位重量需要的维持热能就越大。非生产活动需要的能量与土杂鸡的饲养方式、品种特征有关，在饲养方式方面，因为笼养土杂鸡的活动量受到很大的限制，所以非生产活动的能量比放养土杂鸡少。环境温度与能量维持需要也有关系，土杂鸡在适温时所消耗的能量最低，在环境低温时，其身体代谢就会加快，以产生足够的热能来维持正常的体温，因此，低温比适温时维持需要的能量多。

生产性能量需要与土杂鸡的生产性能高低有密切的关系。生长期的土杂鸡，其体内沉积的脂肪越多，需要能量就越多。土杂鸡体内脂肪沉积随年龄增加而增加，因而单位体重所需要的能量也增加。产蛋多的土杂鸡，为满足生产需要的能量，所需要的能量就多，单位体重所消耗的饲料也会比产蛋少的土杂鸡多。

土杂鸡所需要的能量来源于碳水化合物、脂肪和蛋白质。日粮中碳水化合物及脂肪是能量的主要来源，蛋白质多余时分解产生热能。碳水化合物包括淀粉、糖类和纤维，在饲料中含量最多，是主要的能源。经消化道吸收的碳水化合物（主要是葡萄糖）在体内氧化时能释放能量供土杂鸡使用。吸收葡萄糖较多时，一部分转化为肝糖，贮存在肝脏和肌肉中备用。大量多余的碳水化合物在体内转化为脂肪，积存在脂肪组织中，需要时提供能量。但碳水化合物在体内的总含量不到1%。碳水化合物中的粗纤维很难消化，在日粮中不应超过5%；不过，粗纤维能促进肠蠕动，帮助消化，若纤维含量过低或缺乏时会导致肠蠕动不充分，引起消化不良。脂肪的发热量为碳水化合物的 2.25 倍，是很好的能源，但从价格上考虑，不宜作为饲料中能量的主要来源；肉鸡对能量的需要量较大，有时需要添加油脂以补充能量。蛋白质也可以用来生产热能，但由于蛋白质的价格昂贵，且从资源合理利用方面考虑，也不宜成为供给能量的营养物质。

日粮能量浓度在一定范围内，土杂鸡在自由采食时有通过调节采食量来满足能量需要的本能，即土杂鸡是按能量需要采食的，日粮能量水平降低时，土杂鸡的采食量会多些，反之，采食量会少些。土杂鸡总是按其需要摄取一定的能量，采用不同能量水平的日粮，就会使土杂鸡的采食量发生变化，从而导致蛋白质和其他营养物质的摄取量也发生变化。因此，日粮中能量与其他营养物质的正常比例是确定土杂鸡营养需要时首先考虑的问题。在配合日粮时，首先要确定适宜的能量，然后在此基础上确定蛋白质及其他营养物质的需要，即要确定能量含量与其他营养物质的合理比例，如每兆焦能量含的蛋白质克数或含各种必需氨基酸克数等。一般来说，日粮是高能量水平的，土杂鸡的采食量就少，日粮蛋白质和其他营养物质的含量就要相应提高；如日粮是低能量的，土杂鸡的采食量就多，日粮中的蛋白质及其他营养物质的含量就可适当减少。

土杂鸡的能量计算方法一般是采用代谢能，代谢能是饲料中的可利用能量减去粪中和尿中的能量后所得到的能量，其计算单位为千焦或兆焦。

（二）蛋白质

蛋白质是生命的重要物质基础，是土杂鸡身体组织和鸡蛋的主要成分。土杂鸡的肌肉、皮肤、羽毛、体液、神经、内脏器官以及激素、抗体等均含有大量蛋白质。土杂鸡在生长发育、新陈代谢、繁殖后代过程中都需要大量蛋白质来满足细胞组织更新、修补的需要。蛋白质的作用不能由其他营养物质来代替。脂肪和碳水化合物都缺少蛋白质所具有的氮元素，因而在营养功能上不能代替蛋白质的作用。

饲料蛋白质的营养价值主要取决于氨基酸的组成。蛋白质是由 20 种以上的氨基酸构成，其中有相当一部分在土杂鸡体内可以合成，不一定需要从饲料中获取，这一类氨基酸称为非必需氨基酸；有一些氨基酸在土杂鸡体内无法合成，或合成量不能满足土杂鸡的需要，必须从饲料中摄取，这一类氨基酸则称为必需氨基酸。必需氨基酸又可分为两类：一类是在饲料中含量较多，为土杂鸡所必需，能比较容易满足土杂鸡的营养需要，称为非限制性氨基酸；另一类在饲料中含量较少，不容易满足土杂鸡营养需要，称为限制性氨基酸。

日粮中蛋白质和氨基酸不足时，土杂鸡生长缓慢，食欲减退，羽毛生长不良，性成熟晚，产蛋少，蛋重减轻，雏鸡消瘦。蛋白质和氨基酸严重缺乏时，土杂鸡采食停止，体重下降，卵巢萎缩。所以，要维持土杂鸡的生命，保证雏鸡正常生长，蛋鸡、种鸡正常产蛋，就必须从饲料中提供足够的蛋白质和氨基酸。饲料中各种氨基酸的含量因饲料种类不同而有很大差异，几种饲料配合，氨基酸含量可取长补短，饲料营养价值明显提高。因此，在为土杂鸡配日粮时，要选用多种饲料，尽量保证日粮内氨基酸含量的平衡，提高蛋白质的利用效率。须注意的是，日粮中蛋白质含量过高，不但不会有良好的饲养效果，反而使土杂鸡排泄的尿酸盐增多，造成肾脏机能受损，严重时在肾脏、输尿管或身体其他部位有大量尿酸盐沉积，造成痛风，甚至引起死亡。

如前所述，土杂鸡日粮能量水平决定了土杂鸡采食量的多少，根据这一原则，若要决定蛋白质的需要量，首先应明确日粮的能量水平，准确掌握土杂鸡每日的采食量，然后才能确定日粮中每单位能量的蛋白质和氨基酸的需要量。

在日粮中，蛋白质和能量应有一定比例，即蛋白能量比（以每兆焦代谢能含的蛋白质克数表示），当日粮含能量高，蛋白质含量相应提高，反之则相应降低。土杂鸡适宜的蛋白能量比为 12.0 ~ 16.8 克 / 兆焦。

（三）维生素

维生素为土杂鸡健康生长、生产、繁殖所必需。维生素分为脂溶性维生素和水溶性维生素两大类，脂溶性维生素在土杂鸡体内有一定贮存，水溶性维生素一般很少贮存，必须通过日粮中供给。各种维生素的作用和缺乏症见表4-1。

（四）矿物质

矿物质的主要作用是构成骨骼，是形成动物组织器官的重要成分。存在于体液和细胞液中，能保持动物体内的渗透性和酸碱平衡，保证各种生命活动的正常进行。

矿物质分为常量元素和微量元素。

1. 常量元素

指在体内含量 > 0.01% 的元素，有钙、磷、钾、钠、氯、硫、镁。

2. 微量元素

指在体内含量 < 0.01% 的元素，有铁、铜、锌、锰、钴、硒、氟、铬、钼、硅等。

各种矿物质元素的主要作用和缺乏症见表 4-2。

（五）水

水是土杂鸡生长和繁殖必不可少的物质，是构成土杂鸡身体和鸡蛋的主要成分。雏鸡体内和鸡蛋的含水量约为70%，成年土杂鸡体内含水量约为60%。水能促进食物的消化和营养吸收，输送各种养分，维持土杂鸡的血液循环，并能排出废物、调节体温、维持正常生长发育。缺水比缺饲料更严重，轻度缺水时土杂鸡会食欲减退、消化不良、代谢紊乱，影响生长发育；严重缺水时土杂鸡会引起中毒甚至死亡。气温对饮水影响较大，0 ~ 22℃饮水量变化不大，0℃以下饮水量减少，超过22℃饮水量增加，35℃时是22℃饮水量的1.5倍。为此，每天必须保证供给土杂鸡充足、清洁、新鲜的饮水，以保障土杂鸡健康和生产性能正常。

二、土杂鸡常用饲料原料

饲料是养鸡生产中的重要生产物资。饲料的好坏直接影响到肉鸡的生产，进而影响生产效益。饲料来源一般有两种方式：直接购买饲料成品，或是自配料。养殖场可根据自身的条件选择。

现在市场上针对不同鸡种（肉鸡、蛋鸡、草鸡等）、不同生产阶段（育雏、育成、产蛋、育肥）的饲料应有尽有。一般来说，饲料公司的饲料配方都比较科学合理，且饲料公司有规模效应，生产成本较低。直接购买正规生产厂家的饲料通常都可以满足生产需要，而且对养殖场来说省事方便。要强调的是，购买饲料时，一定要选择正规厂家的产品；且要根据自己养殖的品种

表 4-1　维生素的功能和缺乏症

种 类	功 能	缺乏症状	备 注
维生素 A	促进骨骼的生长，保护呼吸道、消化道、泌尿生殖道上皮和皮肤的健康，为眼内视紫质的组分	引起黏膜、皮肤上皮角化变质，生长停滞，干眼病，夜盲症，产蛋率、孵化率下降	植物中只有胡萝卜素，在动物体内可转化为维生素 A
维生素 B_1（硫胺素）	是碳水化合物代谢所必需的物质，抑制胆碱酯酶的活性，保证胆碱能神经的正常传递	食欲减退，肌肉麻痹，全身抽搐，呈"观星"状，产蛋下降	谷类饲料中含有丰富的维生素 B_1，注意保管，避免霉变
维生素 B_2（核黄素）	是组成体内 12 种以上酶的活性部分，在生物氧化过程中起着氢的作用	使机体的整个新陈代谢作用降低，生长缓慢，两腿发生瘫痪，产蛋减少	容易缺少
泛酸（遍多酸）	参与糖类、脂肪和蛋白质的代谢	羽毛生长阻滞和松乱；孵出的雏鸡体重不足和衰弱，易死亡	土杂鸡需要量较多，容易缺乏
烟酸（尼克酸）	是体内营养代谢必需物质，与维持皮肤、消化器官和神经系统的功能有关	生长迟缓，羽毛不良，眼周炎、口炎、下痢、跗关节肿大	许多谷实中虽有烟酸，但不能被很好地利用
维生素 B_6（吡哆素）	对蛋白质代谢有重要影响，与红细胞形成以及内分泌有关	食欲下降，生长不良，贫血，骨短粗病，双腿神经性颤动，产蛋少，孵化率低	
叶酸	影响核酸的合成，促进蛋白质的合成和红细胞的形成	生长不良，贫血，羽毛色素缺乏	
维生素 B_{12}（钴维生素）	生物合成核酸和蛋白质的必需因素，促进红细胞的发育和成熟	生长缓慢，贫血，营养代谢紊乱	
胆碱	参与脂肪代谢	脂肪肝病或脂肪肝综合征	日粮蛋白质含量降低时易缺乏
维生素 C（抗坏血酸）	形成胶原纤维所必需，影响骨和软组织细胞间质的结构	败血症	体内能合成，高温、应激时应增加
维生素 D	参与机体的钙、磷代谢，促进钙、磷在肠道的吸收以及在骨骼中的沉积	佝偻病，骨软症，喙和趾变软，产蛋减少，蛋壳变薄，孵化率降低	皮肤在阳光或紫外线照射下能合成维生素 D
维生素 E（生育酚）	天然抗氧化剂（作用似硒），预防脑软化症	引起脑软化症、渗出性素质和肌肉萎缩症，孵化率下降	青饲料、种子胚芽中含量丰富，与硒有协同作用
生物素（维生素 H）	参与脂肪、蛋白质和糖的代谢	生长迟缓，羽毛干燥、变脆，骨短粗，滑腱症，孵化率下降	
维生素 K	是机体内合成凝固酶原所必需的物质，参与凝血过程	血凝时间延长，不易凝固，全身出血	体内能自行合成

表 4-2　各种矿物质元素的主要作用及缺乏症

矿物质元素	主要功能	缺乏症状	备　注
钙	形成骨骼、蛋壳,与神经功能、肌肉活动、血液凝固有关	佝偻病,产薄壳蛋,产蛋量和孵化率下降	过多时影响锌和其他元素的利用
磷	形成骨骼,与能量、脂肪代谢和蛋白质的合成有关,为细胞膜的组分	佝偻病,异嗜,产蛋量降低	钙磷比例:生长鸡宜 $(1 \sim 2):1$,产蛋鸡宜 $(3 \sim 3.5):1$
钾	保证体内正常渗透压和酸碱平衡,与肌肉活动和碳水化合物代谢有关	生长停滞,消瘦,肌肉软弱	过多会干扰镁的吸收
钠	保证体内正常渗透压和酸碱平衡,与肌肉收缩、胆汁形成有关	生长停滞、减重,产蛋减少	过多且饮水不足时易引起中毒
氯	保证体内正常渗透压和酸碱平衡,形成胃液中的盐酸	抑制生长,对噪声敏感	
镁	组成骨骼,降低组织兴奋性,与能量代谢有关。	食欲下降,兴奋、过敏、痉挛	
硫	组成蛋氨酸、胱氨酸等形成羽毛、体组织,组成维生素 B_1 和生物素等,与能量、碳水化合物和脂类代谢有关	生长停滞,羽毛发育不良	
铁	为血红素组分,保证体内氧的运送	贫血,营养不良	铁的正常代谢需要足够的铜,铁过多干扰磷的吸收
铜	为血红素形成所必需,与骨的发育、羽毛生长、色素沉着有关	贫血,骨质脆弱,羽毛褪色,跛足	过量中毒
硒	具有高抗氧化作用,对细胞的脂质膜起保护作用	脑软化症、渗出性素质和肌营养不良(白肌病)	硒和维生素 E 之间具有互相补偿和协同作用
锌	骨和羽毛发育所必需,与蛋白质合成有关	食欲丧失,生长停滞,羽毛发育不良	锌过多会影响铜的代谢
锰	为骨的组分,与蛋白质、脂类代谢有关	生长不良,滑腱症,腿短而弯曲,关节肿大	

类型和生产阶段选择相应的产品；提前做好进料计划，切不可造成缺料、积压霉变。

对饲养鸡群数量较大，且具有配合饲料的设备与技术的规模化养鸡场，可以考虑自配料。自配料的优点是可以就地取材或根据市场行情随时变换饲料原料，另外，可以直接控制饲料品质，根据自己场饲养的鸡种与生产阶段设计饲料配方，调整营养需要。但自配料需要养殖场购置各样饲料原料，另需要原料仓储空间、一定的加工设备和饲料配方设计技术。

土杂鸡常用饲料原料按性质分可以分为能量饲料、蛋白质饲料、矿物质饲料、维生素饲料和添加剂饲料等。

（一）能量饲料原料

能量饲料：以干物质计，粗蛋白含量低于 20%、粗纤维含量低于 18% 的一类饲料即为能量饲料。

1. 玉米

玉米（图 4-1）适口性好，能值高，是禽类代谢能的主要来源，在土杂鸡饲料中占 35% ~ 50%。黄玉米对蛋黄和皮肤着色非常重要。玉米需注意控制水分和仓储，避免发生霉变。饲用玉米国家标准质量指标（GB 1353—2018）见表 4-3。

图 4-1　玉米

2. 小麦

小麦（图 4-2）比玉米蛋白高，能量低，不含黄色素，含有抗营养因子木聚糖和 β - 葡聚糖，其在土杂鸡饲料中使用量控制在 10% 以下。饲用小麦国家标准质量指标（GB 1353—2018）见表 4-4。

图 4-2　小麦

表 4-3　饲用玉米国家标准质量指标

成分	一级	二级	三级
容重（克 / 升）	≥ 710	≥ 685	≥ 660
粗蛋白质（%）	≥ 10.0	≥ 9.0	≥ 8.0
粗纤维（%）	< 1.5	< 2.0	< 2.5
粗灰分（%）	< 2.3	< 2.6	< 3.0
水分（%）	≤ 14.0	≤ 14.0	≤ 14.0
霉变粒（%）	≤ 2.0	≤ 2.0	≤ 2.0
杂质（%）	≤ 1.0	≤ 1.0	≤ 1.0

表 4-4　饲用小麦国家标准质量指标

成分	一级	二级	三级
容重（克/升）	≥ 790	≥ 770	≥ 750
粗蛋白质（%）	≥ 11.0	≥ 10.0	≥ 9.0
粗纤维（%）	＜ 5.0	＜ 5.5	＜ 6.0
粗灰分（%）	＜ 3.0	＜ 3.0	＜ 3.0
水分（%）	≤ 12.5	≤ 12.5	≤ 12.5
杂质（%）	≤ 1.0	≤ 1.0	≤ 1.0

3. 碎米

碎米（图 4-3）养分含量变异较大，在稻谷主产区因碎米价格低廉，可部分取代玉米，但比例不能高（在日粮中可占 10% ～ 20%），因碎米缺乏维生素 A、B 族维生素、钙和黄色素，使用后会使土杂鸡皮肤、脚胫和蛋黄颜色变浅。饲用碎米国家标准质量指标（GB/T 5503—2009）见表 4-5。

图 4-3　碎米

表 4-5　饲用碎米国家标准质量指标

单位：%

成分	一级	二级	三级
粗蛋白质	≥ 7.0	≥ 6.0	≥ 5.0
粗纤维	＜ 1.0	＜ 2.0	＜ 3.0
粗灰分	＜ 1.5	＜ 2.5	＜ 3.5

4. 小麦麸

小麦麸（图 4-4）主要特征是高纤维、低容重和低代谢能，其氨基酸组成可与整粒小麦相比，具有促进生长作用。简单的蒸汽制粒可使麦麸的能值改善达 10%，磷的有效性提高达 20%。建议在 4 周龄以上的土杂鸡日粮中选配小麦麸，最高为 10%。饲用小麦麸国家标准质量指标（GB 10368—1989）见表 4-6。

图 4-4　小麦麸

表 4-6　饲用小麦麸国家标准质量指标

单位：%

成分	一级	二级	三级
粗蛋白质	≥ 15.0	≥ 13.0	≥ 11.0
粗纤维	＜ 9.0	＜ 10.0	＜ 11.0
粗灰分	＜ 6.0	＜ 6.0	＜ 6.0

5. 米糠

米糠（图 4-5）是生产稻米过程中的副产品，其重量的 30% 是细米糠，70% 是真正的糠。细米糠含大量脂肪和少量纤维，米糠则含有少量脂肪和大量纤维，米糠中含油量达 6% ～ 10%，故容易氧化而酸败，不易贮存，可添加乙氧喹（250 毫克/千克）等氧化剂来稳化处理，也可通过热处理（130℃制粒）来稳化处理。

图 4-5 米糠

饲喂生米糠用量大于 40% 时常导致生长受抑制和饲料利用效率下降，这与米糠中有胰蛋白酶抑制因子和植酸含量较高有关，4 周龄以内的上限为 10%，4～8 周龄的为 20%，成年为 25%。饲用米糠国家标准质量指标见表 4-7。

表 4-7 饲用米糠国家标准质量指标

单位：%

成分	一级	二级	三级
粗蛋白质	≥ 13.0	≥ 12.0	≥ 11.0
粗纤维	< 6.0	< 7.0	< 8.0
粗灰分	< 8.0	< 9.0	< 10.0

6. 油脂

油脂总能和有效能比一般的饲料高，多数油脂以液体状态进行处理，含有相当数量的不饱和脂肪酸。所有的油脂都必须用抗氧化剂处理，最好在加工点就加上抗氧化剂，以防酸败。土杂鸡饲料中一般很少采用，仅在肉用鸡中有少量使用报道。

（二）蛋白质饲料原料

蛋白质饲料是指干物质中粗蛋白质含量在 20% 以上、粗纤维含量 18% 以下的饲料。蛋白质饲料可分为植物性蛋白质饲料、动物性蛋白质饲料两种。

1. 植物性蛋白质饲料

植物性蛋白质饲料包括豆类籽实、饼粕类和其他植物性蛋白质饲料。它们不仅富含蛋白质，而且各种必需氨基酸均较谷类为多，其蛋白质品质优良，是配合饲料的主要原料。

（1）大豆饼（粕） 大豆饼（粕）（图 4-6）是以大豆为原料取油后的副产品，压榨法取油后的产品称为大豆饼，浸出法取油后的产品称为大豆粕。在土杂鸡日粮中，大豆饼（粕）的用量上限为 30%，饲用大豆饼、大豆粕的质量标准（GB 10368—1989）见表 4-8 和表 4-9。

图 4-6 大豆饼（粕）

表 4-8 饲用大豆饼质量标准

单位：%

成分	一级	二级	三级
粗蛋白质	≥ 41.0	≥ 39.0	≥ 37.0
粗脂肪	< 8.0	< 8.0	< 8.0
粗纤维	< 5.0	< 6.0	< 7.0
粗灰分	< 6.0	< 7.0	< 8.0

表 4-9 饲用大豆粕质量标准

单位：%

成分	一级	二级	三级
粗蛋白质	≥ 44.0	≥ 42.0	≥ 40.0
粗纤维	< 5.0	< 6.0	< 7.0
粗灰分	< 6.0	< 7.0	< 8.0

（2）棉籽饼粕 棉籽饼粕（图4-7）含游离棉酚，需要脱毒处理，在土杂鸡日粮中用量上限为15%。饲用棉籽饼粕质量标准见表4-10。

图4-7　棉籽饼粕

表4-10　饲用棉籽饼粕质量标准

单位：%

成分	一级	二级	三级
粗蛋白质	≥ 42.0	≥ 40.0	≥ 39.0
粗纤维	< 12.0	< 13.0	< 14.0
粗灰分	< 6.0	< 7.0	< 8.0

（3）菜籽饼粕 菜籽饼粕（图4-8）适口性差，含有芥子碱等抗营养因子，可引起甲状腺肿大，生产性能下降，使用前需脱毒处理，其限制用量为3%～7%。饲用菜籽饼粕质量标准见表4-11。

图4-8　菜籽饼粕

表4-11　饲用菜籽饼粕质量标准

单位：%

成分	一级	二级	三级
粗蛋白质	≥ 37.0	≥ 34.0	≥ 30.0
粗脂肪	< 10.0	< 10.0	< 10.0
粗纤维	< 14.0	< 14.0	< 14.0
粗灰分	< 12.0	< 12.0	< 12.0

（4）花生饼粕 花生饼粕（图4-9）有效能值在饼粕类饲料中最高，但易受黄曲霉素毒素污染，饲用花生饼粕质量标准见表4-12。

图4-9　花生饼粕

表4-12　饲用花生饼粕质量标准

单位：%

成分	一级	二级	三级
粗蛋白质	≥ 51.0	≥ 42.0	≥ 37.0
粗纤维	< 7.0	< 9.0	< 11.0
粗灰分	< 6.0	< 7.0	< 8.0

（5）植物蛋白粉 包括玉米蛋白粉（图4-10）、粉浆蛋白粉等。其主要养分含量见表4-13。

（6）浓缩叶蛋白 是从新鲜植物叶汁中提取的一种优质蛋白质补充饲料。市售的浓缩苜蓿叶蛋白，其粗蛋白质含量为38%～61%，蛋白质消化率比苜蓿草粉高

图 4-10　玉米蛋白粉

得多，使用效果仅次于鱼粉，并优于大豆饼，但含有皂苷，要控制使用量。

2. 动物性蛋白质饲料

土杂鸡常用的动物性蛋白质饲料包括鱼粉、虾粉、肉骨粉、肉粉、蟹粉、血粉等。添加时常和其他饲料配合成日粮，制成颗粒饲料使用。

（1）鱼粉　鱼粉（图 4-11）蛋白含量高，含蛋氨酸、赖氨酸及未知促生长因子等有特别价值的优质成分，可以有效提高产蛋率、受精率。因进口鱼粉价格昂贵，并且饲料中含有鱼粉易造成鸡肉和鸡蛋中有一股腥味。土杂鸡以活禽销售为主，以优质优价为其特色，其腥味会引起消费者对其品质的怀疑，故土杂鸡放养时饲料中谨慎添加鱼粉，宜少用甚至是不用鱼粉。在日粮中限制量，0～4 周龄的上限为 8%，4～8 周龄的为 10%，8 周龄以上的为 10%。农业农村部颁布的鱼粉质量标准见表 4-14。

图 4-11　鱼粉

表 4-13　几种植物蛋白粉养分含量

饲料名称	干物质（%）	代谢能（兆焦/千克）	粗蛋白（%）	钙（%）	磷（%）
玉米蛋白（优）	90.1	16.23	63.5	0.07	0.44
玉米蛋白（中）	91.2	14.36	51.3	0.06	0.42
粉浆蛋白粉	88.0	—	66.3	—	0.59

表 4-14　鱼粉质量标准

单位：%

来源		粗蛋白	粗脂肪	水分	盐	沙	色泽	备注
国产	一级	≥55	<10	<12	<4	<4	黄棕色	要求颗粒的98%通过2.8毫米筛孔
	二级	≥50	<12	<12	<4	<4	黄棕色	
	三级	≥45	<14	<12	<4	<5	黄棕色	
进口	智利鱼粉	67	12	10	3	2	—	要求具有鱼粉的正常气味，无异臭及焦灼味
	秘鲁鱼粉	65	10	10	6	2	—	
	秘鲁鱼粉（加氧化剂）	65	13	10	6	2	—	

（2）**肉骨粉**　肉骨粉（图 4-12、图 4-13）大多是加工牛肉和猪肉的副产品，是良好的蛋白质及钙、磷来源，含维生素 B_{12}。肉粉、肉骨粉因原料不同，品质变异很大；另外，需谨防沙门氏菌等病原菌污染，土杂鸡日粮中限饲量为 6%。肉骨粉一般营养成分见表 4-15。

图 4-12　肉粉

图 4-13　肉骨粉

表 4-15　肉骨粉一般营养成分

单位：%

成分	典型含量	变化幅度
粗蛋白	50	48 ～ 53
粗脂肪	10	8 ～ 12
粗灰分	30	22 ～ 35
水分	5	3 ～ 8
钙	10	8 ～ 12
磷	5	3 ～ 6
有效磷	5	3 ～ 6
钠	0.5	0.4 ～ 0.6

（3）**饲用酵母**　饲用酵母（图 4-14）利用工业废水、废渣等为原料的单细胞蛋白饲料，其原料接种酵母菌，经干燥而成为蛋白质饲料。在生产中常在无鱼粉日粮中广泛应用酵母，土杂鸡日粮中的用量为 2% ～ 3%。饲用酵母主要养分见表 4-16。

图 4-14　饲用酵母

（4）**水解羽毛粉**　饲用羽毛粉是将家禽羽毛经过蒸煮、酶水解、粉碎或膨化成粉状，其蛋白质含量达 77% 以上，是一种动物性蛋白质补充饲料。在日粮中 0 ～ 4 周龄的上限为 2%，4 ～ 8 周龄的为 3%，8 周龄以上的为 3%。

（5）**血粉**　是以畜禽血液为原料，经脱水加工（喷雾干燥、蒸煮或发酵）而成的粉状动物性蛋白质补充饲料，其粗蛋白含量一般在 80% 以上。因总的氨基酸组成非常不平衡，日粮中血粉用量不超过 4%。

（6）**蚕蛹粉**　是蚕丝工业副产品，粗蛋白含量在 60% 以上，必需氨基酸组成可与鱼粉相当，缺点是具有异味，过量饲喂会影响蛋、肉品质，一般在土杂鸡日粮中宜控制在 2% ～ 2.5%。

（三）矿物质饲料

矿物质饲料是补充动物矿物质需要的

表 4-16 饲用酵母主要养分

单位：%

成分	啤酒酵母	石油酵母	纸浆废液酵母
粗蛋白	51.4	60.0	46.0
粗脂肪	0.6	9.0	2.3
粗纤维	30	22～35	
水分	2.0	—	4.6
粗灰分	8.4	6.0	5.7

饲料，包括人工合成的、天然单一的和多种混合的矿物质饲料，以及配合有载体或赋形剂的痕量、微量、常量元素补充料。

土杂鸡常用的矿物质饲料包括石粉、贝壳粉、磷酸氢钙、磷酸钠、氯化钠、碳酸氢钠等。

1. 石粉

石粉（图 4-15）主要成分是碳酸钙，含钙量 36%～38%，是土杂鸡补充钙质最简单的原料。在土杂鸡日粮中用量为 0.5%～2%，蛋鸡和种鸡料中可达 7%～7.5%。

图 4-15 石粉

2. 贝壳粉

贝壳粉（图 4-16）由各种贝壳（蚌壳、牡蛎壳、蛤蜊壳、螺蛳壳等）经加工粉碎而成的粉状或粒状产品，主要成分是碳酸钙，含钙量不低于 33%，是土杂鸡补充钙质的重要来源。

图 4-16 贝壳粉

3. 蛋壳粉

蛋壳粉含钙量 34% 左右，是土杂鸡理想的钙源，利用率高，用于蛋鸡饲料时所产蛋的蛋壳硬度优于石粉。

4. 磷酸氢钙

磷酸氢钙（图 4-17）是当前工厂化生产饲料中主要钙磷来源，添加量 2% 左右，注意原材料来源，控制氟的含量。

图 4-17　磷酸氢钙

5. 骨粉

骨粉的主要成分是钙和磷，比例为 2：1 左右，并且还富含多种微量元素，符合动物的需要，在土杂鸡日粮中用量为 1%～3%。

6. 氯化钠

氯化钠（食盐）（图 4-18）在土杂鸡饲料中一般添加为 0.25%～0.5%，是土杂鸡饲料中必须添加的物质。

图 4-18　氯化钠

7. 沙砾

可增强土杂鸡肌胃对饲料的研磨力，提高饲料消化率。0～30 日龄土杂鸡日粮中可加 0.2%～0.5% 细沙砾，30 日龄后可加 1%。

（四）饲料添加剂

1. 微量元素添加剂

常用微量元素添加剂有无机、有机、螯合、纳米 4 种形式，无机的应用范围最广泛，常见的有一水硫酸锌（图 4-19）、七水硫酸亚铁（图 4-20）、五水硫酸铜（图 4-21）、一水硫酸锰（图 4-22）、七水硫酸钴、碘化钠、亚硒酸钠等。

图 4-19　一水硫酸锌

图 4-20　七水硫酸亚铁

图 4-21　五水硫酸铜

图 4-22　一水硫酸锰

在土杂鸡生产上通常使用复合微量元素，几乎不用单体微量元素，这样用量容易掌握，购买使用方便。

2. 维生素添加剂

由于大多数维生素具有不稳定、易氧化或被其他物质破坏失效的特点，几乎所有的维生素添加剂在生产时都经过特殊加工处理和包装。为了满足不同使用的要求，在剂型上有粉剂、油剂、水溶性制剂等。通常需要添加的有维生素 A、维生素 D_3、维生素 E、维生素 K、维生素 B_1、维生素 B_2、烟酸、泛酸、氯化胆碱及维生素 B_{12}，其中氯化胆碱、维生素 A 及烟酸的使用量所占的比例最大，不同品种的土杂鸡对维生素需求量有所不同。

在土杂鸡生产上通常使用复合维生素，几乎不用单体维生素，最好选用土杂鸡专用的维生素，若购买不到，可选用鸡用的多种维生素代替。

3. 氨基酸添加剂

主要有赖氨酸、蛋氨酸和色氨酸添加剂，又称蛋白质强化剂。通常动物性饲料含蛋氨酸和赖氨酸较多；植物性饲料中只有豆类和饼粕类饲料含较多的赖氨酸，其他植物性饲料尤其是能量饲料往往很少含有蛋氨酸和赖氨酸。为保证饲料中氨基酸的平衡和满足土杂鸡的营养需要，往往需要在饲料中添加氨基酸，一般有赖氨酸（图 4-23）、蛋氨酸（图 4-24）、色氨酸、苏氨酸等。以玉米、豆粕为主的日粮需要添加蛋氨酸 0.05% ~ 0.20%，赖氨酸 0.05% ~ 0.30%，色氨酸 0.02% ~ 0.06%。

图 4-23　65% 赖氨酸

图 4-24　蛋氨酸

4. 中草药等植物类添加剂

中草药等植物类添加剂的主要作用是保健防病，降低土杂鸡养殖中的应激反应。例如，穿心莲粉有抗菌、清热和解毒的功能，龙胆草粉有消除炎症、抗菌防病和增进食欲的作用，甘草粉能润肺止渴、刺激胃液分泌、助消化、增强机体活力。

5. 酶制剂

酶是一类具有生物催化性的蛋白质。饲用酶制剂采用微生物发酵技术或从动植物体内提取，主要分成两类：一类为外源性消化酶，包括蛋白酶、脂肪酶和淀粉酶等，另一类是外源性降解酶，包括纤维素酶、半纤维素酶、β-葡聚糖酶、木聚糖酶和植物酶等。其主要功能是降解动物难以消化或完全不能消化的物质或抗营养物质，从而提高饲料营养物质的利用率。饲用酶制剂无毒害、无残留、可降解，保护生态环境。

6. 微生态制剂

微生态制剂也称活菌制剂、生菌剂，是由一种或多种有益于动物肠道微生态平衡的微生物（如嗜酸乳杆菌、嗜热乳杆菌、双歧杆菌、粪链球菌、枯草芽孢杆菌、酵母菌等）制成的活菌制剂。作用是在数量或种类上补充肠道缺乏的正常微生物，调节动物胃肠菌趋于正常，抑制或排除致病菌和有害菌，维持胃肠道正常生理功能，达到预防、治疗作用，提高生产性能。因长期使用抗生素会引起肠道菌群失调，细菌的耐药性增强，已经证明使用微生态制剂是防治大肠杆菌病等肠道疾病比较有效的方法。需要提示的是其预防效果好于治疗效果，在生产中应长时间连续饲喂，并且越早越好；注意其与抗生素连用时的拮抗作用，如蜡样芽孢杆菌对磺胺类药物敏感，不应同时使用；另外，微生态制剂不耐高温、高压，运输和使用时必须注意。

7. 饲料保存剂

包括抗氧化剂（乙氧基喹啉、二丁基羟基甲苯、丁基羟基茴香脑等）、防霉剂（丙酸盐及丙酸、山梨酸及山梨酸钾、甲酸、富马酸及富马酸二甲酯等）和着色剂（类胡萝卜素、叶黄素类、胭脂红、柠檬黄、苋菜红等）等。

（五）饲料原料质量控制措施

1. 感官检测

以五官来观察原料的颜色、形状、均匀度、气味、质感等。

（1）**视觉**　观察饲料的形状、色泽，有无霉变、虫蛀、结块、异物掺杂物等现象。

（2）**味觉**　通过舌舔和牙咬来检查味道，但注意不要误尝对人体有毒、有害的物质。

（3）**嗅觉**　通过嗅觉来鉴别具有特征气味的饲料，核查有无霉味、腐臭、氨味、焦味等。

（4）**触觉**　取样于手中用手指捻，通过感触来觉察其硬度、滑腻感、有无杂质及水分等。

（5）**筛分**　使用8目、12目、20目、40目的分析筛来测定有无异物。

（6）**放大镜**　使用放大镜或显微镜来鉴别，内容同视觉观察内容。

2. 常规实验室检测

表4-17为各种原料的重要控制项目。

表 4-17 各种原料的重要控制项目

项目品种	水分	粗蛋白	粗脂肪	粗纤维	粗灰分	钙	磷	其他项目
玉米	☆	☆	☆					杂质、容重、霉变、毒素
小麦	☆	☆						杂质、容重、霉变
高粱	☆	☆						杂质、容重、霉变
豌豆	☆	☆			☆			杂质、容重、霉变
蚕豆	☆	☆			☆			杂质、容重、霉变
豆粕	☆	☆			☆			KOH 溶解度、脲酶活性
棉粕	☆	☆		☆	☆			毒素、KOH 溶解度
菜粕	☆	☆		☆	☆			毒素、KOH 溶解度
花生粕	☆	☆			☆			毒素
胚芽粕	☆	☆		☆	☆			毒素
棕榈粕	☆	☆		☆	☆			
椰子粕	☆	☆		☆	☆			
米糠粕	☆	☆		☆	☆			
柠檬酸渣	☆	☆	☆	☆	☆			
蛋白粉	☆	☆	☆	☆	☆			色素含量、氨基酸组成
鱼粉	☆	☆	☆		☆	☆	☆	新鲜度、氨基酸组成、卫生指标
肉粉	☆	☆	☆		☆	☆	☆	新鲜度、氨基酸组成、卫生指标
肉骨粉	☆	☆	☆		☆	☆	☆	新鲜度、氨基酸组成、卫生指标
血粉	☆	☆			☆			新鲜度、氨基酸组成、卫生指标
羽毛粉	☆	☆			☆			
虾壳粉	☆	☆		☆	☆	☆	☆	
石粉						☆		卫生指标
磷酸氢钙						☆	☆	卫生指标
磷酸二氢钙						☆	☆	卫生指标
沸石粉	☆							吸氨值、卫生指标
膨润土	☆							胶质价、膨胀倍、卫生指标
凹凸棒土	☆							
豆油								脂肪酸组成
猪油	☆							酸价、丙二醛
磷脂油								酸价、含量

项目 品种	水分	粗蛋白	粗脂肪	粗纤维	粗灰分	钙	磷	其他项目
维生素								含量
微量元素								含量
氨基酸								含量
功能性添加剂								含量

注：具体数值由各公司灵活掌握。

三、土杂鸡的饲养标准

1. 饲养标准

根据动物种类、性别、年龄、体重、生理状况、生产目的、生产水平等的不同，科学地规定1头（只）动物每天或每千克饲料中应给予的能量和营养物质的数量，能预期达到某种生产能力，这种按动物规定的标准，称为饲养标准。

饲养标准的制定是经过大量多种科学试验，如物质平衡、能量平衡、屠宰试验、消化代谢试验、饲养试验等，测定动物在不同生理状态下，对各种营养物质的需要量，最后经过生产实践的验证而确定下来的。应用饲养标准不仅能使动物保持健康，还能提高生产能力和产品质量，合理利用饲料，降低生产成本。此外，饲养标准也是衡量和检查动物饲喂技术水平是否合理的尺度。

饲养标准分为三大类：一是国家级饲养标准，二是地方饲养标准，三是大型育种公司根据各自优良鸡种的特点，制定的该品种特有的饲养标准。

2. 土杂鸡的饲养标准

土杂鸡的饲养标准是指根据科学试验结果，结合饲养实践经验，规定每只鸡在不同生产水平或不同生理阶段时，对各种养分的需要量。饲养标准中除了公布营养需要外，还包括鸡常用饲料营养成分表。这些都是配制土杂鸡日粮的科学依据和指南。只有按饲养标准中规定的量平衡各种养分，土杂鸡对饲料的利用率才能提高。然而，由于饲养标准中规定的指标是在试验条件下所得结果的平均值，并没有考虑鸡的品种和饲养实践中的具体情况，因此，实际应用时应根据最新研究结果酌情调整。随着营养学理论研究的不断深入，新的营养素不断被发现。因此，不但饲养标准中各种养分的需要量会不断调整，使各养分之间的比例关系日趋合理，而且还需要随时考虑新的营养素。在生产中土杂鸡的饲料营养标准一般参照美国NRC推荐的标准，由于NRC标准更新较慢，需更多地参照各育种公司的标准。近年来，我们国家也制定了《鸡饲养标准》（NY/T 33—2004）。

土杂鸡各生长阶段的参考饲养标准见表4-18。

表 4–18　土杂鸡各生长阶段的参考饲养标准

营养成分	育雏期 0 ~ 6 周龄	育成期 7 ~ 12 周龄	育肥期 13 ~ 18 周龄	产蛋期
代谢能（千焦）	12.0 ~ 12.5	12.0 ~ 12.5	12.5 ~ 13.4	11.3
粗蛋白质（%）	19.0 ~ 21.0	17.0 ~ 19.0	15.0 ~ 16.0	16.0
钙（%）	0.9 ~ 1.1	0.8 ~ 1.0	0.8 ~ 1.0	3.4
有效磷（%）	0.40 ~ 0.46	0.35 ~ 0.40	0.35 ~ 0.40	0.40
蛋氨酸（%）	0.40 ~ 0.45	0.35 ~ 0.40	0.35 ~ 0.40	0.35 ~ 0.40
赖氨酸（%）	1.0 ~ 1.1	0.9 ~ 1.0	0.8 ~ 0.9	0.7 ~ 0.9

注：时间单位为周龄。

四、土杂鸡的日粮配方设计

（一）日粮配方设计的原则

1. 营养性原则

（1）选用合适的饲养标准　饲养标准是对动物实行科学饲养的依据，因此，经济合理的饲料配方必须根据饲养标准规定的营养物质需要量的指标进行设计，在选用饲养标准的基础上，可根据饲养实践中鸡的生长或生产性能等情况做适当调整，并注意以下问题。

①鸡对能量的要求。在鸡饲养标准中第一项即为能量的需要量，只有在先满足能量需要的基础上才能考虑蛋白质、氨基酸衍生物质、维生素等养分的需要。理由有三：一是能量是家禽生活和生产中迫切需要的；二是提供能量的养分在日粮中所占比例最大，如果配合日粮时先对其他养分着手，而后发现能量不适时，就必须对日粮的组成进行较大的调整；三是饲料中可利用能量的多少，大致可代表饲料干物质中碳水化合物、脂肪和蛋白质的高低。

②土杂鸡日粮配方中能量与其他营养的比例。饲料中能量与其他营养物质间和各种营养物质之间的比例应符合饲养标准的要求，比例失调、营养不平衡会导致不良后果。

③土杂鸡日粮配方中粗纤维的含量。土杂鸡日粮配方中的粗纤维含量为3% ~ 5%，一般在4%以下。

（2）合理选择饲料原料，正确评估和决定饲料原料营养成分含量　设计饲料配方应熟悉所在地区的饲料资源现状，根据当地各种饲料资源的品种、数量及各种饲料的理化特性及饲用价值，尽量做到全年比较均衡地使用各种饲料原料（表4–19），应注意如下问题。

①日粮品质。应尽量选用新鲜、无毒、无霉变、干燥、品质优良的饲料。

②日粮体积。饲料体积过大，能量浓度降低既造成消化道负担过重，影响鸡对饲料的消化，又不能满足鸡的营养需要；反之，饲料的体积过小，即使能满足养分的需要量，但使鸡达不到饱腹感而处于不安状态，影响其生长发育及生产性能。

③日粮的适口性。日粮的适口性直接影响采食量，设计饲料配方时应选择适口性好、无异味的饲料，若采用营养价值虽

高，但适口性却差的饲料则须限制其用量，对适口性差的饲料也可采用适当搭配适口性好的饲料或加入调味剂以提高其适口性，促使动物增加采食量。表 4-19 为土杂鸡日粮配方中常用的饲料使用量大致的范围。

（3）正确处理配合饲料配方设计值与配合饲料保证值的关系　配合饲料中的某一养分往往由多种原料共同提供，且各种原料中养分的含量与真实值之间存在一定差异，加之，饲料加工过程中的偏差，同时生产的配合饲料产品往往有一个合理的贮藏期，贮藏过程中某些营养成分还要因受外界各种因素的影响而损失，所以，配合饲料的营养成分设计值通常应略大于配合饲料保证值。

2. 安全性原则

配合饲料对动物自身必须是安全的，发霉、酸败污染和未经处理的含毒素等饲料原料不能使用，饲料添加剂的使用量和使用期限应符合安全法规。

3. 经济性原则

饲料原料的成本在饲料企业生产及畜牧业生产中均占有很大比重，因此，在设计饲料配方时，应注意达到高效益低成本，为此要求如下两点。

①饲料原料的选用应注意因地制宜和因时而异，充分利用当地的饲料资源，尽量少从外地购买饲料，这样既避免了远途运输的麻烦，又可降低配合饲料生产的成本。

②设计饲料配方时应尽量选用营养价值较高而价格低廉的饲料原料，多种原料搭配，这样可使各种饲料之间的营养物质互相补充，以提高饲料的利用效率。

（二）推荐配方（仅供参考）

表 4-20、表 4-21 为土杂鸡及各种鸡的饲料配方。

表 4-19　土杂鸡日粮配方中常用的饲料使用量大致的范围

单位：%

饲料种类	谷物饲料	糠麸类	饼粕类	草叶粉类	动物性蛋白类	矿物质饲料	食盐
添加量	50～75	15～30	15～35	3～10	3～10	5～8	0.2～0.5

表 4-20　土杂鸡饲料配方

单位：%

		饲料名称		
		育雏料	中鸡料	大鸡料
营养成分	使用周龄	0～4	5～10	11 至上市
	玉米	60	67	70
	豆粕	33	27	23
	豆油	2	1	2
	预混料	5	5	5
	合计	100	100	100

表 4-21 土杂鸡种鸡饲料配方

单位:%

| | | 饲料名称 | | | | | | |
		育雏料 1	育雏料 2	育成料	预产料	产蛋料 1	产蛋料 2	公鸡料
营养成分	使用周龄	0～4	5～7	8～17	18～22	23～36	37 至淘汰	23 至淘汰
	玉米	61	64	66	66	62.3	64	72
	豆粕	28	23	20	25	25	23.3	14
	麸皮	6	8	9	0	0	0	9
	石粉	0	0	0	4	5	5	0
	贝壳粉	0	0	0	0	2.7	2.7	0
	预混料	5	5	5	5	5	5	5
	合计	100	100	100	100	100	100	100

五、饲料加工技术

一般来说,未加工的饲料适口性差,难以消化。有些饲料,如饼粕类,鸡采食后经体内水分浸泡膨胀,易引起嗉囊损伤甚至胀裂。因此,一般饲料在饲用前,必须经过加工调制。经过加工调制的饲料,便于鸡采食,可改善适口性,增进鸡的食欲,提高饲料的营养价值。

(一)饲料生产工艺流程(图 4-25)

(二)饲料配制与使用

土杂鸡在一昼夜中采食的饲料称为日粮。在日粮中,如果营养物质的种类、数量、质量、比例都能满足土杂鸡需要的话,这种日粮就可称为平衡日粮或全价日粮。采用这种日粮养土杂鸡,才能达到高效率、低成本的目的。

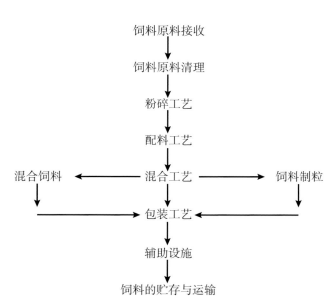

图 4-25 饲料生产工艺流程

1. 配制日粮的原则

（1）**根据土杂鸡饲养标准，制定合理的饲料配方**　配日粮时必须考虑能量、粗蛋白质、维生素和矿物质多种营养成分，应将含能量较高的饲料作为日粮能量的主要来源。由于含能量较高的饲料中蛋白质含量往往比较低，蛋白质营养价值不完善，特别是缺乏蛋氨酸和赖氨酸，因此，需要搭配一些蛋白质饲料。此外，因为钙、磷等含量不足，维生素含量低，所以，还要补充维生素、无机盐等。借鉴典型配方，但不要生搬硬套，结合当地实践，制定合理的配方，以满足土杂鸡的生长发育和繁殖的需要。

（2）**不同生长阶段，不同生产目的土杂鸡的饲料营养素需要有所差异**　充分考虑这一因素，实行动态的营养素供给下的饲料配制技术，能有效降低土杂鸡的饲料损耗和营养素供给过剩的不良影响，降低饲料成本，且能更好地适应土杂鸡生长发育的需要。在不同阶段采用不同的饲料原料进行搭配，也充分发挥了各种营养特别是氨基酸的互补作用。

（3）**注意适口性**　高粱适口性差，且易引起便秘；小麦麸喂多会引起腹泻；菜籽饼、棉籽饼适口性差，多喂易中毒，用量不宜超过 5%；使用鱼粉时，应注意鱼粉的质量和含盐量。

（4）**掌握营养成分，控制粗纤维含量**　对每批饲料种类原料应采样做营养成分分析，作为配料依据，并注意控制日粮中粗纤维含量，鸡饲料配方中的粗纤维含量为 3%～5%，一般在 4% 以下。

（5）**饲料来源稳定**　饲料配方中尽可能利用当地充足的饲料资源，以降低运输成本。

2. 日粮的料型

（1）**粉料**　由多种原料经机械分别磨碎后混合而成，特点是生产方便，较易配合，营养全面，易消化吸收。缺点是浪费较大，粉尘大，均匀度差，不易保存，品质不稳定，劳动效率低。图 4-26 为加工车间。

图 4-26　加工车间

（2）**颗粒料**　配合好的粉料经颗粒饲料机制成，一般是将混合粉料用蒸汽处理，经钢筛孔挤压出来后，冷却、烘干制成不同大小的颗粒料，这种饲料的营养全面，适口性好，便于采食，浪费少，易贮存和运输。不足的是土杂鸡对颗粒料有嗜食性而增加采食量，制粒成本较高，会破坏部分维生素（需注意补充），增加土杂鸡啄羽的发生率。图 4-27 至图 4-32 为颗粒料的加工流程。

图 4-27　全价颗粒料的加工工艺电脑控制流程

图 4-28　配料秤

图 4-29　制粒

图 4-30　下料

图 4-31　品控

图 4-32　颗粒料

六、土杂鸡日粮原料采购和贮存

（一）饲料原料的采购

家禽养殖的成本 60% ~ 70% 是饲料成本，饲料品质的优劣也直接影响家禽的健康，做好饲料原料的采购是节约成本、保证安全生产的关键。饲料原料的采购应注意以下几点。

1. 质量至上

饲喂劣质、霉变的饲料会导致鸡群生病、生产性能下降，所以在饲料原料采购时必须严把质量关，以免给生产造成不必要的经济损失。对所进的饲料要进行严格的质量鉴定，符合要求才能采购，切不可贪图便宜而放宽要求，对水分不达标的可采购饲料应进行相应的折算。

2. 采购的种类相对稳定

鸡群在某阶段的饲料配方应相对稳定，才能有利于生产，所以要求饲料原料也要相对稳定。现在许多鸡场的饲料配方基本是玉米豆粕型，其他的原料应根据本地实际情况确定，但必须能稳定供应。

3. 饲料原料行情的预测和把握

饲料加工最主要的原料是农产品，而近年来农产品的价格波动比较频繁，如果能提前预测这些农产品的行情波动，就能抓住机会，减少生产成本。如玉米受天气、运输环境、国内外期货、季节以及地域的影响而时常价格变动。对每种饲料原料，如果具体分析，发现它们都会在某个时段因为某种因素而有一定的行情变动。不说外在的因素，就是各种原料之间也会互相影响，如目前玉米期货的变动会影响粕类行情的变动，反过来豆粕行情的变动又影响玉米行情的变动，等等。

4. 库存的合理控制和经济库存优化

（1）库存设置考虑经济优化，库存成本控制结合实际　采购时要考虑的东西比较多，既要使生产顺利进行，又要考虑资金条件，库存成本等各种因素。在行情比较平稳的情况下，为了减少资金的占用，加快资金的周转，库存就要少一点。在行情有变动时，各种原料的行情变化会影响库存的大小，如玉米价格上涨，玉米用量大，如果不使玉米的库存达到最大化，那么就会在后期增加饲料的成本。豆粕有时的行情也是这样。设置库存要把原料进行具体划分，大宗原料用得比较多，就把其划分为优先考虑的原料。矿物质为次优先考虑的原料，维生素和添加剂等为最后考虑的原料。然后根据重要性来具体制定应

该有的安全库存。

（2）库存设置要兼顾采购周期，科学合理　各种原料库存周转周期如下。

①货源运输可以控制的原料：如豆粕，目前豆粕厂家比较多，物流也有一定的保障，在没有特殊因素的影响下，库存要尽可能小。

②货源不是很充足的非可控原料：如其他杂粕，花生粕、棉粕和菜籽粕。由于这些原料供应不是非常充足，控制力比豆粕要差，如果周边厂家较多，库存量可小一点，货源较少的地区库存量要大一点。

③货源充足但运输不可控的原料：如远距离的原料，库存量要适中。

④货源比较充足，运输也方便，但供应不可控的原料，以及其他的用量不稳定的原料可根据实际情况确定。如玉米，货源比较多，但就是供应商不可控。

5. 饲料原料替代品的开发和地产原料的开发，要实现价值采购

现在农产品的价格行情变化非常快，而且总体的是上升趋势，降低成本的方式非常多，其中的一点就是替代品的开发，尤其是工厂所在地的地产原料，如果开发的原料价格优廉，就会为公司带来非常好的效益。采购的原料有时不仅仅是价格问题，要全面考虑和衡量采购所实现的价值，采购的原料某种品种有时价格可能高，但不能从价格上考虑太高就舍去，要考虑这种原料在生产配方中最终能产生的成本。某种原料价格虽然高，但平均的单位成本也许比较低。例如，46蛋白豆粕比43蛋白豆粕虽然高，但平均在单位蛋白上的价格比43蛋白合算。所以采购原料是要全面衡量最终所实现的综合价值。

6. 建立长期稳定的供应链

建立稳定的有效的供应链是采购工作的一个重点，好的供应商，好的供应源，是保证饲料供应稳定的关键。饲料原料采购的原则就是在采购时拿到最便宜的、质量最好的、能稳定的产品。虽然这个原则不可能一直实现，但至少是采购时的一个指导。饲料原料的价格主要是考虑到厂价格，所以他涉及的因素有出厂价格，距离远近，等等。好的供应商最好是选择所在厂周边的供应源。另外，采购还要考虑的因素是质量稳定，所以在选择好的供应商时要选择资金实力大、生产工艺先进、供应及时的供应源。还有建立与供应商既对立又有感情的关系，等等，不管怎样，建立好的供应链是采购部门最主要的工作之一。

（二）产品质量监测

图 4-33 至图 4-35 为质量监测、原料留样与成品留样。

图 4-34　原料留样

图 4-33　质量监测

图 4-35　成品留样

（三）饲料的保存与运输技术要点

贮存饲料必须采用科学的方法，既要避免饲料变质，又要预防营养成分的流失，才有利于饲料的利用。

饲料在贮存的过程中，环境因素是一大变量，毒素常常是在温暖、潮湿、脏乱的环境中产生。存放在低温、干燥、阴凉、避光和清洁的地方，可以避免饲料的变质和破坏，延长饲料的使用期限。必须认识到在饲料保存之前先将饲料充分干燥才有利于保存。具体做法如下。

1. 预备足够存放所进原料的库房

存放一堆或几堆也可，最好是在同一仓库内，如果该原料常用且数量多时应该存放在进料口近处，以便使用时方便搬运，节省劳力，提高效率。图4-36为原料垛贮存。

图4-36　原料垛贮存

2. 存放地点应有空间

保证空气流通，不闷热，不被太阳直照，不被雨淋。须注意的是每天要开门窗通风（包括周日、节假日）（图4-37），下雨前要关好门窗。

图4-37　门窗通风

3. 准备垛头卡

记录种类、数量、日期（收、使用和存仓）、供应商、地点等，并挂到堆放原料处，此存货卡也可能用各种颜色来表示同意使用、禁止使用、待检等（图4-38）。

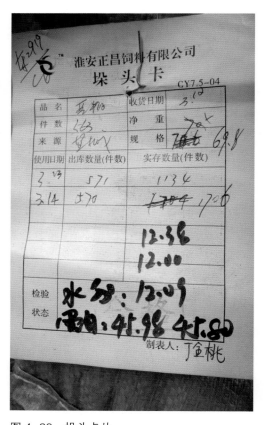

图4-38　垛头卡片

4.存放及原料看管

（1）**原料进厂前** 应取至少10%样品，感官检验合格后，进厂卸货。不同的原料应分开存放，如果场地不够时同一堆原料应以记号笔做好记录标示。

（2）**所进的原料** 如果存在危险系数高，如脂肪高、发热、太湿，该原料应分开来特别看管，放上长杆温度计，每天至少检测2次，要有表格跟踪，同时要与温度及湿度相比。最好将该原料堆放在仓库通风良好的地方，但不可存放离门太远，应距仓门1米，以预防下雨，也不应该堆放得太大、太高，原料之所以不应堆放得太大，原因如下。

一是不方便检查中央原料的品质。二是空气不容易流通，尤其是中间层，因为空气被阻，可能会阻碍通风。三是温度容易累积到燃烧点，引发火灾造成损失。四是易滋生细菌、霉菌、昆虫类等，引起发霉、结块等，造成原料品质下降。

5.成品管理控制

根据土杂鸡场饲养员报单生产，发货要求推陈出新，每天必须盘点核对，时刻掌握库存情况，发货同时要做好批次记录，便于事后追踪。

预防饲料发霉的措施如下。

（1）**加强原料检测** 饲料厂对饲料原料除进行必要的感官检查外，还要进行相关数据的检测，严格按照标准执行，严禁购入水分高、有异味、异色的原料，尤其是不能购入霉变的饲料原料。

（2）**抓好生产管理** 在饲料的生产过程中，有许多因素可能导致饲料霉变，应严格把关。首先要控制好水分的含量，保证饲料水分控制在允许的范围内。其次是

及时清理车间和生产设备易残留饲料的死角，以免这些死角残留料堆积的时间过长，引起霉菌的生长繁殖。最后是饲料袋封口要严密，袋口折叠后再缝合，锁包时针眼要密，并锁紧，防止潮湿空气吸入包装袋中，引起包装袋缝口处物料吸潮发霉。

（3）**改善贮存条件** 饲料贮存库要干燥、阴凉、地势要高，通风条件良好，地面、墙壁要做防潮隔湿处理。饲料堆放要规范，高度适宜，垛底应有垫板，垛与墙、垛与垛之间要保持一定的距离。饲料原料、新生产的饲料及退回的饲料要单独存放，以免造成交叉污染（图4-39）。要定期对饲料库进行打扫和消毒。

图4-39　成品饲料堆放

（4）**做好饲料运输** 饲料在装车前要清除车厢内的积水，在运输途中要盖好防雨布，避免饲料潮湿。饲料运输宜采用汽车运输，避免在途中积压。

（5）**合理采购饲料** 饲料购入应根据使用情况制订合理的采购计划，不能一次购入大量饲料，造成积压，除考虑积压时间过长容易发霉以外，还要考虑有效期问题。多雨季节空气湿度大，不能购过多的饲料，同时注意防止雨水淋湿饲料。

第五章　土杂鸡饲养管理

土杂鸡由于生长速度较慢，抗逆性强，饲养管理相对粗放，通常不需要采取高密度工厂化饲养，对于新加入进行土杂鸡饲养的养殖户，建议从养殖商品鸡开始。因为商品鸡饲养相对种鸡来说对饲养设备和饲养技术的要求要低，在饲养商品鸡上积累到一定的经验、技术、资金之后再考虑养殖种鸡。

一、育雏期（1～28日龄）饲养管理

育雏期的管理在土杂鸡生产过程中至关重要，俗话说"育雏如育婴"，说明育雏工作是一项非常艰苦而细致的工作。此阶段的雏鸡培育得好坏，不仅影响到雏鸡的生长发育和成活率，而且还直接关系到育成鸡的整齐度和合格率，间接地影响产蛋鸡的生产性能和养殖经济效益，因此，做好育雏期的饲养管理工作十分重要。

（一）土杂鸡的生长发育特点

土杂鸡在不同时期的生长强度、增重情况各有其特点。掌握这些特点，可在饲养管理上采取相应的措施，以发挥其最大生产潜能，提高经济效益。

1. 体重增长的变化特点

土杂鸡每周的绝对增重随周龄的增大而增加，至6周龄时达到峰值，7周龄后开始下降。而从相对生长速率即生长强度上分析，以第一周的增重率为最高，以后则随周龄增大而缓慢降低，7周龄时急速下降，这说明土杂鸡早期的生长发育非常旺盛。

因此，在商品土杂鸡生产上应抓住早期（7周龄前）这一快速生长期，尤其是育雏期，制订相应的营养水平及管理措施，以保证全期增重达到理想水平。而后期由于增重速度相对较慢，可适当降低日粮营养水平。

2. 羽毛生长变化特点

雏鸡的羽毛生长特别快，3周龄时羽毛占体重的4%，4周龄时增加到7%，此后基本保持稳定。羽毛中蛋白质含量高达80%～82%，为肉、蛋的4～5倍，因此，雏鸡对日粮中蛋白质（特别是含硫氨基酸）水平的要求较高。

3. 饲料转化比变化特点

饲料转化比亦称料肉比，反映了土杂鸡不同周龄利用饲料的能力。在不同周龄内，土杂鸡饲料转化比也不一致。

土杂鸡早期的生长发育速度快，物质代谢旺盛，体组织中以肌肉生长和蛋白质的积累为主；后期体组织中脂肪沉积加快，饲料中较多的能量和部分蛋白质都转化为体脂，从而降低了饲料利用率。商品土杂鸡的生产目的是以最少的饲料换取最大的增重，从而提高经济效益。因而，综合考虑土杂鸡的体重和饲料转化比等因素，掌握适宜的商品土杂鸡上市时机，在生产实践中也是至关重要的。

4.抗病力变化特点

雏鸡对外界环境的适应性差，免疫功能不健全，抗病力差。初生雏鸡的体温比成年鸡低 2 ～ 3℃，10 日龄时才达到成年鸡体温，加上早期绒毛的保温性能差，至 3 周龄左右，体温调节功能才逐渐趋于完善，因此，在饲养管理上要注意做好保温工作，提高其机体的抗病力。雏鸡消化系统发育不健全，早期消化道又缺乏某些消化酶，肌胃研磨饲料能力低，消化能力差，因此，在饲养上要特别注意供给优质易消化的饲料，控制饲料中粗纤维含量，做到少喂勤添。雏鸡喜欢群居，单只离群时奔叫不止，胆子也小，外界环境的微小变化都会引起雏鸡的应激反应。因此，在饲养管理上要求鸡舍保持安静，饲养员动作要轻，避免有突然声响、人员随意变化以及狗猫等有害生物的入侵。做好鸡舍内外环境的卫生和兽医卫生防疫工作，按时接种疫苗，对病死鸡及时进行无害化处理，避免病原微生物扩散。

（二）育雏方式的选择

土杂鸡育雏方式大致可分为平面育雏和立体笼式育雏两大类型。

1.平面育雏

指雏鸡饲养在铺有垫料的地面上（称为地面育雏）或饲养在有一定高度的单层网上（称为网上育雏）的育雏方式。

（1）地面平养　地面平养就是在地面上铺上垫料，将雏鸡饲养于垫料上（图5-1）。垫料可因地制宜，就地取材，但要求卫生、干燥，常用的垫料有稻壳、木屑、稻草、秸秆、刨花等，秸秆类要铡成5厘米左右长度。垫料可以经常更换；也可以不更换，而是逐渐添加垫料；还可以起初

垫料就加得非常厚（称为厚垫料育雏），到育雏期结束后一次性清除。地面一般为水泥或砖质地面，便于清扫和冲洗。如不是水泥或砖质地面的，则鸡舍最好是地势高燥、沙壤土质。在铺垫料前最好撒一层生石灰，而且垫料要比水泥或砖质地面铺得厚。地面平养由于设备投资少，简单易行，饲养者操作方便且便于观察，能较好地减少胸囊肿的发生，降低土杂鸡上市的伤残率，所以地面平养是目前国内普遍采用的土杂鸡饲养方式。地面平养育雏方式的缺点是鸡舍占用面积大，耗费较多垫料，饲料消耗也多，并且雏鸡与粪便接触，易感染疾病，尤其是鸡球虫病，预防药费多。

图5-1　地面平养

（2）平面网养　平面网养就是将雏鸡饲养于距离地面一定高度的网板上（图5-2），距地面高度一般是50 ～ 60厘米，其网眼大小一般为1.25厘米 ×1.25厘米，可用铁丝网或特制的塑料网板，也可用竹子制成网板。平面网养具有笼养的优点，可使鸡与粪便隔离，有利于控制球虫病和减少肠道病的传播，并且网板等可就地选材，降低了设备、设施成本，故平面网养在土杂鸡生产应用上也较为常见。鸡粪一

图 5-2　平面网养

图 5-3　立体笼式育雏

般在育雏期结束后一次性清除，为此，在生产上需特别注意通风，以排出粪便堆积而产生的有害气体。

2. 立体笼式育雏

立体笼式育雏简称为笼育，就是将雏鸡分层饲养于特制的金属笼内。通常使用的有四层垂直式立体育雏笼、三层阶梯式育雏笼，育雏笼内装有电热板或电热管作为热源（图 5-3）。立体笼式育雏饲养雏鸡的密度，开始可容纳 70 只 / 米^2，随着日龄的增加和雏鸡的生长，应逐渐减少饲养数量，到 20 日龄时应减少至 50 只 / 米^2，夏季还应适当减少。立体笼式育雏的优点是可大大节约空间，增加饲养数量，同时可使鸡与粪便隔离，有利于控制球虫病和减少肠道病的传播，提高了雏鸡的成活率，但由于对笼育设备投资较大，饲养密度大，对饲料营养、通风换气、卫生管理等饲养技术要求高，所以一般只有大型鸡场才会使用。

（三）育雏室常用的加温方式

1. 煤炉供暖

这是我国中小型养鸡场及养殖户通常采用的育雏加温方法，适用于小范围的育雏，育雏室一般按 20 ~ 30 米^2 设 1 个煤炉，但冬季育雏需增加煤炉数量。燃料用煤球、煤块、煤饼均可。在较大范围的育雏室内，其常常与保姆伞配合使用，如果单靠煤炉加温，尤其在冬季和早春，不但要消耗大量的煤炭，而且往往还达不到育雏所需的温度，并且存在晚间温度不稳定问题，易冻伤雏鸡，诱发雏鸡发生鸡白痢等。此供暖方式投资小，燃料易得，但添煤、出灰比较麻烦，尤其是晚间更辛苦，浪费人力，温度不稳定，同时要求经常检查排烟管道是否漏气，防止工作人员和雏鸡发生一氧化碳中毒。

2. 保姆伞供暖

此供暖方式适于我国南方气候较温和的地区地面平养育雏时使用，北方地区另加设加温设备（如煤炉）提高室温也可采用。通常有电炉丝和红外线灯泡两种方式加热。保温伞的直径一般为 1 米，但也可根据育雏室大小和鸡群数量多少而有所变化。直径 1 米的保姆伞，以 1.6 千瓦的功率电炉丝或红外线灯泡供暖计算，可育雏 250 ~ 300 只。保姆伞育雏的优点是，使用方便，可以人工控制和调节温度，升温较快而且平稳，室内清洁，空气质量良好，避免发生一氧公碳中毒的风险。雏鸡可在保姆伞下自由进出，选择自身需要的温度，管理亦较方便。一般要求室温在15℃以上时保姆伞工作才能有间歇，否则因持续保持运转状态有损于它的使用寿命。保姆伞外围的温度，尤其在冬季和早春显然不利于雏鸡的采食、饮水等活动，因此，通常情况下需配合采用煤炉来维持室温。

3.地下烟道（地下暖管）供暖

热源来自雏鸡的下方，一般可使整个床面温暖，雏鸡可在此平面上按照各自需要的温度自然而均匀地分布，在采食饲料、饮水过程中互不干扰，小鸡拉在床面上的粪便，水分可很快被蒸发而干燥，有利于降低球虫病的发病率。此外，地下供温装置散发的热首先到达小鸡的腹部，有利于雏鸡体内剩余卵黄的吸收。而且热气向上散发的同时，可将室内的有害气体一起带向上方，即使打开育雏室上方窗户排出污浊气体，也不至于严重影响雏鸡的保温。热源装置大部分是采用砖瓦泥土结构，花钱少，尤其在农村适易推广应用。

4.散热片供暖

在育雏室铺设地下暖管，将多个散热片均匀分布于育雏室内，并以管道相连，以锅炉产生的蒸气或者是民用暖气及工业废热水为热源，这种加热方式热量散布均匀，室内空气清洁，适用于规模化网养育雏和笼养育雏，一般大型鸡场才会使用。缺点是设备设施投资大，维护成本高。

（四）育雏前的准备工作

1.饲养计划的安排

要想养好土杂鸡，必须清楚自己饲养土杂鸡的定位和目的，选择适合自己的养殖模式。目前土杂鸡饲养主要有副业形式、专业户形式、规模化养殖3种模式。同时根据自己所拥有的鸡舍面积，考虑鸡舍是否既作育雏又作育肥，还是育雏与育肥分段饲养于不同鸡舍；然后按照饲养密度计算饲养数量，根据饲养周期的长短和空舍时间，确定全年的周转批次。订购雏鸡时，应选择鸡种来源质量可靠的、信誉良好的、有"三证"有资质的单位（企业营业执照、动物防疫条件合格证、种畜禽生产经营许可证），切忌到无合格证的土炕坊、散户、小型养殖场去购买雏鸡。

2.鸡舍的准备

（1）鸡舍的修缮工作（图5-4） 除专业养鸡场应建育雏舍外，一般养殖户可以利用空闲的房舍养殖雏鸡，但不管是什么鸡舍，至少在计划进雏前15天应进行检查，做好补漏、加固工作，以免雏鸡逃窜和狗猫等侵袭，也有利于开展卫生消毒工作。对地面和墙壁有空隙、漏洞之处，应用水泥进行封固，以便能耐受高压水枪的冲洗。检查屋顶，拾漏补缺，对漏雨的地方重新铺瓦。检查窗户、天窗、排气孔、下水道等处的铁丝网是否完整，做好加固工作，以防兽害。夏天所有窗户、排气孔加设纱网，以防蚊蝇滋扰。

图5-4 进雏前对鸡舍修缮和加固

（2）驱虫灭鼠（图5-5） 除加固鸡舍的防蚊蝇、鼠害设施外，应在进雏前10天集中驱虫灭鼠1次。可采用投放饵料和老鼠夹相结合的措施，也请灭鼠公司进行专业灭鼠。清除育雏舍周围的杂草、杂物，可选用0.2%敌百虫、0.01%溴氰菊酯等杀虫剂对鸡舍和鸡舍周围环境进行喷雾杀虫。

图5-5 进雏前集中驱虫灭鼠

（3）设施、用具的准备（图5-6） 目前土杂鸡饲养多采用平面网养、立体笼养，其能将雏鸡与粪便分开，为雏鸡创造较为良好的生活环境，出粪也方便，减少了疾病的发生概率，提高了雏鸡的成活率。为此，根据本场情况和需要，将网床、用具、笼具等清洗干净，消毒待用。若采用地面平养育雏，要备足干燥、松软、不霉烂、吸水性强、清洁的垫料，如稻壳、木屑等。

图5-6 用具准备和清洁工作

（4）鸡舍的清洁与消毒工作（图5-7、图5-8） 进雏前1周，必须再次彻底打扫场区和鸡舍内外卫生，应彻底打扫杂物和灰尘，做到舍内无鸡粪、垫料、鸡毛，无蜘蛛网，并注意清除鸡舍周边的杂草。用高压水枪（50千克／厘米²）冲洗顶棚、墙壁、网箱和地面，顺序是先上后下、先内后外，特别是墙角、排水沟处，彻底清除污物，直至无粪迹、脏斑为止。打开门窗通风1～2天，待育雏舍干燥后，用过氧乙酸或氢氧化钠等环境消毒剂进行喷洒消毒，顺序是先顶棚后地面，先内墙后外墙。若是选择腐蚀性的消毒剂（如氢氧化钠等），应在消毒1～2天后用清水再冲刷一下。

图5-7 环境消毒

进雏前5天，铺以清洁无霉变的垫料，将清洗过的饮水器、开食盘、料桶等用具摆放在网箱（笼）内，所有器具要打开，用胶带或废报纸封闭缝隙处，关闭门窗，采用甲醛进行熏蒸消毒。熏蒸时育雏舍温度最好提高到20℃左右，相对湿度为60%～80%；高锰酸钾与福尔马林按1∶2比例配制，每立方米的用量为高锰酸钾10克、福尔马林20毫升，可选择搪瓷、陶瓷、玻璃等质地的器皿，忌用铁、铝、铜质的器皿。熏蒸封闭1～2天后，打开门窗，让空气流通，吹散鸡舍内的气味。经消毒后的鸡舍，严禁未消毒人员、物品的进入。

图 5-8　甲醛熏蒸消毒

3.设备的安装与调试

在消毒完毕后，就应着手安装鸡舍设备，并加以调试。如料桶、饮水器是否充足，火炉有无跑烟、倒烟现象、升温能力如何，水电供应是否正常等。只有事先将可能出现的各种情况考虑周全，才不至于遇到特殊情况措手不及，造成不必要的损失。

4.育雏室预温

在进雏前 24 小时，开启育雏室的加热设备进行加温，使育雏室内室温升到 34 ~ 35℃，湿度 65% ~ 70%，温度计和湿度计测量的高度在育雏面（地面或网面）上 5 厘米处。

5.其他物资的准备

准备好育雏期要使用的饲料、饮水、燃料、垫料、疫苗和兽药等。

（五）雏鸡的选择及运输

1.雏鸡的选择

雏鸡的健康与孵化场供应的雏鸡质量密切相关。雏鸡要从具有"三证"有信誉的企业（企业营业执照、动物防疫条件合格证、种畜禽生产经营许可证）、种鸡质量高、卫生防疫规范严格、垂直性传染病净化率高、出雏率高的种鸡场选择购买，并认真挑选品质优良的雏鸡，考察种鸡的日龄和健康状态，选择合适的育雏季节。雏鸡品质的好坏是决定本批次养殖是否成功的一半，选择雏鸡时应注意如下方面。

（1）**外观要标准**　健壮雏鸡的初生重符合品种要求，发育匀称，大小一致，活泼好动，无残缺。对身体有残缺、体弱无力、大小差异较大的个体应剔除。

（2）**眼要有神**　眼睛是否有神可以反映雏鸡健康状态的好坏。那些闭目阖眼的雏鸡一定是病鸡或身体有缺陷，这样的雏鸡生长性能不会太好。

（3）**毛要光顺**　初生雏鸡毛的光顺与否，可以反映出种鸡的健康状态和孵化过程中温度、湿度及氧气的供给。种鸡营养缺乏、孵化温度过高、湿度过低都会导致羽毛焦枯、粗乱、变短；温度过低、湿度过大，会使毛黏结、成绺、不光顺。

（4）**爪要粗壮**　爪部粗壮是雏鸡健康和孵化过程良好的又一标志。爪部干枯、无光泽的雏鸡，都是不健康的。

（5）**脐要无痕**　脐带愈合不好，往往是孵化温度、湿度不合适。脐带有一长丝、愈合不好或脐带发生炎症往往和孵化环境卫生状况不良、早期感染大肠杆菌、葡萄球菌、沙门氏菌有关。这样的雏鸡早期死亡率很高，发育也比较慢，均匀度差。健康雏鸡应无血脐、钉脐、大肚脐，无毛区小。

（6）**体要有力**　用手握住雏鸡感觉涨手、有力，有明显的挣扎。如果手握无力像"面团"，那就不是健康雏鸡。归纳总结，"手如握橡胶者健康，如握面团者病弱"。

（7）**肛要无便**　肛门周围干净，不沾有任何污物。如果肛门周围沾有粪便或肛门下方有如线状的湿痕，为早期感染白痢沙门氏菌所致。一般表现为早期死亡或发育迟缓。

（8）**叫声要响**　健康雏鸡叫声洪亮，病弱雏鸡叫声凄惨、有气无力，有时呈痛苦呻吟状。"叫声如洪钟者健康，如破锣者病弱"。

（9）**腹要紧缩**　新生雏鸡腹部要收缩良好，富有弹性。肚子很大，紧张如鼓或柔软如棉的雏鸡都不是健康雏鸡。

2. 雏鸡的运输

初生雏鸡（俗称雏鸡）经过挑选分级、雌雄鉴别及注射马立克氏病疫苗后即可起运。雏鸡的运输工作非常重要，运输途中的外界环境条件、运输时间等不利因素对雏鸡来说是一种较为强烈的应激，稍有疏忽，就会造成无法挽回的经济损失。雏鸡运输时应做好以下几方面的工作。

（1）**运输工具的选择及准备**　运输工具的选择以尽可能缩短途中时间、避免途中频繁转运、减少对雏鸡的应激为原则。温暖及寒冷季节选择密闭性能好又方便通风的面包车，炎热季节以带布篷的货车为佳。车辆大小的选择以雏鸡箱体积不超过车辆可利用体积的70%为原则，雏鸡箱的尺寸一般为60厘米×46厘米×18厘米，炎热季节每箱可装雏鸡80～90只，其余季节可装90～110只。出车前应检查车况，对车辆进行全面检修，备足易损零件。

（2）**起运时间的掌握**　为保证雏鸡健康及正常生长发育，一定要按照种鸡场或孵化厂通知的接雏时间按时到达。尽可能在雏鸡雌雄鉴别、疫苗注射完后立即起运，停留时间越短，对雏鸡的影响越小，最好在出壳后24小时内到达育雏室。如果远距离运输，也不能超过48小时，在运输途中最好饮水几次或饲喂一些含水量高的饲料如绿豆芽、菜叶，以减少路途死亡及脱水。运输时间安排方面，一般来讲，冬天和早春运雏时间应在中午前后进行，炎热季节应在早晨或傍晚凉爽时进行。

（3）**雏鸡装车时的注意事项**　装车时雏鸡箱的周围要留有空隙，特别是中间要有通风道。运输装载时雏鸡箱上下高度不要超过8层；确需装高时，中间可用木板隔开，以防下部纸箱被压扁；保持箱体平放，以防雏鸡挤堆压死；雏鸡箱不要离窗太近，以防雏鸡受冻或吹风过度而脱水；尽可能不要将雏鸡箱置于发动机附近或排气管上方，避免雏鸡烫伤致死。

（4）**运输途中管理**　要注意保温与通风换气的平衡，以免雏鸡受闷、缺氧导致窒息死亡，特别是冬季要注意棉被、毛毯等不要覆盖太严。若仅注意通风而忽视保温，雏鸡会受冻、着凉，易诱发鸡白痢，成活率下降。装卸或检查时，寒冷季节车应停在背风向阳的地方；炎热季节车应置于通风阴凉之地，不要在太阳下暴晒。在运输途中要随时观察鸡群动态，要视雏鸡情况开关车窗或增减覆盖物，如果箱内雏鸡躁动不安，散开尖鸣，张嘴呼吸，说明车内温度太高，应增加空气流通，极端炎热季节还应定时上下调箱；当雏鸡相互挤缩，闭目发出低鸣声时，说明车内温度偏低，应减少空气流通或增加保暖覆盖物。行车路线要选择畅通大道，少走或不走颠簸路段；避免途中长时间停车，确需停车时要经常将上下左右雏鸡箱相互换位，防止中心层雏鸡受闷。

（六）育雏期的饲养管理工作

雏鸡进入育雏室，雏鸡盒要散放，特别是夏天如果堆在一起，容易闷死雏鸡。先将雏鸡盒散放在室内歇息 10 分钟左右，再清点雏鸡，放进保温伞下或育雏笼中。清点雏鸡时同时将途中死亡和受伤的雏鸡挑出来。育雏期第一周最为重要，应做到"雏鸡请到家，7 天 7 晚离不开它"，开始养鸡的具体饲养事务工作如下。

1. 雏鸡的饮水

（1）**开水**　进雏后，第一次让雏鸡喝水称为"开水""开口"或"初饮"，开水时间越早越好，一般不应迟于出壳后 24 ~ 36 小时。适时开水有利于促进雏鸡肠道蠕动，吸收残留卵黄，排出胎粪，增进食欲。雏鸡饮用水水温要求与室温相近，一般以 25℃ 左右为宜。对于出壳后 24 小时以内的雏鸡，首次饮用 0.01% 高锰酸钾水，以清洗胃肠道和促进胎粪排出，0.5 小时后改饮 5% ~ 8% 葡萄糖水（红糖水或白糖水也行），供应 12 小时。对于出壳后 24 小时以后的雏鸡，先让其饮温水 2 ~ 3 小时，补充水分，缓解脱水症状，然后改饮 5% ~ 8% 糖水，必要时可在水中加入电解质或速补多维，供应 12 小时，以便雏鸡调节体液平衡和补充能量，对恢复其体力有较大帮助。实践证明，实施这一措施可提高雏鸡的生命力，降低第一周雏鸡的死亡率。育雏室的相对湿度要保持在 60% ~ 70%，这样能缓解雏鸡的失水。需注意的是，当雏鸡出壳到入舍超过 48 小时或天气特别炎热时，雏鸡首次饮水易出现"暴饮"问题，其围着饮水器久饮不走，甚至将全身羽毛弄湿。此时应适当增加饮水器数量或人为驱赶控制其饮水，或者在饮水器中加入小石子或塑料圈（3 ~ 4 天后撤掉），或用塑料蛋托代替饮水器，以避免雏鸡暴饮而出现腹泻、消化不良、受凉感冒等问题。要注意经常保持饮水器中有水，如果每次添水以后 1 小时内发现饮水器中已没有水，说明饮水器数量不足，就要增加饮水器，或者及时添水。任何情况下都不能让雏鸡缺水，否则，每次加水时雏鸡蜂拥而上抢饮，一是把绒毛弄湿，二是互相挤压，易发生踩伤和踩死的现象。

（2）**正常饮水**　雏鸡一经"开水"后，除疫苗饮水免疫特殊需要外，不可长时间停水，可自由饮水，切忌断水。雏鸡的饮用水要清洁、卫生，建议尽量饮用自来水，若使用井水要注意测定其酸碱度。每天换水 2 ~ 3 次，换水时先将饮水器清洗干净，再消毒晾干后才能加水，饮水器数量要备足，开水时每 100 只雏鸡需配 2 ~ 3 个 2.5L 的真空饮水器，开水后每个 2.5L 的真空饮水器可供应 60 ~ 80 只雏鸡饮用。平面育雏时，应随着鸡日龄的增加而适当调整饮水器的容量和高度。立体笼育的，开始在笼内供水，5 ~ 7 天后应训练雏鸡用乳头饮水。雏鸡的饮水量与鸡的品种、体重、环境温度的变化等有关，大、中型品种比小型品种的饮水量多，环境温度高饮水量会大，一般情况下雏鸡的饮水量是其饲料采食量的 2 倍。在生产中，要时刻注意观察雏鸡饮水量的变化，饮水量的突然增加或减少，往往是鸡群疾病发生的前兆，或者是饲养管理中存在问题（如育雏室内的温度太高、饲料中盐分含量过高、空气污浊等），及时采取针对性措施，解决问题以减少损失。

2. 雏鸡的采食

（1）**开食**　雏鸡第一次投喂饲料称为"开食"，适时开食对雏鸡的健康发育和提高成活率很重要。开食过早，雏鸡缺乏食欲，损害雏鸡的消化器官，对以后的生长发育不利；开食太晚，会消耗雏鸡更多的体力，使其变得虚弱，以后生长缓慢，残陶率增加。适宜的开食时间应为开水后 2 ～ 3 小时，此时 60% ～ 70% 的雏鸡有觅食行为。开食时将饲料撒在纸上或平盘上，每天换纸 1 次或洗盘 1 次。雏鸡要喂优质的配合饲料，干喂或稍微拌湿投喂均可。开食初期，可能只有一部分雏鸡啄吃饲料，这些雏鸡一般是早出壳的。大部分雏鸡都在适宜的温度下卧息，睡醒后的雏鸡就会慢慢仿效正在吃食的雏鸡学着吃料。除非是病弱的个体，从本能出发雏鸡有饥饿感时就自然寻找食物，一般 1 天左右全部雏鸡均能学会吃料。喂料要少给勤添，一般每天喂 6 ～ 8 次，让雏鸡自由采食。需注意的是开食时，雏鸡常边吃料边排粪，每次添料时要清除纸上、盘上的粪便，保持开食纸或开食盘的清洁卫生。为有效防止饲料粘嘴和尿酸盐沉积而发生糊肛问题，可在配合饲料上面撒一些碎玉米，用量为每 100 只雏鸡 450 克。

（2）**正常饲喂**　开食饲喂 2 ～ 3 天，之后转为正常饲喂，并于 3 ～ 5 天尽快撤去开食纸或开食盘，改用料桶装料喂雏鸡，料桶要充足，以保证有足够的吃料位置，这样所有的雏鸡都有机会吃到所需的饲料。笼养育雏的需训练雏鸡到笼外料槽中采食。每天清洁料桶或料槽，若被鸡粪污染，应及时消毒后才可使用。土杂鸡日喂料次数，1 ～ 7 日龄,3 ～ 4 次 / 天;8 ～ 28 日龄,3 次 / 天。每天喂料时间要相对固定，不能轻易变动。

3. 施温与脱温

育雏室应在进雏鸡前 24 小时升温，使室温升到 34 ～ 35℃，冬季温度不易升高，但至少不低于 32℃。第一周 33℃，第二周 30℃，第三周 27℃，第四周 23℃，四周后育雏室保持在 16 ～ 18℃（表 5-1）。

在施温过程中，结合建议温度，并根据育雏方式、育雏季节、天气变化以及供暖方式灵活掌握。采取地面保姆伞育雏时，第一天应使伞内温度达到 35℃，以后按建议温度执行。采用网上保温伞育雏时，热

表 5-1　土杂鸡育雏施温情况

单位：℃

日龄	1	2	3	4	5	6	7	8	9
保姆伞温度	35	34	34	34	33	33	33	32	32
鸡舍	25 ～ 29	25 ～ 29	25 ～ 29	25 ～ 29	25 ～ 29	25 ～ 29	25 ～ 29	25 ～ 29	25 ～ 29

日龄	10	11	12	13	14	15	16	17	18	18	20	21	22	23	24
保姆伞温度	31	31	30	30	29	29	28	28	27	27	27	25	25	25	23
鸡舍	25 ～ 29	25 ～ 29	25 ～ 29	25	24	24	24	24	24	24	24	23	23	23	23

源来自上方，网底较凉，网下空气流通大，雏鸡腹部容易受凉，育雏室温度需比建议温度提高 1 ~ 2℃。炕上育雏或网上平养育雏供暖器在网下时，热空气直烘雏鸡腹部，育雏温度可稍微低些。采用立体育雏笼育雏时，上下垂直温度不同，上层温度较高，一般前期雏鸡仅放置最上两层，若底层必须放置雏鸡时，要相应提高育雏温度，以照顾底层的雏鸡。夏季育雏温度应低于冬季 1 ~ 2℃，雨天要高于晴天 1 ~ 2℃，晚上要高于白天 1℃。体型大的品种要比小型品种的育雏温度高些。有时因受注射疫苗及疾病、分群等应激因素的影响，需要适当升高温度。在实际操作中，单靠温度计来判断施温是否正确是不行的，还应该根据雏鸡的动态来判断施温是否合适，尤其是观察其睡眠状态。温度适宜时，雏鸡精神活泼，食欲良好，夜间均匀地分布在热源的四周，舒展身体，头颈伸直，贴伏于地面熟睡，无奇异状态和不安的叫声，鸡舍极其安静；温度低时，雏鸡扎堆，靠近热源，发出"叽叽"的叫声；温度高时，雏鸡远离热源，张口喘气，大量饮水；如果育雏室有贼风，则雏鸡挤在背风的热源一侧。雏鸡对室内温度是否合适的反应状态如图 5-9 所示。

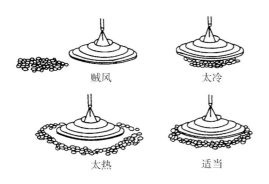

图 5-9 不同温度下雏鸡的表现行为

除做好雏鸡早期的保温外，幼雏转入中雏前，还要做好后期的脱温工作。所谓脱温，就是逐步停止加温。脱温时间与季节有关，春季育雏 1 个月左右脱温；夏季育雏，只要早晚加温 5 ~ 7 天就可以脱温；秋季育雏，一般 2 周左右脱温；而冬季育雏，脱温较迟，至少要 1.5 个月，特别是在严寒季节，鸡舍结构比较差的，要生炉子适当提高室温，加厚垫料，但加温不必太高，只要鸡不因寒冷蜷缩就可以了。需要脱温时，要逐步下降温度，最初白天不给温，晚上给温，经 5 ~ 7 天后雏鸡逐渐习惯自然室温，这时可完全不加温。切不可把温度降得过快，温度的突然变化，容易诱发雏鸡发生鸡白痢和呼吸道疾病。

4. 湿度

育雏室内湿度虽不如温度那么重要，但对雏鸡的健康和生长发育也有较大的影响。第一周相对湿度应为 70% ~ 75%，第二周为 65%，3 周以后保持在 55% ~ 60% 即可，以室内干燥为好。高湿低温，雏鸡很容易受凉感冒，有利于病原微生物的生长繁殖，易诱发球虫病，并且易引起病原微生物滋生和饲料霉变，导致雏鸡发生肠炎。湿度过低，空气干燥，雏鸡体内水分随着呼吸而大量散发，影响雏鸡体内卵黄的吸收，反过来导致饮水增加易发生拉稀，脚趾干瘪无光泽，并且易使育雏室尘土飞扬，引起雏鸡脱水和发生呼吸道疾病。

育雏的前几天，由于室内温度较高，室内相对湿度往往偏低，故需注意室内水分的补充，可在火炉上放水壶烧开水，或在墙壁、地面喷水来增加湿度。10 日龄后，由于雏鸡呼吸量和排粪量增加，室内湿度增大，因此，喂水时注意不要让水溢出，同时要加强通风换气，勤换垫料，使室内湿度控制在标准范围之内。

5. 垫辅料

地面平养垫料往往是稻壳、木屑等膨松保温材料。网上育雏时，由于刚孵出的雏鸡腿脚软弱无力，在光滑的垫辅料上行走时，易造成"一"字腿，时间一长，就不会站立而残废。育雏网箱（笼）内的垫辅料最理想的是麻袋片，也可采用粗布片，禁用报纸或塑料。

6. 通风换气

保持舍内空气新鲜和适当流通，是养鸡的重要条件。雏鸡体虽小，但体温高，呼吸快，新陈代谢旺盛，生长发育迅速，加之密度大，其呼吸排出的二氧化碳，粪便及污染的垫料散发出的有害气体如氨气、硫化氢等，使空气污浊。育雏室内空气二氧化碳浓度不能超过 0.5%，氨气浓度不能超过 15 毫克 / 米^3，硫化氢浓度不能超过 7.5 毫克 / 米^3，否则会对雏鸡生长发育不利，容易暴发传染病。雏鸡对氨较为敏感，特别是在早晨，当开门进入育雏室感到有刺鼻氨味时，必须进行通风换气，否则刺激鸡只上呼吸道黏膜等，削弱机体抵抗力，易发生呼吸道疾病。氨气产自鸡粪，愈接近地面，其含量愈高。

值得注意的是，不少鸡场或专业户，为了保持室内育雏温度而忽视通风，结果造成雏鸡体弱多病，死亡增加。有的鸡场，将加热煤炉盖打开，企图达到提高室温的目的，结果造成煤气中毒。为了做到既保持室温，室内空气又新鲜，可以先提高室温，然后再适当打开门窗进行通风换气，做好保温和换气的平衡，确保空气的新鲜度。特别注意防止贼风进入，避免冷空气直接吹到雏鸡身体上，尤其在冬季，在入风口要有热源对冷空气进行预热，可避免室温波动太大。及时清除粪便，育雏第一周，可 3 天清理粪便 1 次，以防止久不清粪而发臭、生虫，产生氨气和臭气，污染室内空气。

7. 光照

合理的光照对雏鸡生长发育同样很重要，光照太强影响鸡群休息和睡眠，并会引起相互间啄羽、啄趾或啄肛等恶癖；光照过弱则不利于鸡群采食和饮水，使雏鸡发生扎堆现象，且会导致生长不整齐。正确使用光照时间和强度，可促进鸡骨骼的生长发育，增进食欲，帮助消化，有利于提高整齐度，保障鸡性成熟。

育雏期掌握光照时间的总原则是只能恒定和缩短，而不能延长，这是为了防止早产、早衰。一般 3 日龄以内雏鸡每昼夜使用 23 ～ 24 小时光照，并且使用较亮的光，光照强度为 30 ～ 40 勒克斯，较亮的灯光有利于雏鸡熟悉环境和更快地学会饮水、吃食。4 ～ 7 日龄使用 20 小时，光照强度为 30 勒克斯，第二周 18 小时，光照强度为 5 ～ 10 勒克斯，第三周期 12 小时，第四周过渡到自然光照。

8. 饲养密度

饲养密度是指育雏室内每平方米所容纳的雏鸡数。密度对雏鸡的生长发育有着重大影响。密度过大，鸡的活动受到限制，空气污浊，湿度增加，垫料增多，结果导致鸡只生长缓慢，群体整齐度差，易感染疾病，死亡率升高，且易发生啄肛、啄羽等恶癖，降低鸡上市的品质；密度过小，则浪费空间，设备利用率低，饲养定额少，增加成本。饲养密度应根据鸡舍的结构、通风条件、饲养管理条件及品种而定。随着雏鸡的日渐长大，每只鸡所占的地面面积也应增加，具体密度可参考表5-2。在鸡舍设施情况许可时，可尽量降低饲养密度，这有利于采食和生长发育，从而提高其整齐度。

在注意饲养密度的同时，需考虑到鸡群的大小，一般每群的数量不要太大，小群饲养效果好，现代化养鸡，一般群体大小为2 500 ～ 3 000只。当然，这与管理能力和饲养设备有关，应视情况而定。

9.雏鸡的断喙

（1）断喙目的　鸡在大群体高密度饲养时很容易出现啄羽、啄趾、啄肛等恶癖，断喙可以减少恶癖的出现，也可减少鸡采食时挑剔饲料造成的浪费。

（2）断喙时间　断喙一般在6 ～ 10日龄进行，此时断喙对雏鸡的应激较小。雏鸡状况不太好时可以往后推迟，一般鸡群在35日龄左右就可能出现互啄的恶癖，所以必须在这之前完成第一次断喙。青年鸡转入蛋鸡笼之前，对个别断喙不成功的鸡应再修理一次。

（3）断喙方法　一般使用断喙器断喙，断喙时左手抓住鸡腿，右手拇指放在鸡头顶上，食指放在咽下稍使压力，使鸡缩舌，以免断喙时伤着舌头。幼雏用2.8毫米的孔径，在上喙离鼻孔2.2毫米处切

断，应使下喙稍长于上喙，稍大的鸡可用直径为4.4毫米的孔。断喙时要求切刀加热至暗红色，为避免出血，断下之后应烧灼2秒左右。

（4）注意事项

①断喙的长短一定要准确，留短了影响雏鸡采食，造成终身残疾，切少了又有可能再生长，需再次断喙。

②断喙对鸡是相当大的应激，在免疫或鸡群受其他应激状况不佳时，不能进行断喙。

③断喙后料槽应多添饲料，以免雏鸡啄食到槽底，创口疼痛。为避免出血，可在每千克饲料中添加2毫克维生素K。在饮水中加0.5%多维，减少应激反应。饲料中球虫药要加倍使用3天，防止由于采食减少引起的球虫药摄入的减少，避免断喙后球虫病的暴发。

④注意观察鸡群，有烧灼不佳、创口出血的鸡应及时抓出，重新烧灼止血，以免失血过多引起死亡。

10.疫苗免疫

根据雏鸡的品种、育雏季节以及当地疫病的流行特点制订适合本场的免疫程序。

马立克氏病疫苗的免疫，一般在孵化室出壳时就注射，疫苗可选择鸡马立克氏病弱毒双价疫苗。注射马立克氏病疫苗须

表5-2　饲养密度对照

单位：只/米^2

地面平养		立体笼养	
日龄	密度	周龄	密度
1 ～ 14	25 ～ 40	0 ～ 1	50 ～ 60
15 ～ 21	16 ～ 25	2 ～ 3	30 ～ 35
22 ～ 49	13 ～ 16	4 ～ 6	20 ～ 25

注意几个问题：一是必须在出壳 24 小时内注射。二是配制马立克氏病疫苗需要专用的稀释液，而不是常用的生理盐水或凉开水。三是马立克氏病疫苗是活疫苗，需要冷藏保存，一般是保存在液氮 −198℃，故使用时应现配现用，一般稀释后 2 小时内用完。

其他疫苗如新城疫、传染性支气管炎、禽流感、传染性鼻炎等，既有冻干活疫苗（采取滴鼻、滴眼、滴口、喷雾等途径免疫），也有灭活疫苗（一般是油乳剂灭活疫苗，只能注射），有些仅有油乳剂灭活疫苗，需根据本场制订的疫苗免疫程序，及时合理开展疫苗免疫工作（图 5-10）。

11. 无害化处理

对含有病原微生物的物品须按照卫生防疫要求进行无害化处理（图 5-11），如对病死鸡有焚烧、深埋、高压、煮沸等多种无害化处理方法，粪便羽毛废弃物可堆积发酵、深埋等无害化处理，疫苗瓶（包括开口但未用完的）建议焚烧处理。

12. "全进全出"的饲养制度

不同日龄的土杂鸡有不同的易发疫病，养鸡场内如有几种不同日龄的土杂鸡饲养在一起，日龄较大的土杂鸡往往会将病原微生物传播给日龄小的土杂鸡，有时成年土杂鸡可能带毒（菌）而不发病，但雏鸡可能比较敏感，从而引起雏鸡发病。日龄层次越多，土杂鸡群患病的概率就越大。

目前，养鸡场普遍采取全进全出的饲养管理方式（图 5-12），可有利于统一管理和统一做好兽医卫生防疫工作，提高生产效率，充分发挥土杂鸡的生产性能，降低疾病风险，从而提高养鸡的经济效益。

采用全进全出饲养管理方式时应整批进整批出，土杂鸡尽量在同一天进雏、全部出栏。整个养鸡场采取全进全出制有困难，可在一个小功能区采取全进全出制；实在有困难的至少一栋鸡舍要实行全进全出制。

图 5-11 无害化处理病死鸡和粪便

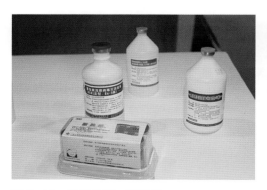

图 5-10 科学免疫，预防第一

图 5-12 全进全出制是良好的饲养管理方式

每批出舍后必须经过清扫、冲洗、消毒、空关1～2周后再进下一批土杂鸡，这样就能彻底消灭残留的病原微生物，有效地避免连续感染，从而给新进土杂鸡群一个清洁、卫生、无害的生长环境。实践证明，采取全进全出的方法是预防疾病、降低成本、提高成活率的有效措施之一，经济效益十分突出，这在大型现代化养鸡场尤为突出。

13.其他日常管理工作

（1）保持安静　育雏室要注意保持环境安静，土杂鸡胆子小、比较敏感，陌生人不得随意进入育雏舍，谢绝外来人员参观。工作人员进出鸡舍时动作要轻，进行加料、加水等饲养管理时动作也要轻、要慢，避免引起惊群。

（2）每天巡视　在雏鸡阶段，由于雏鸡的体温调节机能不健全，必须细心照顾，仔细观察鸡群，检查室内温度、湿度是否符合标准，按要求施温，严防温度忽高忽低。低温时，会使雏鸡扎堆，造成挤压死亡，同时一些侵入的病原微生物或条件致病菌易导致鸡群发病；高温会使雏鸡采食量减少，易造成脱水，从而影响生长。同时，要注意雏鸡的行为、精神状态，注意观察土杂鸡的动态，如精神状态是否良好，采食、饮水是否正常，防止啄癖发生。观察有无死鸡和病鸡，如有无张口呼吸、闭眼呆立、羽毛松乱；有无异常叫声，呼吸声音异常；观察土杂鸡粪便，有无拉绿色粪便、带血粪便、水样粪便和长条腊肠样粪便等。这些异常情况通常是疾病的开始，发现越早对防治越有利，须及时诊断，尽快采取对应防控措施（图5-13）。

图5-13　每天巡视，注意检查鸡群健康状况

（3）定期称量体重和检查羽毛生长情况　体重是土杂鸡生长发育的重要技术指标之一，也是衡量育种价值与商品价值的重要技术指标之一。羽毛是皮肤的衍生物，具有多种功能，也是衡量土杂鸡生长发育状况的一个重要技术指标。通过称量体重和标准体重比较，可知土杂鸡的体重和饲料需要量的关系，从中能了解鸡的生长情况。称重时，必须最大限度地减少对鸡群的干扰。体重是反映鸡群健康的标志，称重除为指导群体增重外，在评定治疗疾病用药效果上也很有价值。一般在育雏期末对全群进行称重，按体重分为大、中、小三类，通过调整喂料量和喂料次数来调节体重。

（4）环境卫生与防疫　搞好土杂鸡环境卫生、疫苗接种及药物防治工作，都是养好土杂鸡的重要保证。鸡舍的入口处要设消毒池，要防止垫料潮湿，潮湿、板结的垫料会使雏鸡腹部受凉，并引起各种病原微生物、霉菌和球虫的繁殖滋生，使鸡群发病。当发现垫料因漏水或加水不注意而弄湿时，应及时更换垫料，使育雏室内的垫料保持干燥、松软状态。饲喂用具要经常刷洗，并定期用0.2%的高锰酸钾溶液浸泡消毒。事实证明，带鸡消毒工作的开展对维持良好生产性能有很好的作用。

一般 2 ~ 3 周龄便可开始，春、秋季可每 3 天 1 次，夏季每天 1 次，冬季每周 1 次。使用 0.5% 的百毒杀溶液喷雾。喷头应距鸡只 80 ~ 100 厘米处向前上方喷雾，让雾粒自由落下，不能使鸡身和地面垫料过湿。

对于鸡白痢，在 1 ~ 7 日龄鸡饲料中应加 0.3% 的土霉素或 0.04% 痢特灵加以控制，从 15 日龄起饲料中加入抑制球虫病药物，如饲料中加入 0.05% 的速丹或 0.05% ~ 0.06% 的优素精（又称盐霉素），以控制球虫病的发生。

（5）**生产记录**　为了提高管理水平和生产成绩，把饲养情况详细记录下来是非常重要的。长期认真地做好记录，就可以根据土杂鸡生长情况的变化来采取适当的有效措施，最后无论成功与失败，都可以从中分析原因，总结出经验与教训。要尽可能多地把原始数据都记录下来，数据要精确，其分析才能建立在科学的基础上，做出正确的判断，并提出正确处理方案（表 5-3）。

（6）**种公鸡剪冠断趾**　为防止种公鸡在交配时其第一足趾及距伤害母鸡的背部，应在雏鸡阶段将公雏的第一足趾和距的尖端烙掉。为防止公鸡间互相打斗，造成流血死亡，通常于 1 日龄时会用剪刀剪去种公鸡的鸡冠。

（7）**做好安全工作**　要防鼠害、兽害，防止猫狗、野鸟等进入惊扰，做好防煤气中毒和水电安全工作。

（8）**合理淘汰**　为了保持鸡群整齐度，生产出优质产品，提高经济效益，必须对鸡群实行优选。淘汰时应注意以下几点：一是死亡率高度集中期间每天进行淘汰；二是前三周进行严格淘汰，因为此时淘汰经济损失较小；三是对于离群病雏，应经周密检查进一步证实无发展前途后进行淘汰；四是雏鸡一旦出现跗关节扭曲或瘫痪，就将其淘汰，以免消耗大量饲料，因为这些鸡只通常发展成囊肿，使胴体几乎降低两个等级；五是患有慢性病的鸡是传染病的根源，临床表现为抑郁、嗜睡等症状及脚部冰凉、脚和喙缺少色素、眼睛迟钝、冠髯苍白等，会影响到其他鸡群的健康，应坚决予以淘汰。

（七）育雏失败原因分析

1. 第一周死亡率高的可能原因

（1）**细菌感染**　大多是由种鸡垂直传染或种蛋保管过程及孵化过程中卫生管理上的失误引起的。

（2）**环境因素**　第一周的雏鸡对环境的适应能力较低，温度过低鸡群扎堆，部分雏鸡被挤压窒息死亡，某段时间在温度控制上的失误，雏鸡也会腹泻得病。一般

表 5-3　饲养日报表

鸡舍：　　　　　品种（系）：　　　　　世代：

日期	日龄	存栏鸡数	喂料量	死亡		淘汰		疫苗用药	备注
				公	母	公	母		

情况下，刚接来的部分雏鸡体内多少带有一些有害细菌，在鸡群体质强壮时并不都会出现问题。如果雏鸡生活在不适宜、不稳定的环境中，部分雏鸡就可能发病死亡。为减少育雏初期的死亡，一是要从卫生管理好的种鸡场进雏，二是要控制好育雏环境，前三天可以预防性地用些抗生素。不但可以预防一般的细菌病，还可以切断霉形体的垂直传播。

2. 雏鸡整齐度差的原因

（1）饲养密度过大　饲养密度大，鸡群位次关系混乱，竞争激烈，生活环境恶化，特别是采食、饮水位置不足，会使部分鸡体质下降，增长落后于全群。

（2）饲养环境控制失误　如局部地区温度过低，部分雏鸡睡眠时受凉，或通风换气不良等，产生严重应激，生长会落后于全群。如保温伞内有10%的地方雏鸡休息不好，则会使30%以上的雏鸡生长受阻。

（3）疾病的影响　感染了由种鸡垂直传播的鸡白痢、鸡慢性呼吸道等疾病或在孵化过程中被细菌污染的雏鸡，即使不发病，增重也会落后。

（4）断喙失误　部分雏鸡喙留得过短，严重影响采食，增重受到影响。

（5）饲料营养不良　饲料中某种营养素缺乏或某种成分过多，易造成营养不平衡，由于鸡个体间的承受能力不同，增长速度会产生差别。即使是营养很全面的饲料，如果不能使鸡群中的每个鸡都同时采食，那么先采食的鸡抢食大粒的玉米、豆粕等，后采食的鸡只能吃剩下的粉面状饲料，由于粉状部分能量含量低、矿物质含量高，营养很不平衡，自然严重影响增重，使体力小的鸡越来越落后。

（6）未能及时分群　如能及时挑出体重小、体质弱的鸡，放在竞争较缓、更舒适的环境中培养，也能赶上大群的体重。

二、育成期（29日龄至上市，或者是29日龄至产蛋前2周）的饲养管理

育雏期结束后，鸡体型增大，羽毛渐丰满，此时土杂鸡已能够适应环境温度的变化，规模化养殖则要转移至育成、育肥鸡舍，放养的可将鸡转移到鸡舍外放牧饲养。育成期仔鸡生长强度大，尤以骨骼、肌肉、消化系统与生殖系统生长为快，其饲养管理的主要任务是控制其标准体重和正常的性成熟期，同时要进行严格的选择和免疫工作。

（一）转群

一些鸡场在鸡群满4周龄后，需要转入育成鸡舍。为了将转群应激降到最小，在转群时需注意以下问题。

①鸡群转入前必须对育成鸡舍及其设备进行清洗消毒。

②鸡群转入前应仔细检查和修理各项设备，确保风机、降温系统、喂料机、刮粪机等设备正常运转，饮水器不漏水。若是转入平养鸡舍，应铺设好清洁干燥的垫料。

③转群前应计算好育成鸡舍的最大允许饲养量，检查食槽、饮水器是否准备充足。

④如果平养鸡群感染蛔虫等线虫病，应在转入平养鸡舍前3天连续喂2次左旋咪唑（口服，每千克体重24毫克）。若转入笼养则在转群前2天喂1次左旋咪唑，转入鸡笼1天后再喂1次左旋咪唑。

⑤在转群后的鸡饲料中添加抗球虫药。

⑥转群前1周内尽可能不要进行免疫

接种，以减少应激和影响免疫应答效果，同时避免鸡群诱发疾病而将病原带至育成鸡舍。

⑦鸡有神经质、胆小，转群时要特别注意，必要时可提前2天饲喂抗应激剂，以降低应激反应。

⑧转群捉鸡时动作要轻缓，不可粗暴。转群可以用转群笼，每个转群笼不要装太多的鸡，不能让鸡在转群笼中背朝笼底；转群笼移位过程中，应将笼底向上提离物体表面，切不可拖行，谨防刮断鸡伸出笼底的脚趾。也可以直接手提转群，用手提时一次不可抓提太多，每只手里不应超过5只鸡。提鸡时要提双腿，决不能只提一条腿，否则易产生后期跛行；不能抓翅膀，易折断翅膀；也不能抓颈项。

⑨转群时要注意同时淘汰病、弱、小、伤残鸡和性别误鉴鸡。

⑩可结合转群将每只鸡称重，按体重分级等情况准确计数和记录，并按体重大、中、小相应分放到不同鸡笼或不同饲养间。

⑪不同品种（系）的鸡转群时不要混杂。

⑫为减少应激，夏季转群应在清晨开始，午前要结束。冬季应在较温暖的午后进行，避开雨雪天和大风天。

⑬当天转群之前，应少喂料或不喂料，转入新鸡舍后应立即喂水、喂料。

⑭转群前采用普拉松饮水器的鸡转入笼养鸡舍后，应立即教其学会啄饮水器乳头。

⑮如果转入鸡还不习惯新的采食设备，可先放置少量原来使用的采食设备，逐步过渡。

⑯长途转群途中不宜停车，并且车厢中央及每层笼子间应留有空隙，以便通风散热。

⑰注意育成鸡舍温度，特别是在秋季、冬季和开春时节，必须将舍温升到与当时育雏室相当的程度，不得低于育雏室4℃以上，否则可能会引发肠炎和呼吸道等疾病。

⑱转群鸡最初几天若遇到环境温度激烈下降，育成鸡温度又无法达到要求，则夜间应安排专人看护鸡群，否则易引起挤压死亡。

⑲由平养转入笼养的最初几天，要及时将从笼中跑出的鸡抓回笼中采食、饮水。

⑳为避免刚转群的鸡互啄打架，转群后的2天内，应使舍内光照弱些，时间稍短些，待相互熟悉后再恢复正常光照。

㉑转群后进入一个陌生的环境，面对不熟悉的伙伴，对鸡来说是个很大的应激，采食量的下降也需2~3天才能恢复。如果鸡群状况不太好时，不要同时进行免疫，以免加重鸡的应激反应，必要时可饲喂多维和抗生素防止鸡群发病。

㉒留种的公母应分开饲养，由于公雏体型较大且好斗，若不进行单独饲养，则母雏会受到较大的影响，对公雏和母雏生长发育都不利。

（二）舍养商品土杂鸡育成期的育肥饲养

通常我们把商品土杂鸡育雏结束后至上市的这段饲养管理称之为育肥，所谓育肥就是利用这个阶段生长发育快的特性，通过适当提高饲粮的能量和其他营养物质的水平，设法增加鸡只的采食量，满足生长的最大营养需要量，并配合其他综合管理措施，使土杂鸡个体达到最大的上市体重，以实现最大的经济效益。

1. 育肥期的饲养

（1）调整饲料营养 根据土杂鸡不同生长发育阶段的营养需要特点，及时更换相应饲养期的饲料是育肥的重要手段。中期鸡体发育快，长肉多，日采食量增加，获取的蛋白质营养较多，可满足机体的营养需要；后期能量需要明显高于前期，而蛋白质需要较前期降低，所以后期宜使用高能量饲料。

根据不同时期土杂鸡的营养需要特点，通常分为三阶段或二阶段日粮配合。不同阶段饲料的更换要有一个过渡期。每次换料时，要逐步进行，切忌突然换料，以使鸡逐步适应。如雏鸡料即将喂完，需使用大鸡料时，第一天在雏鸡料内加入1/3的大鸡料，混合后连喂3天；第四天饲喂料中改成含2/3的大鸡料与1/3的雏鸡料，连喂3天；第七天全部使用大鸡料。

（2）尽量采用颗粒料 适用于该阶段的饲料可采用颗粒饲料，一直喂到结束。颗粒料既可保证营养全面，又能促进鸡多采食，减少饲料浪费，缩短采食时间，有利于催肥，提高饲料利用率。

（3）增加采食量 土杂鸡的饲养通常实行自由采食，这样才能保持较大采食量，增加土杂鸡的营养摄入量，达到最快的生长速度，提高饲料转化率。增加采食量的主要方法如下。

①增加饲喂次数，饲喂粉料每昼夜不少于6次，喂颗粒料不少于4次，这样可以刺激食欲。

②提供充足的采食位置，食槽或料桶的数量要充足，分布要均匀。

③提供合理的采食时间，在高温季节，可将喂料改在凌晨或夜间进行，并供给足量的清凉饮水，粉料可用凉水拌喂。若采食量下降过多，则可适当提高原有饲粮的营养水平，以满足机体的营养需要。

（4）供给充足、卫生的饮水 育肥期的鸡只采食量大，如果日常得不到充足的饮水，就会降低食欲，造成增重减慢。通常土杂鸡的饮水量为采食量的2倍，一般以自由饮水24小时不断水为宜。为使所有鸡只都能充分饮水，饮水器的数量要充足且分布均匀，不可把饮水器放在角落，要使鸡只在1～2米的活动范围内便能饮到水。

水质的清洁卫生与否对鸡的健康影响很大，应供给洁净、无色、无异味、不混浊、无污染的饮水，通常使用自来水。

每天加水时，应将饮水器彻底清洗。对饮水器消毒时，可定期加入0.01%的百毒杀溶液，这样既可以杀死病原微生物，又可改善水质，增强鸡群的健康。但需注意的是，鸡群在饮水免疫时，前后3天禁止在饮水中添加任何消毒剂。

2. 育肥期的管理

（1）鸡群健康观察 进入育成期后，致病微生物处于旺盛的生长发育阶段，稍有疏忽，就会产生严重影响。这就要求饲养人员不仅要严格执行卫生防疫制度和操作规程，按规定做好每项工作，而且必须在饲养管理过程中，经常细心地观察鸡群的健康状况，做到及早发现问题，及时采取措施，提高饲养效果。

对鸡群的观察主要注意下列几个方面。

①每天进入鸡舍时，要注意检查鸡粪是否正常。正常粪便应为软硬适中的堆状或条状物，上面覆有少量的白色尿酸盐沉淀。粪便的颜色有时会随所吃的饲料有所

不同，多呈不太鲜艳的色泽（如灰绿色或黄褐色）。粪便过硬，表明饮水不足或饲料不当；粪便过稀，是食入水分过多或消化不良的表现。淡黄色泡沫状粪便大部分是由肠炎引起的；白色下痢多为鸡白痢或传染性法氏囊病的征兆；深红色血便，则是球虫病的特征；绿色下痢，则多见于重病末期（如新城疫等）。总之，发现粪便不正常应及时请兽医诊治，以便尽快采取有效防治措施。

②每次饲喂时，要注意观察鸡群中有无病弱个体。一般情况下，病弱鸡常蜷缩于某一角落，喂料时不抢食，行动迟缓。病情较重时，常呆立不动，精神委顿，两眼闭合，低头缩颈，翅膀下垂。一旦发现病弱个体，就应剔出隔离治疗，病情严重者应立即淘汰。

③晚上应到鸡舍内细听有无不正常呼吸声，包括甩鼻（打喷嚏）、呼噜声等。如有这些情况，则表明已有病情发生，需做进一步的详细检查。

④每天计算鸡只的采食量，因为采食量是反映健康状况的重要标志之一。如果当天的采食量比前一天略有增加，说明情况正常；如有减少或连续几天不增加，则说明存在问题，需及时查看是鸡只发生疾病，还是饲料有问题。

此外，还应注意观察有无啄肛、啄羽等恶癖发生。一旦发现，必须马上剔出被啄的鸡，分开饲养，并采取有效措施防止蔓延。

（2）防止垫料潮湿　保持垫料干燥、松软是地面平养中、后期管理的重要一环。潮湿、板结的垫料，常常会使鸡只腹部受冷，并引起各种病菌和球虫的繁殖滋生，使鸡群发病。要使垫料经常保持干燥必须做到如下4点。

①通风必须充足，以带走大量水分。

②饮水器的高度和水位要适宜。使用自动饮水器时，饮水器底部应高于鸡背2~3厘米，水位以鸡能喝到水为宜。

③带鸡消毒时，不可喷雾过多或雾粒太大。

④定期翻动或除去潮湿、板结的垫料，补充清洁、干燥的垫料，保持垫料厚度7~10厘米。

（3）带鸡消毒　事实证明，带鸡消毒工作的开展对维持良好生产性能有很好的作用。一般2~3周龄便可实施，春、秋季可每3天1次，夏季每天1次，冬季每周1次。使用0.5%的百毒杀溶液喷雾，喷头应距鸡只80~100厘米处向前上方喷雾，让雾粒自由落下，不能使鸡身和地面垫料过湿。

（4）及时分群　随着鸡只日龄的增长，要及时进行分群，以调整饲养密度。密度过高，易造成垫料潮湿，争抢采食和打斗，抑制生长。土杂鸡中、后期的饲养密度一般为10~15只/米^2，在饲养面积许可时，密度宁小勿大。在调整密度时，还应进行大小、强弱分群，同时还应及时更换或添加食槽。

3.高温季节的特殊管理

每当炎热夏季来临时，外界气温常在30~35℃，对土杂鸡的生长极为不利，此时饲养的土杂鸡，生长缓慢，甚至中暑死亡。为提高酷暑期间土杂鸡的成活率和生长速度，其管理的基本要求如下：一是采取切实可行的降温措施；二是提高鸡的食欲，增加采食量。主要方法如下。

（1）调整饲料配方　据研究，增高日粮能量浓度会提高死亡率。为减少鸡热应激，应适当降低能量水平。同时，在满足所有必需氨基酸的前提下，适当降低蛋白质含量能促进鸡的生长，同时提高鸡的存活力。

（2）**清晨喂料** 夏季白天直至傍晚是温度最高的时期，而次日清晨的气温则相对较低，此时少量多次地频繁喂料以刺激鸡只食欲，让鸡只吃饱吃足。

（3）**增大通风量** 可采用纵向负压通风或结合湿帘来降低鸡舍温度。一般专业户无机械通风设备，可通过增开窗户或采用敞篷式鸡舍，最大限量地利用自然通风。另外，可在鸡舍周围搭设凉棚，防止阳光直射。

（4）**降低饲养密度** 夏季应根据鸡舍条件，采取尽可能小的饲养密度。过度拥挤，不仅会使采食、饮水不均，还会因散热量增加，使舍温升高。

（5）**供给凉水，增加饮水器数量** 使用清凉的深井水作饮水，对鸡通过呼吸和蒸发散热很有好处。天气越热，鸡饮水越多。要保持饮水器数量充足，其内有充足的饮水，并注意经常更换，防止在舍温作用下，水温变高。

（6）**不要干扰鸡群** 炎热天气本身就是对鸡群的一种应激。因此，在炎热期间要尽量避免干扰鸡群，减少应激。

（7）**供给高质量的新鲜饲料** 在高温高湿期，给料要少量多次，这将有助于保持饲料质量和提高营养成分的利用率。尤其是维生素，并且有助于减少霉菌滋生和毒素的产生。

（8）**添加无机盐和维生素** 某些无机盐和维生素对降低鸡的热应激有很大作用。据报道，在土杂鸡热应激期间的饮水中加入氯化铵，能明显提高成活率；添加氯化钾（一般饮水中添加0.24%～0.3%），土杂鸡的增重、成活率都有所提高。通常的办法是在饮水中加入0.1%的维生素C。

4. 生产记录、出售

为了提高管理水平和生产成绩，把饲养情况详细记录下来是非常重要的。长期认真地做好记录，就可以根据土杂鸡生长情况的变化采取适当的有效措施，最后无论成功与失败，都可以从中分析原因，总结出经验与教训。要尽可能多地把原始数据都记录下来，数据要精确，其分析才能建立在科学的基础上，做出正确的判断，并提出正确处理方案（表5-3）。

商品土杂鸡售卖前的14天必须停止使用疫苗兽药，使机体有一个净化过程，避免上市时出现药物残留超标问题。

当土杂鸡达到上市体重前就要积极联系买家，尽可能争取鸡达到上市体重时一次售出，这样生产成本较低；全进全出，有利于对鸡舍的清扫和消毒，也减少了鸡场与外面交叉污染的机会，有利于防疫。

售鸡时使用的笼子、用具等回场后须先经清洗消毒处理后才能进鸡舍，以免带进病原体。

（三）放养商品土杂鸡育成期的育肥饲养

1. 放养鸡的优点

利用山林田园放养土杂鸡，环境优越，养殖时间长（2.5～4个月），其肉品质好，味道鲜美，颇受消费者欢迎。据市场调查，山林田园放养鸡的价格往往比舍内饲养鸡的高2～5元/千克。

商品土杂鸡育成期很适合采用放牧方

式饲养，山林田园放养宜选择采食能力强和抗逆性好的优良地方品种鸡，如本地土杂鸡或与本地土杂鸡的杂交鸡，羽毛外貌宜选择黑、红、麻、黄羽、青脚等土杂鸡特征明显的鸡种。土杂鸡可自由采食杂草，捕捉昆虫，在土壤中寻觅到自身所需的矿物质元素和其他一些营养物质，提高了自身的抗病性，大大降低了饲料添加剂成本、防病成本和劳动强度。鸡在田园寻觅食物及活动过程中，可挖出草根、踩死杂草，捕捉害虫，从而达到除草、灭虫的作用，节约了生产成本。

2. 鸡舍建设

山林田园放养鸡须建有简易的鸡舍，可以利用现成的房舍、闲置的蔬菜大棚等，稍加修缮改造。也可因地制宜，新建简易的鸡舍：竹木框架，油毛毡、石棉瓦或塑料布顶棚，棚高 2.5 米左右，尼龙网圈围，夏季要有很好的遮阳通风条件，冬天改用塑料布保暖；地面铺上干净的沙子、干稻草或砖块。鸡舍大小根据饲养量多少而定，一般按每平方米养育 25 ～ 30 只计算，用于夜间栖息和风雨天躲避。

3. 管理要点

（1）合适的放养时间　山林田园放养须在雏鸡脱温后进行，也可选择在舍内育雏到 4 周龄左右再进行放养。雏鸡在舍内饲养天数应视季节和当地气候而定，一般雏鸡脱温日龄夏季为 10 ～ 15 天，秋季为 15 ～ 20 天，冬季为 30 天左右。然后可选择无风的晴天放养。放养前几天，每天放 2 ～ 4 个小时，以后逐步延长时间；初进园时要用尼龙网限制在小范围，以后逐步扩大；条件许可时最好用丝网围栏分区轮放（图 5-14）。

图 5-14　放牧散养

（2）合理的放养密度　土杂鸡是采食能力很强的动物，大规模、高密度的鸡群需要充分的食物供应，否则会对放牧场的生态环境产生较大危害。据试验，一亩（1 亩 ≈ 667 米²）植被非常茂密的灌木林中，放养 2 000 只体重 1 千克左右的青年土杂鸡，3 天后除直径 1 厘米以上的树木外，几乎全都被吃光。因此，需充分认识到山林田园中天然饵料的供应是相对有限的，应规划测算好山林田园养殖容量，建立以补饲为主、天然饵料为辅的土杂鸡生态养殖模式，注意加强饲料投放，采取合理的放养密度，并实行轮牧放养措施，建议每亩山林田园一般放养土杂鸡 500 ～ 1 000 只。放养季节以春、夏、秋三季效果较好，每年 3—10 月，采用全进全出方式可放养 3 ～ 5 批。

（3）增加杂粮和青绿饲料　对品质较高的土种鸡，4 周龄后饲料中可逐步增加谷物杂粮比例，并添加适量的青绿饲料，一般可添加 10% ～ 15% 的完整谷粒或小麦，添加 15% ～ 20% 的青绿饲料。这样，一是可以增加维生素的含量；二是可以降低养殖成本；三是可以降低鸡肉脂肪含量，有利于形成鸡肉的独特风味。饲喂量以大部分鸡能吃饱为宜。注意每天固定放鸡、喂料、收鸡的时间，观察鸡群的表现，保

图 5-15　放牧鸡注意补饲

持鸡群健康，对少数体质较弱的鸡只可留在舍内喂养（图 5-15）。

（4）谨防农药中毒　在农田和果园喷药防治病虫害时，应将鸡群赶到安全地带或错开时间。田园治虫防病应选用高效低毒农药，用药后要间隔 5 天以上，才可以放鸡到田园中，并注意备好解毒药品，以防鸡群中毒。

（5）做好安全防范工作　山林田园是完全开放式的，因此，做好防范工作十分重要。山林田园四周用铁丝网、尼龙网或竹篱围住，防止鸡外逃和野兽入侵。要及时收听当地天气预报，暴风、雨、雪来临前，要做好鸡舍的防风、防雨、防漏、防寒工作，及时检查山林田园，寻找因天气突然变化而未归的鸡，以减少损失。

（6）做好环境卫生工作　每批鸡出售后，鸡舍用 2% 烧碱溶液进行地面消毒，并用塑料布密封鸡舍，用甲醛和高锰酸钾等进行熏蒸消毒；放牧过的大田和果园应翻土，施撒生石灰，间隔 2～3 周后再放养第二批鸡；山林田园放养 1～2 年后，要更换另一处山林田园，让山林田园自然净化 2 年以上，消毒后再放养鸡。

（四）产蛋鸡育成期的控制饲养

产蛋鸡分为土杂鸡种鸡和商品蛋鸡，为确保产蛋鸡日后的种用价值和产蛋性能，避免肥胖、早熟，造成早产，产无精蛋、畸形蛋，受精率低等不良现象，需对育成期的种鸡进行限制饲养和适时选种，商品蛋鸡在育成期参照种鸡的做法进行控制饲养。

1. 控制饲养的方法

控制饲养是通过人为控制鸡的日粮营养水平、采食量和采食时间，控制种鸡的生长发育，使之适时开产。

（1）控时法　即通过控制鸡的采食时间来控制采食量，以此来达到控制体重和性成熟的目标。优质型种鸡多采用这种方法。

①每日控喂。每天喂给一定量的饲料和饮水，或规定饲喂次数和每次采食的时间。这种方法对鸡的应激较小，是中速型土杂鸡比较适宜的方法。

②隔日控喂。速生型土杂鸡多采用喂 1 天，停 1 天。把两天控喂的饲料量在 1 天中喂给。此法可以降低种鸡因竞争食槽而造成采食不均的影响。如果每天喂给的饲料很快被吃完，则仅仅是那些最霸道的鸡能吃饱，其余的鸡挨饿，结果整群鸡还是生长不一致。由于一次给予 2 天的饲料量，所以无论是霸道鸡还是胆小的鸡都有机会分享到饲料。例如，每只鸡每天喂料量是 80 克，2 天的喂料量为 160 克，将 160 克饲料在喂料日一次性投给，其余时间断料。

③每周控喂 2 天。即每周喂 5 天，停喂 2 天。一般是星期日、星期三停喂。喂料日的喂料量是将 1 周中应喂的饲料均衡地分作 5 天喂给，即将 1 天的控喂量乘 7 除以 5 即得。

（2）**控质法** 即控制饲料的营养水平。一般采用低能量、低蛋白质或同时降低能量、蛋白质含量以及赖氨酸的含量，达到控制鸡群生长发育的目的。在土杂鸡种鸡的实际应用中，同时控制日粮中的能量和蛋白质的供给量，而其他的营养成分如维生素、常量元素和微量元素则应充分供给，以满足鸡体生长和各种器官发育的需要。

（3）**控量法** 规定鸡群每天、每周或某个阶段的饲料用量，按规定量饲喂（其规定量往往比自由采食量要少）。土杂鸡种鸡一般按自由采食量的70%～90%计算为规定量。

在生产中要根据土杂鸡的品种、鸡舍设备条件、饲养季节、育成的目标和各种方法的优缺点来选择控制饲养制度，防止产生"在满足营养需要的限度内，体重控制越严，生产性能越好"的片面认识。

2. 控制饲养的注意事项

第一，控制饲养一定要有足够的食槽、饮水器和合理的鸡舍面积，使每只鸡都有机会均等地采食、饮水和活动。

第二，控制饲养主要是控制摄取能量饲料，而维生素、常量元素和微量元素要满足鸡的营养需要。因此，要根据实际情况，结合饲养标准制订饲喂量，否则，会造成不应有的损失。

第三，控制饲养会引起过量饮水，容易弄湿垫料，所以要控制供水。一般在喂料日从喂料开始到采食完后2小时内给水；停料日则上、下午各给2小时饮水。在炎热的季节不宜限制饮水，并注意加强通风，勤换垫料。切记，限制饮水不当往往会延迟性成熟。

第四，控制饲养会引起饥饿应激，容易诱发恶癖，所以，应在控饲前对母鸡进行正确的断喙，公鸡还需断趾。

第五，控制饲养时应密切注意鸡群健康状况。在患病、接种疫苗、转群等应激时，要酌量增加饲料或临时恢复自由采食，并要增喂抗应激的维生素C和维生素E等。

第六，在育成期公母鸡最好分开饲养，有利于体重控制的掌握。

第七，在停饲日不可喂砂砾。平养的育成鸡可按每周每100只鸡投放中等粒度的不溶性砂砾300克作垫料。

3. 种鸡的体重控制

（1）**理想的土杂鸡体重** 土杂鸡生长速度是一个重要性能指标，通过对生长、体重、耗料的选择，提高了土杂鸡的生长速度。与此同时，也形成了其亲本种鸡的快速生长和沉积脂肪的能力。在自由采食条件下，8～9周龄的种鸡即达成年体重的80%，由此会带来性成熟早，种蛋合格率降低，产蛋率上升缓慢而下降快，达不到应有的产蛋高峰，利用时间缩短，种用期间死亡、淘汰率增高等繁殖性能低下的后果。

为培育一个在体重、体型上不过重、过大，并且产蛋较多的种鸡群，实现种鸡的优良繁殖性能，其必要的条件如下。

①群体的平均体重应与种鸡的标准体重相符，全群总数75%以上的个体重量应处在标准体重上下10%的范围内。

②各周龄增重速度均衡适宜。

③无特定传染性疾病，发育良好。

为了达到上述要求，人们在满足其营养需要的情况下，人为地采用诸如控制饲养和控制光照等技术，以有效地控制性成熟和体重，适当推迟开产日龄，提高产蛋量和受精率。

（2）体重控制与喂料量的调整 土杂鸡种鸡控制饲喂的目的是使种母鸡在开产时具有标准体重及坚实的骨骼、发达的肌肉和沉积很少的脂肪。达到这个目的的最好办法就是控制它们的体重（即控制其生长速度）。为此，各育种公司都制定了培育鸡种在正常条件下，各周龄的推荐喂料量和标准体重。在生长期有规律地取样称重，并且将实际的平均体重与推荐的目标体重逐周比较，以决定下周每只的喂料量，此工作逐周进行，直至产蛋。

①称重与记录。称重的时间从4周龄起直到产蛋高峰前，每周1次在同一天的相同时间空腹称重。每日控饲的一般在下午称重，隔日控饲的在停喂日上午称重。称重只数随机抽取鸡群的5%，但不得少于50只。可用围栏在每圈鸡的中央随机圈鸡，被圈中的鸡不论多少均须逐只称重并记录。逐只称重的目的是在求得全群鸡的平均体重后计算在此平均体重±10%范围内的鸡数有多少。同一鸡群在称重时的体重分级应采用同一标准，否则，由此计算而得到的整齐度出入较大。如以每5克为一个等级的整齐度为68%时，当按10克为一个等级计算时，其整齐度为70%，20克时为73%，45克时已上升到78%。所以，称重用的衡器最小灵敏度要在10～20克以内。在土杂鸡种鸡育成后期，有80%以上的鸡处在此范围之内的话，可以认为该鸡群的整齐度是好的。

②体重校正。当体重超过当周标准时，其所确定的下周喂料量，只能继续维持上周的喂料量或减少下周所要增加的部分饲料量。例如，原来鸡隔日饲喂100克饲料，现在体重超过标准10%，则下周仍保持100克的喂料量，直至鸡的体重控制到标准体重范围之内为止，千万不可用减少喂料量来减轻体重。

如果体重低于当周标准，那么，在确定下周喂料量时，要在原有喂料量的标准基础上适当增加饲料量，以加快生长，使鸡群的平均体重逐渐上升到标准要求。通常情况下，平均体重比标准体重低1%时，喂料量在原有标准量的基础上增加4克，一次不可增加太多。

③提高鸡群的整齐度。理论和实践都证明，体重明显低于平均体重的个体，由于产蛋高峰前营养储备不足，其到达高峰的时间也延迟，从而影响群体产蛋高峰的形成，并在高峰后产蛋率迅速下降，蛋重偏小且合格率低，开产日龄比接近标准体重的鸡要推迟1～4周，饲料转化率低，易感染疾病，死亡率高。为提高群体整齐度，可以从以下几方面着手。

第一，饲养环境要符合控饲要求，如光照强度和时间、温度、通风，特别是饲养密度、饮水器和食槽长度等都应满足能同时采食或饮水的需要（表5-4）。否则强者多吃，体重大；弱者少吃，体重小，难以达到群体发育一致的要求。

第二，要在最短的时间内，给所有的鸡提供等量、分布均匀的饲料。试验资料表明，最多应在15分钟内喂完饲料，这在实际生产中也是可行的。

第三，在控饲前对所有鸡逐只称重，按体重大、中、小分群饲养，并在饲养过程中随时对大小个体做调整，对体弱和体重轻的鸡抓出单独饲喂，适当增加喂料量。

第四，对转群前体重整齐度仍差的鸡群，应在转进产蛋鸡舍时按体重大、中、小分级饲养，对体重大的则适当控制喂量，体重小的增加喂量，这对提高性成熟的整齐度有一定的效果。

表 5-4　控饲时的饲养密度与条件

类　型		饲养密度		喂料条件	
		垫料平养（只/米²）	1/3垫料、2/3栅网（只/米²）	长食槽单侧（厘米/只）	料桶（直径40厘米，个/100只）
种母鸡	优质型	4.8~6.3	5.3~7.5	12.5	6
	快大型	3.6~5.4	4.7~6.1	15.0	8
种公鸡		2.8~3.5	3.5~4.5	21.0	10
类　型		饮水条件			
		长水槽（厘米/只）	乳头饮器（个/100只）	饮水杯（个/100只）	圆饮水器（直径35厘米，个/100只）
种母鸡	优质型	2.2	11	8	1.3
	快大型	2.5	12	9	1.6
种公鸡		3.2	13	10	2.0

（3）体重控制的阶段目标与开产日龄的控制　当雏鸡进入育成期后，鸡体消化机能健全，骨骼和肌肉都处于旺盛生长时期，10周龄前后，性器官开始发育。此时饲喂高蛋白质水平的饲料，将会加快鸡只的性腺发育，使之早熟，致使鸡的骨骼不能充分发育而纤细，体型变小，开产提前，蛋小、蛋少。因此，要以低蛋白质水平饲料抑制性腺发育并保证鸡只的骨骼发育。为此，在各时期将分别采用不同的蛋白质和能量饲料（雏鸡料、生长期料和种鸡料）及控制饲养等综合措施，增加运动，扩张骨架和内脏容积，以促进鸡体的平衡发展。为使后备种鸡达到标准体重的最终控制目标，在其育成阶段必须按照其生长发育的状况分阶段进行调节，控制其增重速率与整齐度，以保证其身体生长与性成熟达到同步发展。

①体重控制的阶段目标。从育雏开始，首先要根据雏鸡初生重和强弱情况将鸡分群饲养，尽量减少因种蛋大小、初生重的差异对鸡群整齐度造成的影响。

1~4周：要求鸡体充分发育，以获得健壮的体质和完善的消化机能，为控制饲养做准备。通常在1~2周内自由采食，3~5周龄开始轻度地每日控制饲喂。

5~7周：对所有的鸡逐只称重，并按体重大、中、小分群。为抑制其快速生长的趋势，一是改雏鸡料为生长期料，二是根据品种类型，选择合适的控制饲喂方法。

7~15周：为骨骼发育的关键时期，同时要减少脂肪的沉积。采用生长期料，以严格控制其生长速度，使其体重沿着标准生长曲线（各种鸡公司有资料介绍）的下限上升，直到15周龄。

15~20周：自15周起至20周龄期间，骨骼生长基本完成，并加强了肌肉、内脏器官的生长和脂肪的积累。为此，在体重上要有一个较快的增长，使20周龄体重处在标准生长曲线的上限。在此期间，每周饲料的增量较大（参照各公司的推荐料量）。如果增重未能达到推荐标准，则将导致开产日龄的推迟。

19～22周：在开产前2～4周第一次增加光照。此阶段要使开产母鸡在产蛋前具备良好的体质和生理状况，为适时开产和迅速达到产蛋高峰创造条件。

所以，从产第一个蛋起将生长期料改为种鸡饲料。如体重没有达标，则可在目标体重饲料喂给量的基础上再适度增加喂料量，加速鸡群性成熟。

②控制开产日龄。控制体重能明显推迟性成熟，提高生产性能，而光照刺激却能提早开产，两者都可以控制鸡群的开产日龄。

一般认为，冬春雏因育成后期光照渐增，所以体重要控制得严些，可以适当推迟开产日龄；而夏秋雏在育成后期光照渐增，体重控制得要宽些，这样可以提早开产。

对20周龄时体重尚未达到标准的鸡群，应适当多加一些饲料促进生长，并推迟增加光照的日期，使产蛋率达5%时，体重符合育种公司提供的标准体重。如果到23周龄时，体重已达标，但仍未见蛋，这时应增加喂料量3%～5%，并结合光照刺激促其开产。如果在24周龄仍然未见蛋或达不到5%产蛋率，则再增加喂料量3%～5%。

（五）育成期生产管理中应注意的细节

1.转群后的注意事项

从育雏室转入育成鸡舍，环境变了，鸡会感到不安。鸡群的个体关系变了，必然要发生啄斗，有些个体斗败受伤要尽快隔离起来。笼养的鸡，因笼门坏了或未关牢，或者有些个体太小而跑笼，要设法把

鸡抓回来。也有些鸡头、腿、翅膀被笼卡住，要检查挽救这些鸡。注意观察鸡能否都喝得上水。笼养的鸡过一两天发现有些体型较小的鸡虽能吃食，但精神不太好，可能是鸡体高度不够喝不上水所致，要调换笼位或者降低水槽。育成鸡比较胆小怕人。环境变了，更显得惊慌，饲喂作业时要尽可能轻、慢一些，以防止炸群。大约经过1周，鸡对环境熟悉以后，才能安顿下来，饲养人员对鸡群也基本得到了解，转群后出现的临时性问题也基本得到解决，就可以按育成鸡管理技术进行正常的操作了。

2.及时分群

饲养密度过大、过小的空间虽然对鸡群的影响一时不明显，但长期如此严重影响鸡群的均匀度，使部分鸡发育不良，所以必须及时分群。

3.上笼时注意事项

育成鸡不宜早上笼，即使上笼，上青年鸡笼，笼子也不能有坡度，因青年鸡骨骼没有完全钙化，带有坡度的笼子使青年鸡长期处于疲劳状态，容易造成产蛋疲劳症。即使没有青年鸡笼，上蛋鸡笼也要把蛋鸡笼前边垫起来，产蛋时再放下来，这样可以缓解坡度对青年鸡的影响。

4.育成期温湿度管理

育成期的鸡对温湿度的变动有很大适应能力，但应该避免急剧的温度变化，日夜温差的变化最好能控制在8℃之内。适宜温度为18～25℃，温度稍高些能节省饲料。实际生产中舍温12～28℃的范围内，对育成鸡的生长不会有多大影响。如果舍温在10℃以下、30℃以上，会对育成鸡的生长造成不良影响，应该采取适当的措施。一定范围之内的舍温变化对鸡是一

种有益的刺激，有利于提高鸡对环境的适应能力。育成鸡对环境湿度不太敏感，湿度在 40%～70% 范围之内都能适应，但地面平养时应尽量保持地面干燥。

5. 保证空气质量

育成鸡舍应该加大通风换气量，尽可能地减少舍内的氨气和灰尘，即使在冬季，也应在保温的基础上设法保持舍内的空气新鲜。

6. 称重时应空腹

称重时必须空腹，可减少饲料摄入量的差异对体重的影响。

7. 确保健康成长

想要培育出百分之百优秀的青年母鸡群，即使是大群饲养，管理也应该落实到每一只鸡，要尽可能地使每一只鸡都健康成长。

（六）夏季育成鸡的饲养管理

实际生产中，5 月、6 月、7 月培育的雏鸡，容易出现开产推迟的现象。造成这种现象的原因大多是雏鸡在炎夏期间摄入的营养不足，体重落后于标准。在培育过程中可以采取以下措施。

一是育雏期夜间适当开灯补饲，使鸡的体重接近于标准。

二是在体重没有达到标准之前持续用营养水平较高的育雏料。

三是在高温夏季，鸡食欲不佳，为达到一定的增长速度，应提高饲料的能量水平和限制性氨基酸的水平。

四是适当提高育成后期饲料的营养水平，使育成鸡 16 周后的体重略高于标准。产蛋高峰在夏季的青年母鸡，因为天气炎热采食受影响，摄入的营养难以满足需

要。除了应当提高营养水平外，在育成后期稍超点体重，多储备点营养有利于使夏季的产蛋率下降减少。

①在天气凉爽时喂料，以提高采食量。

②让鸡饮用较冷的水可刺激采食量。

③降低鸡舍内的环境温度可有效提高采食量。

④在饲料中添加维生素 C、碳酸氢钠可有效缓解热应激。

三、土杂鸡产蛋期（产蛋前 2 周至结束）饲养管理

产蛋鸡因生产目的不同可区分为种鸡和商品蛋鸡，其饲养目的是获得优质高产的种蛋、种雏及食用蛋。二者除配种技术、笼具规格、饲养密度、饲养标准等有所不同外，其他日常管理基本相似。

（一）产蛋前期的管理

产蛋前期又称预产期，是产蛋母鸡已达到性成熟，但尚未开始产蛋的这一时期。这段时间的饲养管理要点就是为即将到来的产蛋做好准备。

1. 产蛋前期的管理工作目标

①让鸡群顺利开产。

②让鸡群迅速进入产蛋高峰期。

③减少各种应激，尽可能地避免意外事件的发生。

2. 管理要点

（1）给予一个安静稳定的生活环境

①开产是母鸡一生中的重大转折，为了寻找一个合适的产蛋场所，母鸡会提前三四天不安地各处探索。在笼养情况下，母鸡没有这种自由，临产前三四天内，母鸡的采食量一般都下降 15%～20%，开产本身会造成母鸡心理上的很大应激。

②整个产蛋前期是母鸡一生中机体负担最重的时期。在这段时期内，母鸡的生殖系统迅速发育成熟，初产期的体重仍需不断增长，要增重 400 ~ 500 克。蛋重逐渐增大，产蛋率迅速上升，这些对小母鸡来讲，在生理上是一个大的应激。

③由于上述应激因素，使母鸡在适应环境和抵抗疾病方面的机能相对下降。所以必须尽可能地减少外界对鸡的进一步干扰，减轻各种应激，使鸡群有一个安静稳定的生活环境。

（2）满足鸡的营养需要

①青年母鸡的采食量虽然在逐渐增长，但由于种种原因，很可能造成营养的吸收不能满足机体的需要。为使母鸡能顺利进入高峰期，并能维持较长久的高产，减少高峰期由于发生营养负平衡而对其产生的影响，从 18 周龄开始就应该给予高营养水平的产前料或直接使用高峰期饲料，让母鸡产前在体内储备充足的营养和体力。临产前，母鸡即使体重略高于标准也是有益的，这对于高峰期在夏季的鸡群尤其重要。

②青年母鸡在 18 周龄左右，生殖系统迅速发育，在生殖激素的刺激下，骨腔中开始形成髓骨，髓骨约占性成熟小母鸡全部骨骼重量的 72%，是一种供母鸡产蛋时调用的钙源。从 18 周龄开始，及时增加饲料中钙的含量，可促进母鸡髓骨的形成，有利于母鸡顺利开产，避免在高峰期出现瘫鸡，减少笼养鸡疲劳症的发生。饲料的钙含量应在 2% 左右。

③对产蛋高峰期在夏季的鸡群，更应配制高能高氨基酸水平的饲料，如有条件可在饲料里添加油脂，当气温高至 35℃ 以上时，可添 2% 的油脂，气温在 30 ~ 35℃ 范围时，可添加 1% 的油脂。油脂的能量高，极易被鸡消化吸收，并可减少饲料中的粉尘，提高适口性。对于增强鸡的体质，提高产蛋率和蛋重是有良好作用的。

④检查营养上是否满足了鸡的需要，不能只看产蛋率情况，青春期的母鸡，即使采食的营养不足，也仍会保持其旺盛的繁殖机能，母鸡会消耗自身的营养来维持产蛋，并且蛋重会变得比较小。所以当营养不能满足需要时，首先表现在蛋重增长缓慢，下小蛋，接着表现在体重增长迟缓或停止增长，甚至体重下降。在体重停止增长或有所下降时，就没有体力来维持长久的高产，所以紧接着产蛋率就会停止上升或开始下降。产蛋率一旦下降，即使采取补救措施也难以恢复了。因此，应尽早关注鸡的蛋重变化和体重变化。

3. 产蛋前期钙的供应

母鸡产第一个蛋大约需要 2 克的钙，这给母鸡带来很大的应激，因为母鸡不得不为突然从体内损失 2 克钙而斗争，其中部分钙将来自髓骨，于是就产生了产第一个蛋之前增加髓骨储备的概念，就是在预产期日粮中提高钙的水平。2% 钙含量的预产日粮一般使用到产蛋率达 0.5% 时更换成产蛋日粮。

（二）产蛋高峰期的喂料管理

1. 饲料增加

饲料的增加应确实地保证为种鸡的产蛋和生长提供充足的营养。同时要注意以循序渐进的方式增加饲料量，避免种鸡还没有做好产蛋准备而受到过度刺激。一个首要的原则是产蛋高峰到达之前，饲料增加量不应降低。直到日只产蛋率达到

55% ~ 60% 时，给予最大的饲喂量（高峰料）。

2. 高峰激励料量

当产蛋率上升到最高峰，维持 4 ~ 5 天时，可给予高峰激励料量，即每只鸡增加 3 ~ 4 克料量，如产蛋率继续上升，则维持该料量，如不上升，则应逐渐恢复到以前的料量。

3. 饲料减少

达到产蛋高峰时或产蛋高峰过后，应逐步减少饲料量，以防止种鸡体重超标。基本上是把在产蛋高峰前为促使种鸡体重增长而增加的饲料量降下来。在产蛋高峰过后，每周每只鸡减少 0.5 ~ 1.5 克饲料，可控制种鸡超重，且不会影响产蛋率非正常下降。根据鸡群状况、产蛋性能、增重状况以及管理水平等，以上标准可以增加或减少，以不引起产蛋率非正常下降为原则。如果种鸡体重减少，则会很快影响其体况而使产蛋下降，甚至会停止产蛋。虽然理论上，种鸡并不需要依靠体重增加来维持产蛋，但鸡群的平均体重总是要保持不断地增加。如果一个鸡群的平均体重增加为零时，则说明部分种鸡的体重在增长，而另一部分种鸡的体重在减少，而体重减少的种鸡产蛋率会下降，严重的甚至停产。

4. 防止过肥

母鸡额外的脂肪沉积会对产蛋持续性和受精率产生不利影响，故应予以防止。种鸡过肥可能发生在其生存的任一阶段，但最容易的阶段是高峰产蛋过后。如果不能很快地减少饲喂量，则会造成产蛋持续性差和受精率低下。

（三）产蛋期的光照管理

产蛋期，光照的强度和长度都绝对不能减少。在种鸡做好产蛋准备时，及时开始光照刺激是非常重要的。确定种鸡是否做好产蛋准备，不仅要参照种鸡的体重，而且要看种鸡性发育和肌肉发育是否充足。在实施光照和饲料刺激时，鸡群具有良好的均匀度是非常重要的。如果鸡群均匀度很差，应推迟光照刺激，并逐步地、缓慢地增加光照时间。鸡群平均体重过低时是不能开始光照刺激的。过度的刺激种鸡开产（如增加光照时间过快或光照强度太强），会导致种鸡脱肛等有关问题，增加饲喂量的过分刺激也会带来同样的问题。光照刺激一般在种鸡 19 ~ 20 周龄时开始，每周增加 1 ~ 2 小时到 24 周，光照长度达到 14 小时，最多不超过 15 小时。产蛋率达到 55% ~ 60% 时，可再增加 1 ~ 2 小时光照。光照长度一般不需要超过 16 小时，这样做也是无益的。如育成期采用自然光照，光照的增加应调到育成结束时的自然光照时数。如果育成结束时，估计其光照时间为 13 ~ 15 小时（参照育成期光照方案），则 20 周后，每周增加 2 小时光照，直到最大光照长度 17 小时。如果育成结束时自然光照长度不足 13 ~ 15 小时，则进行正常的光照程序。

在密闭式鸡舍，30 勒克斯的光照强度已经足够，如果光照强度过强，则啄羽等鸡只相残现象将会发生。当然这也取决于断喙的情况。在开放式鸡舍，光照强度通常比较高，为防止光照强度减弱，额外的光照强度可达到 30 ~ 40 勒克斯。

光照强度可以用照度计测量，但一般的鸡场与养殖户没有，因此，可以用简便的公式 $I = K \times W/H^2$ 进行计算。式中 I 表示光照强度（靳克斯），K = 0.9（常数），W 为人工光照的白炽电灯泡瓦数，荧光灯和节能灯的发光率为白炽电灯泡的 3 ~ 4 倍，H 为灯泡至鸡体的距离（米）。根据此公式可测算出在鸡舍各部位的鸡所获得的光照强度。光照强度可通过改变灯泡的瓦数或数量及高度来调节控制。笼养鸡舍照明的一般设置为灯间距 2.5 ~ 3.0 米，灯高（距地面）1.8 ~ 2.0 米，灯泡有反光罩时，白炽电灯泡功率为 40 ~ 60 瓦（节能灯泡为 13 ~ 20 瓦）。安装灯罩可使光照强度增加 25%，如无灯罩可加大灯泡功率或降低灯泡高度。灯泡至鸡舍外缘的距离应为灯泡间距的一半，即 1.5 米。如为笼养，灯泡的分布应使灯光能照射到料槽，特别要注意下层笼的光照，因此灯泡一般设置在两列笼间的走道上。采用多层笼时，应保证底层笼光照强度。不要采用 60 瓦以上的灯泡，若使用功率较大的灯泡，光线分布不均，耗电量大。行与行间的灯应错开排列，灯泡高度一致，能获得较均匀的照明效果。每周至少要擦 3 次灯泡，坏灯泡要及时更换。要注意不能使鸡笼接受阳光的直射，在中午光照过强的时候可以在窗上加遮阳网，光照过强的话会引起鸡的啄癖或脱肛现象。人工光照时间应固定，一般的光照程序为 4：00 时至 20：00 时为其光照时间（西部地区应在时间上后推 1 ~ 2 小时），即每天早 4：00 时开灯，日出后关灯，日落后再开灯至 20：00 时再关灯，要注意调整时钟，以适应日出、日落时间的变化，保证 16 小时的光照。完全采用人工光照的鸡群其光照时间也可以固定在 4：00 时至 20：00 时。从生长期光照时间向产蛋期光照时间转变，要根据当地情况逐步过渡。

（四）产蛋期日常饲养管理

1. 生产记录

每天都要填写生产记录表格。生产记录主要内容有鸡群变异及原因、产蛋数量、饲料消耗量、当日进行的重要工作和发生的特殊情况等。

2. 饲喂次数及方法

鸡的消化道长度相对于其他动物短，饲料在消化道停留时间仅 3 个小时。从理论上讲每隔 3 小时就应该喂一次料。生产实践中常常是每天投 1 ~ 2 次料，多次匀料就行了。

每次投料时应边投边匀，使投入的料均匀分布于料槽里。投料后 20 分钟左右就要匀一次料。这是因为鸡在投料后的前 10 分钟内采食很快，以后就会"挑食匀料"。这时候槽里的料还比较多，鸡会很快把槽里的料匀成小堆，使槽里的饲料分布极不均匀，而且常常将料匀到槽外，既造成饲料的浪费，又影响了其他鸡的采食，所以要早些匀料，还要经常检查，见到料不均匀的地方就随手匀开（图 5-16）。

3. 饮水的管理

在气候温和的季节里，鸡的饮水量通常为采食饲料量的 2 ~ 3 倍，寒冷季节约

图 5-16 加强饲喂管理，注意饲料消耗变化

为采食饲料量的 1.5 倍，炎热季节饮水量显著增加，可达采食饲料量的 4～6 倍。各种原因引起的饮水不足，都会使饲料采食量显著降低，从而影响产蛋性能，甚至影响健康状况，因而必须重视饮水的管理。用深层地下水作为饮用水是最理想的，一是无污染，二是相对"冬暖夏凉"。即使是深井水，也要定期进行消毒，每星期连续消毒 4 天。用其他水源的则除免疫的前后一天以外每天都要消毒。

笼养产蛋鸡的饮水设备有两种：一种是水槽，另一种是乳头饮水器。用水槽供水要特别注意水槽的清洁卫生，必须定期刷拭清洗水槽。通常冬季隔 1 天，夏季每天清刷一次水槽。水槽要保持平直、不漏水，长流水的水槽水深应达 1 厘米，太浅会影响鸡的饮水。使用乳头饮水器供水要定期清洗水箱，清洗水箱的次数与水槽相同。每天早晨开灯后须把水管里的隔夜水放掉。在鸡下笼后要彻底冲洗供水管，清除管内水垢等沉积物。要经常检查供水状况是否良好，因为乳头饮水器供水系统里有没有水，不像水槽那样一眼就能看得出来。

4. 加强鸡群观察管理

喂料时和喂完料后是观察鸡只精神健康状况的最好时机。有病的鸡不上前吃料，或采食速度不快，甚至啄几下就不吃了。健康的鸡在刚要喂料时就表现出骚动不安的急切状态，喂上料后便埋头快速采食。

发现采食不好的鸡时，要进一步仔细观察它的神态、冠髯颜色和被毛状况等，挑出来隔离饲养治疗，或淘汰。

饲养人员每天还应注意观察鸡群排粪状况，从中了解鸡的健康情况。例如，黄曲霉毒素中毒、食盐过量、副伤寒等疾病时患病鸡排水样粪便；急性新城疫、禽霍乱等疾病时患病鸡排绿色或黄绿色粪便；粪便带血可能是混合型球虫感染所引起的；黑色粪便可能是食道、腺胃、十二指肠出血或溃疡所引起的；粪便中带有大量白色尿酸盐，可能是肾脏有炎症或钙磷比例失调、痛风等所引起的。

在观察鸡群的过程中还要注意笼具、水槽、料槽等设备情况，看看笼门是否关好，料槽挂钩、笼门铁丝头会不会刮伤鸡等，防止鸡逃跑或刮伤鸡只。

5. 合理淘汰

在整个产蛋期都要坚持淘汰病残鸡和寡产鸡，减少饲料浪费，提高饲料效率，提高鸡群整体的效率和效益。

6. 做好环境卫生管理

（1）保持清洁卫生　要保持鸡舍内外环境的清洁卫生，清除杂草、杂物。生产区和鸡舍门口消毒池的消毒液要定期更换，并保证其配制浓度的准确，冬季结冰季节可撒生石灰。场内道路、鸡舍周围定期用消毒液喷洒消毒。

（2）消灭四害和防入侵工作　做好苍蝇、蚊虫、老鼠、蟑螂四害的消灭工作，在蚊蝇滋生的季节里可用杀虫剂喷杀，定期投施敌鼠钠盐等灭鼠药毒杀鼠类。鸡舍、料库需设防鸟网，防止鸟雀从窗户进入。

（3）管好鸡粪和病死鸡　及时清除鸡舍内的鸡粪，注意打扫洒落在鸡舍和道路上的鸡粪，并及时喷洒消毒。鸡粪要集中堆放于专用场所，雨季要特别注意防止粪便流溢。病死鸡要挖坑深埋，严禁在鸡场内剖检死鸡，化验室解剖化验鸡后应及时清除血污、胃肠内容物、羽毛等废弃物，并与尸体一起深埋掉。化验室清理干净后还需喷洒消毒液，打开紫外线灯，将化验室消毒到位。

（4）其他 疫苗免疫之后清洗注射器的污水、疫苗瓶、棉球等要用消毒药浸泡处理后深埋，不得随意丢弃。

（五）产蛋期故障及排除方法

1. 产蛋率上升缓慢的可能因素

良好的后备鸡在正确的饲养管理下，22～24周龄时产蛋率即可达5%，4～5周内便可到达产蛋高峰，上升的速度很快。实际生产中常见到不少鸡群开产日龄滞后，开产后产蛋率上升缓慢。高峰时产蛋率也不高，其主要原因有如下几个方面。

①后备鸡培育得不好，生长发育受阻，特别是15周龄之前的阶段内体重没控制好，鸡群体重大小参差不齐，均匀度不好。

②转入产蛋鸡舍后没有及时更换饲料，或是产蛋率达5%时仍使用"蛋前料"，没有及时更换成高峰期用的饲料。

③饲料品质不好。如棉籽饼、菜籽饼等杂饼用量太多；饲料原料掺假，特别是鱼粉、豆粕、氨基酸等蛋白原料掺假；饲料配方不合理，限制性氨基酸不足或氨基酸比例不恰当；维生素存放期太长或保管不当导致效价降低，甚至失效。

④鸡群开产后气候不好，天气炎热，鸡只采食量不足。

⑤后备鸡曾得过疾病，特别是传染性支气管炎。

⑥鸡群处于亚健康状态以及非典型性新城疫侵害等。

2. 为什么没有产蛋高峰

①品种有假，如果不是按照良种繁育体系繁殖的商品代，不仅不具备杂交优势，甚至会造成杂交劣势，这样的商品代鸡就是伪劣产品，不大可能有产蛋高峰期。用商品代的公鸡和母鸡进行交配繁殖、出售鸡苗的现象，在一些私人鸡场和孵坊并不鲜见，买了这样的雏鸡来养，产蛋时不出现高峰期就不足为奇了。

②长期过量使用未经脱毒处理的棉籽饼、菜籽饼，使生殖机能受到损害。

③药物使用有误。如在后备鸡阶段较常使用磺胺类药物，使卵巢中卵泡的发育受到抑制。

④后备鸡阶段生长发育受阻，体重离品种要求相差甚多。

⑤长期使用劣质饲料。

⑥疫病影响。如育成阶段鸡群发生过传染性支气管炎，鸡群内会存在为数较多的输卵管未发育的鸡，俗称"假母鸡"。

⑦鸡舍内饲养环境恶劣，氨气浓度高，尘埃多，通风不良或光照失误，鸡长期处于应激状态，都难以发挥其生产潜力。

3. 产蛋突然下降的可能原因

鸡在连续产蛋若干天后会休产一天。高产鸡连产时间长，寡产鸡连产时间短，因此，鸡群每天产蛋数量总有些差别。正常情况下鸡群产蛋曲线呈锯齿状上升或下降。在产蛋高峰期里，周产蛋率下降幅度应该在0.5%左右。如果产蛋率下降幅度大，或呈连续下降状态，肯定是有问题，这种现象可能是以下几方面因素引起的。

（1）疾病方面 鸡感染急性传染病会使产蛋量突然下降。如减蛋综合征侵袭时，鸡只没有明显临床症状，主要是产蛋量急剧下降和蛋壳变薄、下软蛋等。产蛋率下降的幅度通常会达到10%左右，严重的会达到50%左右。再如新城疫、传染性喉气管炎等疾病都会造成产蛋率较大幅度地下降。

（2）饲料方面

①饲料原料品质不良，例如，熟豆饼突然更换为生豆饼，进口鱼粉突然换成国产鱼粉，使用了假氨基酸，等等。

②饲料发霉变质。

③饲料粒度太细，影响采食量。

④饲料加工时疏忽大意，漏加食盐或重复添加食盐。

（3）管理方面

①连续数天喂料量不足。

②供水不足。由于停电或其他原因经常不能正常供水，也会引起鸡群产蛋率大幅度下降。

③鸡群受惊吓。如突然的大地震。

④接种疫苗，连续数天投土霉素、氯霉素等抗菌素或投服预防球虫药，都会引起产蛋率突然下降。这主要是由于药物副作用引起的。

⑤夏季连续几天的高温高湿天气，鸡群采食量锐减，产蛋率也会显著下降。

⑥光照发生变化，如停电引起的光照突然停止，光照时间减少。

⑦初冬时节寒流突至，沿海地区台风袭击也会造成产蛋率下降。

4. 长期下小蛋的原因分析

小蛋有两种类型：一种是有蛋黄，蛋重明显低于各阶段品种标准；另一种是无蛋黄，大小和鸽子蛋差不多，这是畸形蛋类中的一种。其原因各不相同。

（1）小蛋产生的原因

①饲料中的能量、蛋白质过低。长期使用这种饲料会引起能量、蛋白质供应不足，以致蛋重偏小。

②蛋鸡体重过小。

③光照增加过早、过快，致使鸡群开产过早。

（2）畸形小蛋的产生原因　经常产无卵黄小蛋主要是输卵管有炎症引起的。输卵管炎痊愈后畸形小蛋就不会再产生了。

（六）种公鸡的管理

孵化率的高低在很大程度上取决于种公鸡的受精能力，所以，种公鸡饲养管理得好坏对种母鸡饲养效益的实现及对其后代生产性能的影响是极其重要的。

为了培育生长发育良好、具有强壮体格、体重适宜、气质活泼、性成熟适时、性行为强且精液质量好、受精能力强且利用期长的种公鸡，必须根据公鸡的生理和行为特点，做好有关的管理和选择工作。

1. 种公鸡的育成方式与条件

为了尽量减少种公鸡腿脚部的疾患，一般认为，种公鸡在育成期间无论采用哪种育成方式都必须保证有适当的运动空间，大多数都推荐全垫料地面平养或者是1/3垫料与2/3栅条结合的饲养方式。同时，其饲养密度要比同龄母鸡少30%～40%。

2. 种公鸡的体重控制与控制饲养

过肥过大的公鸡会导致动作迟钝，不愿运动，追逐能力差，往往影响精子的生成和受精能力；而且由于腿脚部负担加重，容易发生腿脚部的疾患，尤其到40周龄后更趋严重，以致缩短了种用时间。所以普遍认为，种公鸡至少从7周龄左右开始直至淘汰都必须进行严格的控制饲养，应按各有关公司提供的标准体重要求控制其生长发育。

（1）6～7周龄以前　此期应任其充分自由生长，使其骨骼、韧带、肌腱等运动器官能够支撑其将来的体重，一般在此期间使用的饲料蛋白质含量应在18%以上，否则会影响以后的受精能力。

（2）7～8周龄以后　此时的体重控制特别重要，公母分群饲养的方式较易达到此目的。一般自9周龄开始到种用结束为止，均喂以10%～12%的低蛋白质日粮。这对种公鸡的性成熟期、睾丸重、精液量、精子浓度、精子数等均没有明显的不良影响。据报道，喂以含蛋白质9%～10%的饲料，公鸡产生精液的百分数还是比较高的。而含蛋白质过高的饲料常会由于公鸡采食过量而得痛风症，引起腿部疾患。但在使用低蛋白质日粮时，必须注意日粮中必需氨基酸的平衡，由于它们大多直接参与精子的形成，对精液的品质有明显的影响。公鸡日粮的营养要求除了蛋白质可以降低外，能量需要亦可适当降低为11.3～11.7兆焦／千克，在种用期间采食较低能量水平的饲料将有利于其体内的代谢过程及精子的发育，但对微量元素则要求按一般推荐量的125%添加。

公鸡对维生素特别是脂溶性维生素的需要量较高，其直接影响公鸡的性活力，如维生素A和维生素E可影响精子的产生，B族维生素影响性活动能力，维生素B_{12}影响精液的数量，烟酸和生物素可防止公鸡的腿病，维生素C对增加精子数、提高受精率均有显著作用。因此，在日粮中维生素更需加倍添加。

为了控制种公鸡的性成熟，自6周龄后必须把光照时间控制在11小时以内，直到公母鸡混群进入配种阶段时，采用与母鸡相同的光照制度。因为推迟性成熟期将有利于提高在配种期内产生的精子质量。至于6周龄以前的光照时数则可采用逐步下降的方法，如1～5日龄实行连续光照24小时，6日龄至6周龄可渐减到13～11小时。

（3）19～20周龄前后　此期公母鸡一般混群饲养，因此，采食量、饲料标准以及光照要求大体与母鸡相同，此时的采食量增加可适应其性成熟、体重与睾丸快速生长的需要。

（七）人工授精

通过人工授精可以减少种公鸡的饲养数量，提高受精率。

1. 种公鸡的挑选

实践证明，选择好的公鸡作种用可明显提高种用期种蛋受精率、孵化率，延长种用时间，以及后代的生产性能，公鸡的选择一般分4次进行，其时间和要求如下。

（1）第一次选择　在出壳后雌雄鉴别时，选留体型外貌符合所养品种（配套系）的标准、生殖突起发达且结构典型的小公鸡，将肢体残缺、体型过小、软弱无力、叫声嘶哑的小公鸡挑出淘汰。

（2）第二次选择　在育雏结束时（在35～42日龄），第二次选择非常关键，应选留健康、体格健壮、活泼好动、眼大有神、体型外貌符合所养品种（配套系）的标准、体重较大、鸡冠发育大、色泽鲜红的公鸡。

（3）第三次选择　在17～19周龄时，选留发育良好、体格健壮、冠髯鲜红、双腿结实，腹部柔软，体重中等，按摩背部和尾部时，尾巴能上翘、有性反射的公鸡。

（4）第四次选择　在22周龄左右，采精训练时进行选择，应选留腹部柔软，按摩时肛门外翻，泄殖腔大而松弛、湿润、交配器大、勃起并排出精液质量良好的公鸡；淘汰第二次采精仍采不到精、精液量不足0.3毫升、呈黄色水样以及采精时总是排稀粪的公鸡。

2. 种公鸡的训练

（1）目的　建立良好的条件性反射。

（2）时间　145～165 日龄，每 2 天 1 次，一般连续训练 4 次。

（3）方法　抱鸡人员抓鸡的速度要轻而快，用左手握住公鸡的双腿根部稍向下压，注意用力不可过大，公鸡躯体与抱鸡人员左臂平行，尽量使其处于自然状态；采精人员采用背部按摩法，从翅根部到尾部轻抚 2～3 次要快，然后轻捏泄殖腔两侧，食指和拇指轻轻抖动按摩。

（4）注意事项　采精过程中动作要轻柔，尽量减少应激；每次采精必须将精液采尽；预留公鸡数量以公母比 1 :（20～25）为宜，训练 3 次后，将体重轻、采不出精液、精液稀薄、经常有排粪反射及拉稀便的公鸡及时淘汰。

3. 人工授精要点

（1）公鸡精液的采集

①首次采精前的准备工作。

第一，公鸡的剪毛，公鸡采精前，应剪去肛门周围直径 5～7 厘米的羽毛，形成以肛门为中心的凹窝状，这样既方便操作，又可防止肛门周围羽毛黏着鸡粪而影响精液的卫生。

第二，公鸡的采精调教，在输精前的两个星期，对要用的公鸡进行采精调教，使之对保定、按摩、射精过程形成良好的条件反射，并借此了解各个公鸡的性反射习惯，这种调教一般要 7 次左右才能完成。

第三，弃去衰老的精子，在首次应用精液前两天，对所用公鸡全部采精，目的是弃去输精管中成熟时间太长，已衰老的精子。

②采精。采精就是用人工方法采取公鸡的精液，这是人工授精工作的一个重要环节。目前，应用最广泛的是背腹式按摩采精法。

所谓按摩采精法，就是用手按摩公鸡，引起公鸡性反射而射精的方法，因按摩部位不同，有人又细分为：腹式按摩采精法、背式按摩采精法和背腹式按摩采精法，但就实际应用效果看，背腹式按摩采精法更好。采精是一个连贯的过程，为便于叙述和理解，把采精过程分成保定、按摩与采精两部分介绍。

第一步是保定。

采精员从笼内轻轻抓出公鸡后，以右腿着力蹲下，左腿膝关节半收缩，小腿撇向身体左（偏）后方，左手轻轻抓住公鸡的右翅根，将其头向左后方，翼基部置于左腿膝关节下，用膝关节轻抵公鸡，放开左手，至此，完成了公鸡的保定工作。

保定时，采精员应注意膝关节抵的部位及力度大小。部位偏后，公鸡会向前跑；偏前，公鸡会向后退出。用力太小，公鸡易跑掉；太大，易将公鸡压趴下而影响操作及射精量。一般要求，在保定公鸡后，可不费力地插入和抽出手掌为宜。新公鸡因没有建立条件反射，难保定，膝关节抵压用力可适当大些。

第二步是按摩与采精。

公鸡保定好后，采精员用右手食指及中指夹着集精杯，杯口向内。左手拇指与其余并拢的四指分开成"八"字形，掌心向下，虎口跨着鸡背，从翼基部迅速抹向尾根，在此过程中，拇指与四指逐渐收拢，至尾根处紧握尾羽，这一过程称为背部按摩。

背部按摩一般需 2～3 次，具体要视公鸡性反射情况而定。性反射强的公鸡，按摩一次就能尾巴上翘，肛门张开，泄殖腔外翻，露出交配器，这些公鸡如多次按摩，可能来不及集精即已射精；性反射不强的公鸡，背部按摩可多几次，并结合腹部按摩，绝大多数都可采到精液。

在背部按摩的同时，采精员右手分开拇指和其余四指，掌心向着鸡头方向，虎口紧贴公鸡后软腹部；拇指与食指有节奏地向上托动，这一过程称为腹部按摩。腹部按摩通常也只需 2 ~ 3 次。有性反射的公鸡，腹部按摩时，采精员的右手会感到公鸡腹部下压。

按摩时，除应把握适宜的按摩次数外，还要注意背腹部按摩应协调，两者同时进行；按摩用力大小适宜，用力太小，交配器外翻不充分，太大可形成逆刺激而不发生性反射。

经过背腹同时按摩，性成熟的公鸡都可外翻泄殖腔，露出交配器。此时，也仅在此时，在背部按摩的左手应迅速移至尾根下、肛门之上，用手背外侧边缘挑起尾羽，拇指与食指从外露的交配器两侧，紧贴肛周，水平地掐起，使交配器得到固定，以防止回缩；右手掌心转向上，使集精杯口对着并靠近交配器，收集精液（图5-17）。

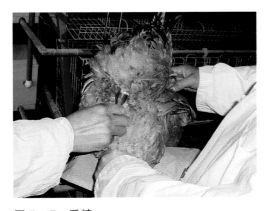

图5-17　采精

集精时，采精员应注意精液的取舍，尽量减少污染。若外翻交配器周围有粪便时，应先用干药棉擦去，再集精；当集到一定时间，交配器皱褶里流出多量透明液，即停止集精。防透明液混入，影响精液品质。

虽然，鸡的精子对冷刺激不太敏感，但是急剧冷却对精子受精力也有不良影响，因此在冬季，采精及输精时应适当保温，集精杯应预热至35 ~ 40℃。多数鸡场，精液不加稀释就边采边用。这种原精液，精子代谢旺盛，但得不到能量补充，活力会很快降低。因此，从集精到用完的时间越短越好，一般不要超过半小时。

（2）鸡精液品质的检查　公鸡的精液品质直接影响种蛋受精率，对精液品质进行定期和不定期检查是长期维持良好受精率的保证措施之一。精液品质检查的方法有外观检查、显微镜检查、生物化学检查及抵抗力检查。实际生产中仅进行外观检查。

①外观品质检查。精液的外观检查是采得精液后，用肉眼观测每只公鸡的射精量、精液颜色、精液稠度、精液污染等情况，判断公鸡精液品质好坏的大概程度，现场决定精液可否应用。

首先检查射精量，公鸡在一次采精后射出的精液量，用带刻度的集精杯测量（精确到0.1毫升）。鸡的射精量受各种因素的影响且个体差异较大，经过选择的肉用及蛋用种公鸡平均射精量分别为0.6 ~ 0.8毫升。射精量通常不作为评定精液品质的指标。

其次检查精液颜色，精液颜色是决定精液品质的重要指标。正常、新鲜的公鸡精液呈乳白色。不正常的颜色常为：精子密度太低，颜色淡，像稀水样；混有血液而呈粉红色；混有粪便呈黄褐色或黑斑状；

混有尿酸盐呈白色棉絮状；混有大量透明液呈现上层清水样；有病无精子的公鸡精液为黄水样等。凡是颜色异常的精液都不宜用于输精。

最后检查精液稠度，优质精液应为乳白色、浓稠的液体，它的密度多在每毫升30亿个以上；只有在疾病、遗传、应激、混入粪尿等时才会是稀的。

②影响公鸡精液品质的因素。

a.采精人员的动作熟练程度。

b.采精时间：为避免粪尿等污染，最好在停水断料3～5小时后再采精。

c.采精间隔：合理的采精间隔是获得优质精液和提高受精率的重要措施。据报道，隔日采精1次可以获得品质优良的精液，并能圆满完成繁殖期内的配种任务。

d.换羽：公鸡换羽对繁殖力有不良影响。在换羽期间，公鸡精液浓度和精子抵抗力都明显下降，但随着换羽的完成，公鸡的繁殖力可得到恢复。公鸡的换羽一般比母鸡早一个月，这就要求最好有不同日龄的后备公鸡替换使用。

e.疾病：几乎所有的疾病都可明显影响公鸡精液量及品质，要加强卫生防疫管理，减少疾病的发生，不用患病公鸡的精液。

f.公鸡的品种、个体、年龄、季节和饲养管理因素都对精液品质有很大影响。

4.输精

（1）输精方法　输精方法有多种，现仅介绍两人操作（一人翻肛，一人输精）的母鸡阴道口外翻输精法。

拉开笼门，右手伸进母鸡笼，抓住母鸡双脚，拖到笼外，将母鸡腹部抵在笼门下边铁丝上。左手拇指与食指分开呈八字形，其余三指收拢内握，食指紧贴在肛门上方与尾椎之间，拇指紧贴母鸡左下腹部，食指与拇指同时同力（拇指向内压）。如此，绝大多数产蛋母鸡泄殖腔即可外翻并见到直肠开口左侧的呈淡红色、湿润、多为圆形的外翻阴道口（图5-18）。

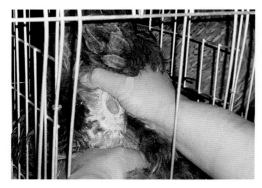

图5-18　翻肛

在翻肛人员翻出阴道口后，输精人员将吸有精液的微量吸液器吸咀，垂直于阴道口平面，从阴道口正中尽量不擦带到侧壁，轻轻插入阴道，深至1.5～2厘米，压出全部精液，然后吸咀贴阴道上壁慢慢抽出（图5-19）。输精时应注意，插吸咀动作要轻，不要硬插，防止损伤阴道；压出精液后不要迅速放松压钮，以免回吸精液；吸咀不要贴下壁抽出，否则易引起精液外流。

图5-19　输精

在输精员压出精液的同时，翻肛人员左手的四指配合压精及抽出应慢慢放松，使阴道口逐渐收缩复原，防止不必要的压力使精液倒流入泄殖腔，直至全部抽出吸咀时，翻肛员左右手全部放开母鸡，完成整个输精过程。

对极少数腹脂太多、患有泄殖腔炎症、拉稀的母鸡，初学者常会感到翻肛和输精都困难。这些鸡翻肛时，除严格按上面介绍的方法操作外，应加大左手拇指的压力，输精人员输精时常将吸咀插入泄殖腔与外翻阴道形成的皱褶里，此时可明显感到插入受阻，不能到位，即使勉强插进，压出的精液多数也没有进入阴道，这时，重新翻肛或应用吸咀轻轻拨开左上壁的阴道口，向左下方插进吸咀，常可成功。

在输精过程中，翻肛与输精人员应互相协调，共同摸索并总结规律，认真对待每一次操作，以尽可能提高受精率。图5-20为常用的输精器具。

（2）**输精量** 也称输精剂量，即每次人工输给母鸡的精液量。输精量与受精率密切相关，生产中现采现用原精液输精，每次输入0.03～0.05毫升，有效精子0.8亿～1.0亿个以上为宜。为确保受精所需精子数，首次输精应增加2～3倍

图5-20 输精器具

精液量。此外应注意，在母鸡繁殖力下降的同时，公鸡繁殖力也在下降。繁殖中期到末期，随供精公鸡年龄增大要适当增加输精量，才能维持种蛋有较高的受精率。

（3）**输精时间** 生产上，输精一般安排在下午2点以后，有可能的话，最好是安排在下午4点以后，此时大部分鸡都已产过当天蛋。对在输精前后产蛋的母鸡，应在输精结束后再补输。

（4）**输精间隔** 输精间隔就是前后两次输精的间隔天数，鸡的输精间隔时间因品种、精液品质及每次输精剂量的不同而异。实践中，用30～50微升新鲜精液输精，5～6天的输精间隔，这对工作安排、受精率都很好。最佳的输精间隔为5天，受精率可达94%以上。

为确保受精率高，对第一次输精的母鸡，需在次日重复一次，这样在第一次输精后48小时即可留用种蛋。

（5）**精液保存** 精子代谢旺盛，未经稀释的新鲜精液在20～25℃条件下，30分钟就会使受精率下降。刚采到的精液要立即置于30～35℃环境保存，并应在25～30分钟内用完。输精速度越快，精子在外界停留的时间越短，成活率就越好，受精率越高。

5. 影响鸡人工授精受精率的因素

影响鸡人工授精受精率的因素很多，人工授精技术、一切不科学的饲养管理措施、鸡群健康状况及自然环境的变化等都能导致受精率的降低，现主要归纳为以下几点。

①工作人员的工作态度及技术熟练程度，是影响受精率的重要因素，生产上经常存在不负责、不按操作规程办事而引起受精率下降的情况。

②鸡群的任何健康问题都会影响受精率，特别要注意传染性及营养性疾病。疾病的隐性感染及亚临床阶段是影响受精率的开始，应密切注视鸡群的健康状况。

③不良的精液品质必然要产生受精率问题，因而要经常进行精液品质检查，以确保所用的精液品质良好。

④采、输精过程的问题影响受精率，常见的有精液从采集到输完时间太长；翻肛与输精动作不协调，没有真正输入阴道。

⑤母鸡自身的问题而引起受精率下降，表现较多的有泄殖腔炎、输卵管炎等疾病，换羽，过肥等因素。

⑥人工授精用具的清洗消毒不彻底；不用蒸馏水煮沸，水中的矿物质沉淀于杯壁或集精杯消毒后不烘干都会损伤精子而影响受精率。

⑦其他如输精时间、间隔及输精量；刚开产鸡群，开产与不开产未做明显的区别标志，有漏输现象存在等而影响受精率。

第六章 土杂鸡种蛋人工孵化技术

如是饲养量很少的养殖户，建议通过组建合作社或将种蛋卖给炕坊，统一孵化出售雏鸡。具有一定规模的种鸡场，则要自己配备孵化室和孵化设备。现代大型鸡场，则建设规范的孵化场，配备全自动孵化器、出雏箱等设备，实行专业化种蛋孵化。

一、孵化场的建筑要求

孵化场是种鸡场不可缺少的一部分，它的设计与建筑应包括以下几部分：种蛋贮放室、种蛋分级装箱室、孵化室、出雏室、雏鸡分级存放室、雌雄鉴别室以及其他日常管理上所必需的房室。

1. 孵化场位置

选择在交通便利，离生活区、鸡场较远的位置。孵化场与鸡舍至少应相隔200米，即使这样的距离，也不能确保不发生偶然来自鸡舍的病原微生物横向传播。孵化场应为一个隔离的单元，有其单独使用的出入口；既要便于种蛋运进入库，又要方便种雏运出，同时要防止鸡场人员和外来人员及车辆造成的交叉感染。

2. 孵化场的工艺流程

孵化场的建筑设计，应使入孵种蛋由一端进入，出壳雏鸡则从另一端出去。就是说，孵化厂内种蛋和雏鸡的流向，应是按整个孵化过程的需要毗邻排列，不能逆向，以便各室之间更好地相互隔离，减少人来人往。种蛋进入孵化场后流程为：熏蒸—分级—码盘—保存—预热—孵化—出雏—鉴别—装盒＋发运。

3. 孵化场的建筑

孵化场应科学设计，精心建筑。由专业建筑师绘制图纸，列出技术规格。由于要经常进行清洗和消毒，墙壁表面应覆以光滑、坚硬和不吸水的材料。天花板以防水压制木板或金属板为最佳，以防止因湿度高而腐烂。地面结构必须用混凝土浇成，且表面平滑。因为地面几乎天天要冲洗，因而要求有一定的坡度。洗涤室因为有大量碎蛋壳和从孵化盘中清出的其他废物，故需要设置特别的地面排水沟和阴井。

4. 孵化场的必备设备

孵化场的主要设备是孵化机和出雏机（图6-1）。良好的设备对于充分发挥土杂鸡种蛋的孵化潜力、提高孵化场的经济效益具有重要作用。对于孵化机的选择，首先要考虑与整个鸡场的种蛋生产量相匹配的机型。目前孵化机厂家众多，产品质量也良莠不齐，应选择经国家、省（区）、市级鉴定推广的名优产品，切勿选择粗制滥造、存在严重质量问题的产品，否则将会在孵化生产过程中带来许多麻烦。

图6-1 孵化室

孵化场还需同时配备以下设备：手提照蛋器或整盘照蛋器、照蛋和落盘工作台、连续注射器、吸尘器、蛋库用空调器、高压冲洗机、雌雄鉴别台、断喙器等。孵化场要有备用发电机组，以备停电后能正常供电。

供暖、通风换气、制冷应根据不同工艺要求设计和安装相应设备。为达到理想的孵化效果，孵化室内的室温一般要求在 20 ~ 26℃，相对湿度在 50% ~ 60%。孵化器出风口应有专门的排气管道，及时排出孵化机内的二氧化碳，确保胚胎的正常发育。

种蛋的保存必须具备一个空调蛋库，种蛋贮存的理想温度为 13 ~ 18℃，贮存时间较长时，贮存温度应降低，反之相反。相对湿度应控制在 75% ~ 80%，可防止种蛋在贮存过程中失水过多而影响孵化率。

雏鸡的运输，最好有专用车辆，车内可送热风或安装空调机以及雏盒架。大型专用运雏车车厢是双层结构，底层有漏空板，车厢顶部和两侧安上通风口或通风帽，一次可装 2 万 ~ 6 万只雏鸡。在没有专用车辆时，可用普通客车或带篷的货车运输。用货车运输时，要在车厢内垫 10 厘米左右厚的稻草或旧棉被等，以便保温和缓冲震动。

二、种蛋的管理

提高土杂鸡种蛋的孵化率和健雏率，保持种蛋的质量是前提和基础，种蛋品质的好坏直接影响孵化效果和雏鸡质量。因此，必须采取各种技术措施来保持种蛋的质量。

1. 种蛋的收集

蛋产出母体后，在自然环境中很容易被细菌、霉菌、病毒污染，刚产出的种蛋细菌数为 100 ~ 300 个，15 分钟后为 500 ~ 600 个，1 小时后达到 4 000 ~ 5 000 个，且有些细菌通过蛋壳上的气孔进入蛋内。每天产出的蛋都应及时收集，不能留在产蛋箱中过夜，否则会降低孵化率。

每日从产蛋箱收集种蛋不应少于 4 次。在气温过高或过低时则每天集蛋 5 ~ 6 次，勤收集种蛋可降低种蛋在产蛋箱中的破损并有助于保持种蛋的质量。收集到的种蛋应及时剔除破损、畸形、脏污蛋等，合格种蛋则立即放入种鸡舍配备的消毒柜中，进行福尔马林封密熏蒸。种蛋熏蒸消毒方法是甲醛 14 毫升 / 米^3、高锰酸钾 7 克 / 米^3、水 14 毫升 / 米^3，放入搪瓷或陶瓷容器内自然蒸发，在环境温度 22℃、相对湿度 75% 以下，维持 30 分钟。图 6-2 为送蛋车。

图 6-2　送蛋车

2. 种蛋选择标准

健康、优良的土杂鸡种鸡所产的种蛋并非 100% 都合格，还必须严格选择，选择的原则是首先注重种蛋的来源，其次要对外形进行表观选择。

（1）种蛋来源　种蛋应来自生产性能好、无鸡白痢和鸡慢性呼吸道病等经蛋传播的疾病、受精率高、管理良好的鸡场，受精率在80%以下、患有严重传染病或患病初愈以及有慢性病的种鸡所产的蛋，均不能用作孵化场种蛋来孵化雏鸡。

（2）种蛋的外观选择

①蛋形。椭圆形的蛋孵化最好，过长过瘦的或完全呈圆形的蛋孵化率都较差，合格种蛋的蛋形指数为0.72～0.75。

②蛋重。品种不同，对蛋重大小的要求不一，蛋重过大或过小都会影响孵化率和雏鸡质量。一般要求土杂鸡种蛋重在48～62克。

③蛋壳颜色。壳色应符合品种要求，尽量一致。

④清洁度。合格种蛋的蛋壳上，不应有粪便或破蛋液污染。用脏蛋入孵，不仅本身孵化率很低，而且可污染孵化器以及孵化器内的正常胚蛋，增加臭蛋和死胚蛋，导致孵化率降低，健雏率下降，并影响雏鸡成活率和生长速度。

⑤蛋壳厚度。蛋壳过厚的钢皮蛋、过薄的砂皮蛋以及薄厚不均的皱纹蛋，都不宜用来孵化。

⑥裂纹检查。有经验的孵化师傅，用手抓2～3个蛋轻微碰撞，听声音清脆的为好蛋；如果声音喑哑，则说明有破蛋，需要及时剔除。现代化的孵化场配备鸡蛋裂纹检查机，鸡蛋从裂纹检查机上过一下，凡有裂纹的鸡蛋会被检查出来，并剔除。

（3）种蛋保存的条件　根据种蛋的物理特性，将种母鸡的生产周期划分为3个时期，即产蛋前期、产蛋中期、产蛋后期。依产蛋期不同采取不同的贮存条件，才能充分发挥土杂鸡种蛋的孵化潜力。

①产蛋前期。种母鸡刚开产或开产不久，蛋形较小，但钙的摄入量在产蛋率

45%～55%时即达到高峰。因此，该时期蛋壳厚、色素沉积较深，且有质地较好的胶护膜，但此阶段的蛋白浓稠，不易被降解。种蛋在孵化期间表现为早期死胎率高，雏鸡质量差，孵化时间相对较长，晚期胚胎啄壳后而无法出雏的比例高。对于此阶段产的种蛋要设法改变蛋白浓度，使之变稀，不加湿孵化可以降低早期死胎率。此阶段的种蛋能贮存较长时间，较长的贮存时间能改进孵化率，若只贮存1～3天，则贮存的湿度要降低，不要超过50%～60%。

②产蛋中期。该产蛋期内，蛋壳厚度、胶护膜以及蛋白质量为最佳，孵化时间基本上也为20.5～21天。对于此阶段的种蛋，贮存期在1周以内的种蛋，在温度为18℃、相对湿度为75%的贮存条件下较为合适。超过1周时间的保存，则须降低贮存温度，提高湿度，注意每日翻蛋，才能收到良好的效果。

③产蛋后期。与前期和中期相比，蛋白的胶状特性已减弱，蛋壳也变薄，这时的蛋如果贮存较长时间孵化，孵化初期就容易失水，造成早期死胎率高。产蛋后期的种蛋建议降低贮存温度，保持在15℃左右，贮存时间不要超过5天，提高贮存相对湿度到80%。若种蛋贮存超过5天，除要降低环境温度（降到12℃）外，还要每日翻蛋，否则会影响孵化率。总之，这段时间的种蛋贮存期应尽可能缩短。

（4）种蛋的消毒措施　每次捡蛋完毕，立刻在鸡舍里的消毒室或者送到孵化场消毒。种蛋入孵后，应在孵化器里进行第二次消毒。种蛋消毒方法主要有如下5种。

①甲醛熏蒸消毒法。每立方米空间用42毫升福尔马林加21克高锰酸钾密闭熏

蒸 20 分钟，可杀死蛋壳上 95% 以上的病原体。在孵化器中进行消毒时，每立方米用福尔马林 28 毫升加高锰酸钾 14 克，但已发育到 24 ～ 96 小时的胚龄种蛋严禁使用甲醛熏蒸消毒。

②过氧乙酸熏蒸消毒法。每立方米用 16% 过氧乙酸 40 ～ 60 毫升加高锰酸钾 4 ～ 6 克，熏蒸 15 分钟。

③消毒王熏蒸消毒。用消毒王Ⅱ号按规定剂量熏蒸消毒。

④新洁尔灭浸泡消毒法。用含 5% 的新洁尔灭原液加水 50 倍，即配成 1 : 1 000 的水溶液，浸泡 3 分钟，水温保持在 25 ～ 28℃。

⑤碘液浸泡消毒法。将种蛋浸入 1 : 1 000 的碘溶液中 0.5 ～ 1 分钟，溶液温度保持在 25 ～ 28℃。浸泡 10 次后，溶液浓度下降，可延长消毒时间至 1.5 分钟或更换碘液。

三、鸡胚的发育

鸡胚的整个发育过程分为两个时期，第一时期是胚胎在种蛋形成过程中的发育；第二时期是胚胎在母体外借助于一定的外界适宜条件进行的发育，这个过程称之为孵化。

1. 胚胎在种蛋形成过程中的发育

成熟的卵细胞由输卵管漏斗部受精至产出母体，需 25 小时左右。受精后的卵细胞经 3 ～ 5 小时，在输卵管峡部进行第一次分裂，20 分钟内又发生第二次分裂。经过 1 ～ 4 次分裂后，产生 16 个细胞。在卵细胞进入子宫后的 4 小时内，经约 9 次分裂后细胞达到 512 个左右。受精蛋排出体外时，胚胎发育到具有内外胚层的原肠期，由于外界环境的温度低于胚胎发育

的临界温度，胚胎停止发育。

2. 胚胎在孵化过程中的发育

发育到原肠期的胚胎，在适宜的外界条件刺激下，将继续发育，在内外胚层之间形成中胚层，鸡体内所有器官和身体的各部分都由这 3 个胚层发育而来。外胚层生成神经系统的某些部分、羽毛、喙、爪和皮肤，内胚层生成呼吸器官、内分泌器官和消化器官，中胚层则生成骨骼、肌肉、血液、生殖器官和泌尿系统。

土杂鸡在孵化阶段发育时间为 21 天左右，不同的品种（配套系）略有差异。孵化期过于缩短或延长，对孵化率以及雏鸡的质量都不利。

3. 鸡胚发育的主要特征

第一天，头突清楚，血岛出现，俗称"鱼眼珠"。

第二天，入孵 30 小时可见心脏开始跳动，出现血管，照检时可见卵黄囊血管区，形似樱桃，俗称"樱桃珠"。

第三天，眼的色素沉着，并且翅、足的芽体清晰可见，俗称"蚊虫珠"。

第四天，胚胎与蛋黄分离，尿囊明显可见，照蛋时蛋黄不容易转动，胚和卵黄囊血管形似蜘蛛，俗称"小蜘蛛"。

第五天，眼的黑色素大量沉着，照蛋可见明显的黑色眼点，俗称"单珠"或"起眼"。

第六天，照蛋时，可见头部和增大的躯干部两个圆团，俗称"双珠"。

第七天，胚胎在羊水中不易看清，俗称"沉"。

第八天，胚胎在羊水中浮游，背面两边卵黄不易晃动，俗称"浮"或"边口发硬"。

第九天，卵黄两边易晃动，尿囊血管伸展超过卵黄囊，称"晃动"或"窜筋"。

第十天，尿囊血管在蛋的小头合拢，除气室外，整个蛋布满血管，俗称"合拢"。

第十一天，胚胎背部出现绒毛，尿囊液达到最大量。照蛋可见血管加粗，颜色加深。

第十二天，胚胎开始吞食蛋白作为营养。

第十三至十四天，胚胎全身覆盖绒毛，血管加粗加深。

第十五至十六天，体内外的器官大体上都形成了，大部分蛋白也进入羊膜腔。

第十七天，蛋白全部输入羊膜腔，蛋小头看不到透明的部分，俗称"封门"。

第十八天，胚体转身，喙朝向气室方向。照蛋时气室倾斜，俗称"斜口"。

第十九天，气室有翅膀、喙、颈部的黑影闪动，俗称"闪毛"。

第二十天，鸡大批啄壳，出雏。

第二十一天，正常出雏结束。

在孵化过程中，胚胎逐日表现出孵化的特征，可以据此作为标准，了解孵化过程中的胚胎发育状况，以便适时调整孵化条件，保证按时保质地孵出健康的雏鸡。

四、土杂鸡种蛋孵化的关键技术

土杂鸡与其他鸡种在孵化条件上有一定的共性，但由于土杂鸡的品种众多，在孵化技术要求上也有其特殊性。

1. 温度控制

（1）胚胎发育的适宜温度　温度是胚胎发育的首要条件，发育中的胚胎对外界环境温度的变化最敏感，只有在适宜的温度下，胚胎才能正常发育并按时出雏。一般情况下，孵化温度保持在 37.8℃ 即 100 ℉ 左右，出雏温度在 36.9℃（98.5 ℉）左右，即为胚胎的适宜温度。温度过高、过低都会影响胚胎的发育，严重时会造成胚胎死亡。一般讲，温度高，胚胎发育快，但很软弱，温度超过 42℃，经 2～3 小时以后胚胎死亡；相反，温度太低则胚胎的生长发育迟缓，温度低至 23℃，经 30 小时胚胎便会全部死亡。

胚胎发育时期不同，对外界温度的要求也不一样。孵化初期，胚胎物质代谢处于低级阶段，本身产热很少，因而需要较高的孵化温度；孵化中期，随着胚胎的发育，物质代谢日益增强；到了孵化末期，胚胎产生大量的体热，因而温度需适当降低。

（2）变温孵化与恒温孵化　变温孵化也称多阶段孵化，是根据不同的环境温度、孵化机型、不同类型的种蛋和不同的家禽胚龄而分别施以不同的孵化温度。一般在蛋源比较充足，一次性装满孵化机时，用变温孵化较为理想（表 6-1）。

表 6-1　土杂鸡变温孵化施温参考方案

胚龄	室温		
	5～10℃ （41～50 ℉）	15～25℃ （59～77 ℉）	28～33℃ （82.4～91.4 ℉）
1～6 天	38.4（101.1）	38.2（100.8）	38.0（100.4）
7～12 天	38.0（100.4）	37.8（100）	37.7（99.8）
13～18 天	37.9（100.2）	37.6（99.7）	37.4（99.3）
19～21 天	37.2（99）	36.9（98.5）	36.7（98）

从表 6-1 中可以看出，整个孵化过程中分为 4 个阶段逐渐降温，故称变温孵化。

恒温孵化是指鸡胚发育过程中，1 ~ 18 胚龄施以同一温度约在 37.8℃（100 ℉），19 ~ 21 天为 36.9℃（98.5 ℉）。在孵化器容量较小，一次装不满需分批孵化，或者外界环境温度较高的情况下，使用恒温孵化制度较为理想。

（3）调整孵化温度的依据

①根据孵化器机型进行调温定温。就土杂鸡种蛋而言，用恒温孵化或者用变温孵化，其最佳施温方案只有一种，对不同的孵化器，如果同一时期种蛋在使用相同的施温方案后，每个型号的孵化箱均能获得较为理想的孵化效果，说明各机内在小气候、小环境上是一致的。八角式电孵机与蛋架车式电孵机等由于在保温性能、加热功率、风扇转速等方面存在差异，因此，在孵化用温时，八角式电孵机施温要高于蛋架车式电孵机 0.1 ~ 0.2℃。

②依土杂鸡种鸡年龄调温。根据试验观察，并不是大蛋用温一定高，小蛋用温一定低。初产时种蛋小，用温反而高于高峰期产的蛋，因为初产蛋壳较厚，温度较难传导，加之初产蛋小，含脂率不如中期或后期的蛋高，胚胎自温较低，因而用温较高。

③看胎施温。即根据胚胎发育长相进行调温，看胎施温即按照鸡胚发育的自然规律，画出逐日胚龄的标准"蛋相"，然后根据胚胎各胚龄的发育长相与"标准特征"的差距来调节孵化温度，一般通过几个批次的仔细看胎，就可制定出适合一定机型、某一品种、在一定室温条件下的最佳施温方案。

在实际孵化过程中，胚胎发育并不是在同一个水平，每个蛋存在着个体差异，发育有快有慢，老龄鸡种蛋的胚胎发育往往表现为正常、快、慢 3 种类型，差异较为明显；产蛋高峰期的胚胎发育较为整齐，差异较小。因此，在平时看胎过程中必须掌握一些看胎的基本原则，即按 70% 胚蛋的整体情况进行判断，如果 70% 胚胎符合当时胚龄的蛋相标准，20% 左右稍快，10% 左右发育偏慢，则认为定温是适当的；如果 20% 以上胚胎发育过快，且死胎率较高，胚胎血管受热充血，则表明用温偏高，注意适当降温；如果不足 70% 的胚胎达到标准，说明温度偏低，应适当加温或维持原温，直到达到要求为止。

看胎施温，并不是要求每天都去看，否则，一是频繁打开孵化箱门，放掉了孵化箱内一部分温度，不利于胚胎的正常发育；二是胚胎发育是一个连续的过程，邻近日龄之间胚胎长相的差异不都是很明显的，初学者不易掌握。因此，在整个孵化期要抓住第五天"起眼期"或称"单珠"、第十天"合拢期"、第十七天"封门期"这 3 个关键时期，并根据这 3 个时期的胚胎发育特征与实际发育的状况进行调节温度，就能达到看胎施温的要求。

④根据种蛋孵化的季节变化调节温度。由于绝大部分孵化场的孵化室、出雏室没有空调装置，不能调节室温使孵化室的室温常年保持在 25℃ 左右，往往冬天室温低，盛夏室温高，必然会影响孵化机内的温度。因此，在定温时，应当根据季节变化的温差适时调节。一般而言，冬天室温低，定温时要在原施温方案上提高 0.2℃ 左右；夏季室温较高，定温时则降 0.2 ~ 0.4℃。

除根据以上几种情况进行定温和调节

温度外。还应结合种蛋贮存时间的长短、种蛋保存的温度、孵化箱实际孵化蛋量的多少、本地区停电时间的长短等因素综合考虑。

2. 通风控制

选择适当的通风换气量，也是促进胚胎正常发育、提高孵化率的重要措施。为了保持鸡胚胎正常的气体代谢，就必须供给新鲜的空气。在孵化过程中空气给氧量每下降1%，则孵化率将下降5%。大气中含量一般氧气21%、二氧化碳0.4%，是胚胎发育的最佳含氧量。孵化机内空气越新鲜，越有利于胚胎的正常发育，出雏率也越高。但过大的通风换气量不仅使热能大量散失，增加了孵化成本，而且也使机内水气大量散失，使胚胎失水过多，影响胚胎的正常代谢。

孵化过程中，胚胎除了与外界进行气体交换外，还不断与外界进行热能交换。胚胎产热是随着胚龄的增加而增加的，尤其是孵化后期胚胎新陈代谢更旺盛，入孵后19天是第四天的230倍。如果热量散不出去，孵化器内积温过高，就会严重阻碍胚胎正常发育以致引起胚胎的死亡。所以，通风换气，其作用不仅只供给胚胎发育所需的氧气和排出二氧化碳，还具有排出余热使孵化器内温度保持均匀的功能。

3. 翻蛋

（1）翻蛋的作用　翻蛋可避免鸡胚胎与蛋壳膜粘连，并使鸡胚各部受热均匀，有利于胚胎发育的整齐一致。翻蛋还有助于胚胎运动，保持胎位正常。孵化前两周的翻蛋非常重要，对孵化效果影响很大。

（2）翻蛋次数　如果孵化器各个部位温差较小，每3小时翻1次蛋就足够了；

如果孵化机温差较大，就要增加到2小时甚至1小时翻蛋1次，此外，还要注意倒盘、调架。

（3）翻蛋角度　翻蛋角度以90°为宜，即每次翻水平位置的左或右的45°角，下次则翻向另一侧。

4. 湿度控制

当温度偏高胚蛋减重增大时，增加湿度可以起到降温和减少失重的作用。当温度偏低时，胚胎失重减少，增加湿度则没有好处，这时不但推迟出壳，还会造成胚胎失水过少，增加大肚脐弱雏的比例。

加湿与不加湿孵化都是相对的。当种蛋保存时间过长，胶护膜被破坏及老龄鸡所产种蛋蛋壳相对较薄时，在孵化过程中，增加湿度可以减少胚蛋的水分过快散失，对维持正常的代谢有重要作用；反之，当保存期仅有3天左右的新鲜种蛋及青年种鸡所产蛋壳相对较厚的种蛋入孵时，加湿孵化反而会阻碍其胚蛋内的水分蒸发，影响其正常的物质代谢，从而影响出雏。

孵化机湿度控制在50%～70%，出雏机控制在57%～80%，在空气较为干燥的情况下，可用加湿器辅助。

5. 其他条件及应急操作

所用温度计、湿度计应符合要求，并经过计量检定合格。停电时应按应急管理规定及时启用备用电源，保证孵化室的运作。

五、孵化过程中的技术管理

技术管理包括入孵前的种蛋码盘分类、种蛋预温；孵化过程中的温度和湿度的调节、风门的调控、翻蛋时间的掌握以及照蛋、落盘、出雏和出雏后的雏鸡管理等。只有加强孵化过程中的技术管理，才能保证种蛋孵化条件的精确控制，才能对孵化期间出现的一些问题准确诊断，及时采取有效措施，以保证孵化正常进行和雏鸡的质量。

1. 入孵前的管理

（1）码盘 将经挑选后合格的种蛋码在孵化蛋盘上并将其放在蛋架上称之为码盘。码盘时要注意对不同代次（父母代、商品代）、不同品种的种蛋做好明显标记，贮存较长时间的种蛋，应按一定的时间段进行分类，在同一个贮存时间段的种蛋尽量装在同一辆蛋架车上，以便能够对贮存较长时间的种蛋按孵化期的不同，分批提前入孵，目的是在出雏时，尽可能获得出雏的一致性，保证雏鸡的质量。

对入孵的种蛋要做到详细记录，包括入孵的品种、数量、代次、开机时间和本箱的孵化初步方案。

（2）种蛋预热 种蛋长时间贮存在蛋库的低温环境中，胚胎发育处于静止状态，种蛋预热有助于使胚胎"复苏"，减少孵化器的温度和贮蛋室的温度之间的温差对幼小生命的应激。同时在预热的过程中，可除去种蛋表面的凝结水，以便入孵后熏蒸消毒起到良好效果。通常采用的方法是将种蛋从贮蛋库推到25℃左右的孵化厅中放置6~10小时。

2. 孵化过程中的技术管理

（1）温度的调节 调节温度应首先了解3种不同温度的概念，即孵化给温、胚蛋温度和门表温度。

①孵化给温。也称设定温度，指固定在孵化器里的感温器件，如水银电接点的温度计所控制的温度，这是孵化技术人员

人为设定的。当孵化器里温度超过设定的温度时，其能自动切断加热电源停止供温；当低于设定温度时，又接通电源，恢复加温。

②胚蛋温度。胚蛋发育过程中，自身所产生的热量，使胚蛋温度逐渐上升，实际操作中，胚蛋温度指紧贴胚蛋表面温度计所示温度或有经验的人用眼皮测得的温度。

③门表温度。指固定在孵化器门上观察窗里的温度计所示的温度，也是值班人员记录的温度。

以上3种温度是有区别的，但只要孵化器设计合理，温差不大，孵化室环境温度适宜，则门表温度可视为孵化给温。

孵化器的控温系统，在入孵后到达设定温度后，一般不要随意变动。照蛋、停电或维修引起的机温下降，一般不需要调节控制系统，过一段时间其将自动恢复正常。在正常情况下机温偏低或偏高0.2~0.4℃时，要及时调整，并要观察调整后的温度变化。

（2）通风的调节 当恒温时间过长时，说明机内胚胎代谢热过剩，加热系统不需要加热，如不及时降温可能会导致胚胎"自温"超温，因此，当发现恒温时间过长时，就应该打开风门，必要时开启孵化器门来加强通风。

当温度计显示的温度维持的时间与机器加热的时间交替进行时，说明孵化机内通风基本正常。加热系统工作时间过长，门表温度达不到设定温度，说明新鲜冷空气进入机内太多或排气量过大，需要调小风门。

（3）照蛋 照蛋是检查胚胎发育的重要方法之一。在整个孵化期，除第一次照

蛋是剔除无精蛋和早期死胚外，平时还要定期抽检，检查胚胎的发育是否与发育标准相符，以便及时调整孵化温度。一般孵化期常照蛋3次（图6-3）。

图6-3　照蛋

①头照。入孵第五天进行第一次照蛋，照蛋前先准备手电筒、蛋盆，取出要照的蛋盘，放于照蛋器上透视，或用手电筒逐个照。发育正常的胚蛋，气室透明，其余部分呈淡红色；用照蛋器透视，可看到将来要形成眼睛的黑色眼点，以及以黑色眼点为中心向四周辐射扩散的如树枝状的血丝（图6-4）。无精蛋的蛋黄悬浮在蛋的中央，蛋体透明（图6-5）。死精蛋蛋内混浊，也可见到血环、血弧、血点或断了的血管，这是胚胎发育中止的蛋（图6-6），应剔出加以淘汰，并做好登记和标识。

图6-4　发育正常的头照蛋

图6-5　无精蛋

图6-6　死精蛋

②二照。入孵第十天进行第二次照蛋，将要照的蛋盘放于照蛋器上透视，或手电筒逐个照。此时胚胎发育正常的种蛋除气室外，整个蛋布满红色树枝状的血管。死胚蛋则蛋内显出黑影（图6-7），两头发亮，易于鉴别。剔出死胚蛋，并做好登记和标识。

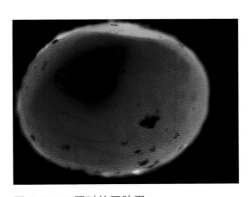

图6-7　二照时的死胎蛋

③三照。入孵17天后进行第三次照蛋，将要照的蛋盘放于照蛋器上透视，或手电筒逐个照。此时胚胎发育正常的种蛋气室变大且边界明显，其余部分呈暗色、不透明，胚胎呈黑影般活动。死胚蛋则除气室发亮外，其余部分呈黑影状，气室边界看不到血管，蛋内胚胎也无动静，易于鉴别（图6-8）。剔出死胚蛋，并做好登记和标识。

图6-9　落盘

图6-8　三照时的死胚蛋（赵振华提供）

由于照蛋时间稍长，易使蛋温骤然下降，尤其在冬天，因此，必要时增加室温，以免孵化率受影响。如果种蛋的受精率在95%以上时，可不必照蛋；或头照时证实种蛋受精率很高，也可以不进行二照、三照。这样做既可以减少种蛋的破损率，又可节约劳动力，孵化质量也不受影响。

（4）落盘　由于胚胎发育的18～19天是鸡胚从尿囊绒毛膜呼吸转为肺呼吸的生理变化最剧烈的时期，鸡胚气体代谢较为旺盛，应激易造成胚胎死亡，因此，建议落盘在孵化满19天时间为佳（图6-9）。落盘过程中，要注意提高环境温度，动作要轻、要快，减少破损蛋，并利用落盘注意调盘调架，弥补因孵化过程中胚胎受热不匀而致胚胎发育不齐的影响。

（5）出雏　随着孵化技术的提高，如果种蛋品质好，胚胎发育整齐度好，在很短的时间里就能出雏完毕（图6-10），采用一次性捡雏能提高劳动效率，清理入孵满21天的蛋，登记死胚蛋数量。

图6-10　出雏

（6）出雏后的雏鸡管理　从出雏器里捡出的雏鸡，要按不同的品种、代次存放在雏鸡存放室，并贴上标签或放入卡片，以免搞混。夏季要注意雏鸡的通风，冬季要保持室内一定的温度，尽快做好雏鸡的雌雄鉴别、注射疫苗、分级装盒等工作。

①雏鸡雌雄鉴别。在出雏室，对自别雌雄的品种（配套系），则按胎毛色彩予以分拣。对无法通过胎毛颜色鉴别雌雄的，则可采取肛门鉴别雌雄。

肛门鉴别时姿势要求正确，轻巧迅速，

并应在出雏后 6 小时内空腹进行。鉴别时，在 100 瓦的白炽灯光线下，用左手将雏鸡的头朝下，背紧贴掌心，以左手拇指、食指和中指捏住鸡体，并轻握固定；右手食指和拇指将雏鸡的泄殖腔上下轻轻拨开。如泄殖腔黏膜呈黄色，其下壁的中央有一小的舌状生殖突起，即为雄性；否则，如泄殖腔黏膜呈浅黑色，无生殖突起，则为雌性（图 6-11）。

图 6-12　出壳后注射马立克氏疫苗

行走不稳、过小、过轻、弯趾、胶毛等残次畸形雏鸡，对健康雏鸡尽快装入运雏箱并运输（图 6-13、图 6-14），全程注意保温。健雏和弱雏的区分标准见表 6-2。

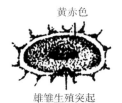

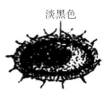

图 6-11　雏鸡雌雄翻肛鉴别

图 6-13　合格雏鸡装箱

　　②注射疫苗。出壳雏鸡 24 小时内必须注射马立克氏病疫苗，注射时严格按照操作说明进行（图 6-12）。我国马立克氏病疫苗有火鸡疱疹病毒冻干苗（HVT）、CVI988 和双价疫苗，在存在超强毒的地区，应该使用马立克氏病二价液氮疫苗或 CVI988。

　　③雏鸡分级。对雏鸡进行分级，坚决淘汰血脐、钉脐、大肚、瞎眼、歪嘴（喙）、

图 6-14　雏鸡专用运输车

表 6-2　健雏和弱雏的区分标准

项目	健雏	弱雏
出壳时间	在正常的孵化期内出壳	过早或最后出壳或从蛋壳中剥出
绒毛	绒毛整洁而有光泽，长短合适	绒毛蓬乱污秽，有时短缺，无光泽
体重	体态匀称，大小均匀一致	大小不一，过重或过轻
脐部	愈合良好、干燥，其上覆盖绒毛	愈合不良，脐孔大，触摸有硬块，有黏液，或卵黄囊外露，脐部裸露
腹部	大小适中，柔软	特别膨大
精神	活泼，反应灵敏，腿干结实	痴呆，闭目，站立不稳，反应迟钝
感触	抓在手中饱满，挣扎有力	瘦弱，松软，无力挣扎
叫声	清脆响亮	嘶哑无力

（7）清理消毒　出雏结束后，应抽出出雏盘和水盘清洗、消毒备用。清扫出雏机（特别对有轨道的槽），用高压水枪冲洗箱底和箱壁，熏蒸消毒后备用。

第七章 土杂鸡生产过程中的防疫保健

一、传染病的基本概念

1. 传染病的概念

凡是由病原微生物引起、具有一定潜伏期和临床表现，并具有传染性的疾病称为传染病，通常有细菌性传染病（如鸡大肠杆菌病、鸡慢性呼吸道病等）和病毒性传染病（如鸡新城疫、禽流感等）。

2. 传染病的特征

①由特异的病原微生物引起的。

②具有传染性和流行性。

③被感染的机体发生特异性反应。

④耐过动物能获得特异性免疫。

⑤具有特征性的临床表现。

⑥具有明显的流行规律，如有明显的周期性或季节性。

3. 传染病流行过程的基本环节

传染病流行过程的3个基本环节：传染源、传播途径和易感性（图7-1）。

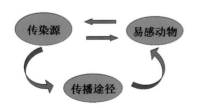

图7-1　传染病流行示意图

（1）**传染源**　亦称传染来源，是指某种传染病的病原微生物在其中寄居、生长、繁殖，并能排出土杂鸡体外的活的动物机体。具体地说传染源就是患病土杂鸡和病原携带者，土杂鸡在急性暴发疾病的过程中或在病情转变期可排出大量病原微生物，故此时其危害性最大。当然传染源还有带菌（毒）其他家禽、昆虫、鸟、老鼠等。

（2）**传播途径**　是指病原微生物由传染源排出后，经一定的方式再侵入其他易感动物所经的途径。

（3）**易感性**　是指土杂鸡对于某种传染病病原微生物感受性的大小，通俗地说，土杂鸡对某种传染病的病原微生物容易感染，其是土杂鸡病发生与传播的第三个环节，直接影响到传染病是否造成流行以及疫病的严重程度。土杂鸡易感性的高低主要与病原微生物的种类和毒力强弱有关，同时还与土杂鸡的自身遗传特性（内因）、饲养管理水平（外因）和特异性的免疫状态有关。为此，生产上应注意选择优良的品种（配套系），加强饲养管理（如保证饲料质量，保持鸡舍清洁卫生，定期清理粪便，避免拥挤、饥饿等应激，合理通风，及时进行预防性给药和疫苗免疫接种，做好检疫、隔离工作等），就可以提高土杂鸡特异性和非特异性免疫力，增强对疫病的抵抗力，降低对病原微生物的易感性，减少发病的风险。

4. 传染病的传播途径

传染病传播途径可分为垂直传播和水平传播两种类型。

（1）垂直传播 由于种鸡患病，在没有任何外界因素的参与下，通过种蛋将细菌或病毒等病原微生物纵向传播给下一代土杂鸡，引起下一代自小就带有来自亲代土杂鸡的病原微生物，引起生病，如禽沙门氏菌病、支原体感染等（图7-2）。

图7-2　疫病垂直传播

（2）水平传播 外界环境包括土杂鸡身上的病原微生物以横向方式传染到健康土杂鸡身上（图7-3），引起感染发病，主要通过以下途径传播。

图7-3　疫病水平传播

①通过病鸡传播。现在土杂鸡的饲养数量多、密度大，一旦发生疫情，如果不能及时发现和处置，病鸡包括一些亚健康的土杂鸡会通过污染饲料、饮水、空气等途径或通过直接接触方式而感染养鸡场内其他土杂鸡，常会导致全场土杂鸡群感染而使疫情扩散和蔓延。

②通过人员传播。饲养人员、工作人员、参观者等未经严格消毒就进入养鸡场，会将外界病原微生物带入。

③通过空气传播。鸡舍通风不良、密度过高，有害气体会污染空气，病原微生物吸附于灰尘中，健康土杂鸡吸入后引起发病，例如，土杂鸡疱疹病毒感染、衣原体感染等呼吸道传染病可通过飞沫而传播。

④通过物品传播。被病原微生物污染过的饲料、饮水、食槽、水槽、车辆、器具等都是传播土杂鸡病的重要途径，如土杂鸡新城疫、沙门氏菌病、腺病毒病等以消化道为侵入门户的传染病主要通过这样的方式传播。

⑤通过其他生物传播。其他生物主要有蚊子、苍蝇、鸟、猫、老鼠、黄鼠狼和体外寄生虫等，它们都是疾病传播者，能将病原微生物在土杂鸡之间传播，也会将外界的病原微生物带入，如飞鸟能将养鸡场外的新城疫病毒带入养鸡场，蚊虫通过叮咬而将土杂鸡痘病毒传播。

5.鸡病防控的原则

（1）树立"预防为主，养防并重"的土杂鸡疾病防控理念 加强饲养管理，防止病从口入，饲喂的饲料要新鲜、干净、优质，饮用水要清洁、卫生、安全，科学饲养，提高土杂鸡的体质，增强机体的抗病力；搞好养鸡场内外环境的清洁卫生和消毒工作，料槽、水槽要经常清洗，垫料要清洁、干燥，勤清土杂鸡粪，降低病原微生物数量，做好疫苗接种等防疫工作，合理预防用药，提高土杂鸡的抵抗力。建立完整的生物安全体系，防止病原微生物的侵入、扩散和传播。

（2）做好疫苗免疫工作　疫苗免疫是有效防控重大动物疾病暴发与流行的重要举措，良好的免疫可使后代土杂鸡有较好的母源抗体，可抵御相应病原微生物的侵害，保证较高的成活率。为此，加强免疫检测工作，通过了解土杂鸡的母源抗体水平和土杂鸡群的免疫水平，结合本场疾病流行特点和疫情实际，制订适合本场的疫苗免疫程序。

（3）建立疫病快速准确诊断技术　采取综合性检查，对发生的疾病尽早尽快做出诊断，通常首先根据流行病学调查分析、临床观察检验和病理剖检变化做出初步诊断，并采取应急控制措施。同时，采集相应病料送检，做进一步的实验室检查（病原学、血清学、药敏试验等），以便及时确诊，从而采取针对性防疫措施。

（4）重视种土杂鸡疾病的净化　鸡沙门氏菌、支原体等垂直传播的病原微生物一旦在土杂鸡群存在就很难根除，治疗效果差，给生产带来较大的为害和经济损失。只有从土杂鸡种源上下手，通过自繁自育、加强检疫净化淘汰等措施，建立鸡白痢、禽白血病和鸡慢性呼吸道等垂直性传染病净化率极高的土杂鸡种鸡群。

（5）建立疫情监测和报告制度　加强疫情监测，做好疫情的预测、预报工作，一旦发生严重的传染病流行时，应采取紧急防疫措施，隔离患病鸡，烧毁、深埋死鸡，彻底对环境及饲养用具消毒等，及时消灭病原，防止病原的扩散，减少发病，降低损失。

二、构建疾病防控的生物安全体系

生物安全是指防止将引起畜禽疾病或人兽共患病的病原引进土杂鸡群的一切饲养管理措施，通俗地讲是防止病原进入和感染健康土杂鸡群所采取的一切措施。生物安全体系是疾病防控的综合措施，有力保障了预防为主的疾病防控理念的实施，避免了有病治病的被动局面，保证了鸡群健康生长和鸡产品绿色安全。

构建生物安全体系必须在硬件和软件上都要下功夫，凡是与土杂鸡群接触的人和物包括鸡舍、土杂鸡、人员、饲料、饮水、设备甚至空气等方方面面，都是实施生物安全需要控制的对象，所以需要在做好硬件规划设计和建设基础上，制定严格的操作规程和管理制度，确保生物安全体系达到效果。

1. 硬件

主要是养鸡场科学选址（图7-4），尽量远离其他畜禽养殖场，远离大的湖泊、水道、候鸟迁徙路径和公路；合理布局各功能区（生产区、管理区、病鸡隔离区），避免相互干扰和引起疾病传播，养鸡场内部道路建设要严格区分清洁走道和污染走道，尽量密封排污管道，使用机械刮粪收集土杂鸡粪时粪池要设计成密封的，避免污染物外流，也有利于粪便无害化处理。鸡舍的地面和墙壁要能耐受高压水的冲洗，要建设良好的杀鼠、灭虫和防鸟的安全措施。现代化鸡舍是全封闭式的，能控温控湿，纵向通风，机械除粪，自动消毒。

图 7-4 科学选址，合理布局，设施达标

图 7-5 制定规章制度，加强饲养管理

2. 软件

（1）强调人的因素 首先是人的主动性，强调人对整个养土杂鸡生产环境的控制，而不仅仅局限于对单个土杂鸡及土杂鸡群的管理与控制；同时强调对人员的管理，这些人员包括场主、管理人员、一线工人、服务人员、运输人员、邻居、合同工、来访者及其他相关人员，必须加强培训使每个人认识到生物安全的重要性，使他们认识到生物安全是预防疾病、减少疾病危害的有效手段。

（2）制定各项规章制度（图 7-5） 主要包括消毒池管理制度、人员进出的规章制度、鸡舍内清洁卫生消毒制度、车辆消毒制度、工具消毒制度、垫料消毒制度、病土杂鸡隔离制度和病死土杂鸡无害化处理制度等，养鸡场员工应主动、认真执行。

（3）加强饲养管理 尽量避免不同品种的土杂鸡混合饲养，尽可能采用"全进全出"饲养模式，合理通风，控制饲养密度，供应营养均衡的全价饲料，避免饲喂霉变或有毒素的饲料，减少或避免各种应激。

生物安全体系分 3 个层次（图 7-6）。

总体性生物安全：最基本层次，是整个疾病预防与控制计划的基础。包括场地选择、操作区域及不同品种土杂鸡的隔离、生物密度的降低和野生鸟类的驱除。

结构性生物安全：第二层次，包括养

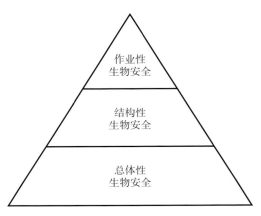

图 7-6 生物安全层次

鸡场布局、鸡舍构造、辅助系统或设施，如清洁走道、污染走道、给排水系统、消毒设备、料槽等的建设。这一层次出现问题时，往往都来不及纠正。

作业性生物安全：第三层次，包括日常管理程序和具体操作，可以及时发现问题和做出相应的调整。合理制定和严格执行相关制度及规程，从而确保作业的安全，是对管理者及所有人员切实的基本要求。

生物安全体系归纳来说，科学选址是基础，合理布局是前提，清洁卫生是根本，完善管理是保证，全进全出是手段，有效消毒是关键，确切免疫是核心，科学用药是补充。

三、建立严格的消毒管理制度

（一）消毒的意义

目前，畜禽养殖业正向规模化和集约化发展，动物相互接触的机会很多，病原微生物传播的速度也加快，一旦暴发传染病，很难采取有效措施。

消毒的目的是消灭鸡舍内及周围环境中的病原微生物，切断传播途径，预防传染病的发生或阻止传染病蔓延，是一项重要的防疫措施，是防控传染病的三大法宝之一。通过对养鸡场实行定期消毒，使土杂鸡周围环境中的病原微生物减少到最低程度，以预防病原微生物侵入鸡群，可有效控制传染病的发生与扩散。

（二）影响消毒剂效果的因素

合理使用消毒剂很重要，消毒剂的作用受许多因素的影响而增强或减弱，具体影响因素如下。

（1）**微生物的敏感性**　不同的病原微生物，对消毒剂的敏感性明显不同，例如，病毒对碱和甲醛很敏感，而对酚类的抵抗力却很强。大多数消毒剂对细菌有作用，但对细菌的芽孢和病毒作用很小，因此，在防治传染病时应考虑病原微生物的特点，选用合适的消毒剂。

（2）**环境中有机质的影响**　当环境中存在大量的有机物如土杂鸡的粪、尿、血、炎性渗出物等时，能阻碍消毒剂直接与病原微生物接触，从而影响消毒剂效力的发挥。另外，这些有机物往往能中和及吸附部分药物，减弱消毒作用，因此，在使用消毒剂前，应进行充分的机械性清扫，彻底清除消毒物品表面的有机物，从而使消毒剂能够充分发挥作用。

（3）**消毒剂的浓度**　一般来说，消毒剂的浓度越高，杀菌力也就越强，但随着药物浓度的增高，对机体活组织的毒性也就相应增大。另外，当浓度达到一定程度后，消毒剂的效力就不再增强。因此，在使用时应选择有效和安全的杀菌浓度，如75%酒精杀菌效果要比95%酒精好。

（4）**消毒剂的温度**　消毒剂的杀菌力与温度成正比，温度增高，杀菌力增强，通常夏季消毒作用比冬季要强，为此冬天消毒时可加入适量开水以增强消毒剂的杀菌力。

（5）**药物作用的时间**　一般情况下，消毒剂的效力与作用时间成正比，与病原微生物接触的时间越长，其消毒效果就越好。作用时间若太短，往往达不到消毒的目的。

（三）常见的消毒方法

消毒的方法包括物理消毒法、化学消毒法、生物热消毒法，根据消毒对象的不同，可采用不同的消毒方法。

（1）**物理性消毒法**

①清扫。本法适合所有鸡舍、设施、设备及运输工具等，更适合日常鸡舍的清洁维护，是最基本和最经济型的消毒方法，是进行其他消毒方法前必须开展的工作。及时、彻底地清扫鸡舍内粪便、灰尘、羽毛等废弃物，可去除鸡舍中80%～90%的有害微生物。需要注意的是，在清扫前喷水或洒水，可避免灰尘飞扬，降低清扫工作对土杂鸡健康的影响。常用的工具有扫帚、鸡毛掸等，部分养鸡场因地制宜使用稻草、布条等材料制作鸡毛掸。

②更衣（鞋）。从外进入生产区时以及从生产区进入鸡舍更换衣帽（鞋），可有效防止外界病原体进入养鸡场、鸡舍，是日常管理的环节之一。

③紫外线消毒。适合更衣室，将工作服、鞋用完后悬挂于更衣室内，开启紫外线灯，照射1~2小时。需要注意的是，工作服、鞋每周应洗净1~2次，并经24小时熏蒸消毒。

④冲洗。适合空关鸡舍和车辆的消毒，多选择高压冲洗，可冲洗掉鸡舍中清扫时的残留物，或冲洗无法清扫的地方。冲洗顺序是先屋顶，然后是墙壁和笼具，最后是地面，由高到低，避免后面冲洗的污水污染刚才冲洗干净的地方或物品。虽然部分地区在炎热季节可带鸡冲刷，但尽可能避免，以免淋湿土杂鸡和冲洗液沾污土杂鸡，那样会对土杂鸡产生较大的应激和污染。冲洗工具是高压水枪（图7-7）。

图7-7　高压水枪

进入养鸡场的饲料运输车辆等，应在厂区外对其外表面消毒，然后经过消毒池后才能进入厂区，若需进入生产区必须再次消毒后方能进入。

⑤火烧。适合空关鸡舍的消毒，多在清扫、冲洗后再次对鸡舍进行消毒，是传统的消毒方法，使用煤油喷灯（图7-8），将火焰喷烧场面、砖墙、金属、不易燃笼具等，利用高温杀死病原体，其消毒作用彻底，消毒效果比较好。需要注意的是火烧前一定清扫干净，过多的灰尘、残留物会影响消毒效果；喷烧时千万不能烧到易燃材料，禁止在易燃易爆场所使用，避免出现火灾事故；同时做好个人防护工作，避免烧伤自己。另外，需注意的是，煤油喷灯只允许用符合规格的煤油，严禁用汽油或混合油，油量只需装满到1/2，不可装足，以防爆炸。

图7-8　煤油喷灯

⑥喷雾。适合生产中鸡舍的清洁工作。土杂鸡有翅膀，当喂料时，易拍飞翅膀，扬起粉尘，据研究，鸡舍每克灰尘中大肠杆菌含量可达10^5~10^6个，而且土杂鸡呼吸系统特别发达，如此环境很易使土杂鸡出现细菌感染和呼吸道病。针对土杂鸡这样的生活特性，可选择在喂料前或同时进行喷雾消毒，喷雾时大部分时间并不需要添加任何消毒剂，仅需用水就行。据研究，使用水进行喷雾可清除80%~90%的灰尘，可使细菌量减少84%~97%。喷雾工具为专用的喷雾器（图7-9）。

图 7-9　喷雾器

⑦煮沸。适合工作服、垫布、器皿等物品，一般在清洗后进行煮沸消毒，是常用的消毒方法，也是非常经济实用的消毒方法。需要注意的是，所有煮沸的物品一定要浸泡于水中；一定要烧沸，并且持续一定时间（一般为 30 分钟）；煮沸物品取出晾干后，需要放置于清洁的地方，注意避免被污染；煮沸物品一般现煮现用，放置时间不能太久，否则需要重新消毒。

⑧高压高温。适合兽医物品，工具为医用高压锅（图 7-10），颗粒饲料也是采用高温的方式生产的。

图 7-10　医用高压锅

（2）化学消毒法　化学消毒是养鸡场常采用的消毒方法，并且消毒已从过去单一的环境消毒，发展到带鸡消毒、空气消毒和饮水消毒等多种途径消毒，所用的消毒剂种类也非常多。

①浸泡消毒。在养鸡场、鸡舍的进出口设置消毒池，用 10% 石灰乳或 5%～10% 漂白粉或 2% 氢氧化钠，要经常保持药液的有效浓度，定期更改消毒剂，保持药物的有效性。能够耐浸泡的物品也可采用此法消毒。

②喷雾消毒。将消毒液配制成一定浓度的溶液，用喷雾器进行喷雾消毒，喷雾消毒的消毒剂应对土杂鸡和操作人员安全，没有副作用，而对病原微生物有杀灭能力。需要注意的是，欲想消毒效果好，喷雾的雾滴应在 100 微米左右，使水滴呈雾状，一般要求在空间中停留的时间达 10～30 分钟，以便对空气、鸡舍墙壁、地面、笼具、鸡体表、鸡产蛋巢、栖架等发挥消毒作用。鸡舍内应每日清扫，鸡舍外主要干道每周清扫 2 次，每周喷雾消毒 1～2 次，消毒剂每月更换 1 次，以防止病原微生物产生耐药性。尸体剖检室或剖检尸体的场所及运送尸体的车辆，经过的道路均应立即进行冲洗消毒。

③熏蒸消毒。熏蒸消毒常选用甲醛（福尔马林）和高锰酸钾。熏蒸的气雾渗透到每个角落，消毒比较全面。消毒时必须封闭鸡舍，应注意消毒时室内温度不低于 18℃，舍内的用具等都应打开，以便让气体能渗入，盛放甲醛的容器不得放在地板上，必须悬吊在鸡舍中。药品的用量是：每立方米的空间应用甲醛 25 毫升、水 12.5 毫升、高锰酸钾 25 克。计算、称量后，将水与甲醛混合，倒入容器内，然后

将高锰酸钾倒入，用木棒搅拌，经几秒钟即见有浅蓝色刺激眼鼻的气体蒸发出来。经过 12 ~ 24 小时后方可将门窗打开通风，消毒后隔 1 周，等到刺激气味消失，才可使用。

（3）生物热消毒法　多用于大规模废物和排泄物的处理。利用自然界中的嗜热细菌繁殖产生的热病原体，将土杂鸡粪便堆放密封后，发酵产热，达到杀灭病原体的目的。具体做法：收集新鲜鸡粪，拣净杂物，捣碎后按一定比例混合后发酵，一般鲜鸡粪 35%，米糠或秸秆 35%，与切碎的青饲料 30% 混匀，再加入适量的水（以将上述肥料拌均匀后，刚有极少量水渗出为度），然后起堆并用泥土或塑料封严，创造厌氧环境。环境温度在 10 ~ 15℃时发酵需 7 ~ 10 天，20℃以上时需 3 ~ 5 天，30℃时需 2 天即可。利用肥料在发酵过程所发出的高温，加快腐熟的速度，并将肥料中的纤维素、半纤维素、果胶物质、木质素进行分解，形成腐殖质。同时，对肥料中的有害微生物、虫卵、草籽进行杀灭。但要注意的是，由于堆肥中的肥料在发酵过程中会产生高温，过高的温度会令相当部分的肥效损失。因此，在肥堆中要插入温度计，当肥堆中的温度达到 65℃时，要适当加入冷水或适当将肥堆打开，以降至约 45℃时再将肥料重新堆合。一般当肥堆内保持 50 ~ 65℃的条件下，约 1 周可杀死有害微生物、虫卵及草籽，基本达到无害化指标，最后让温度缓慢降低，以利养分的转化及腐殖质的形成。

（4）常用的消毒剂　氢氧化钠（烧碱）、过氧乙酸（醋酸）、甲醛（福尔马林）、漂白粉、石灰乳、高锰酸钾、来苏儿、克辽林、百毒杀、新洁尔灭、洗泌泰、消毒净、度米芬、双链季铵盐、环氧乙烷、次氯酸钠和碘溶剂等。

（5）养鸡场的消毒制度　随着土杂鸡生产的迅速发展，对规模化饲养土杂鸡的要求越来越高，为了保障鸡群的健康生长，必须建立完善的兽医防疫管理制度。

①养鸡场、鸡舍的入口处要设有消毒池，并经常交替更换消毒液，以保证药效。大门口消毒池的大小为 3.5 米 × 2.5 米，深处为放置的消毒水应能对车轮的全周长进行消毒，消毒池上方应建设挡雨棚，该消毒池旁边可另设行人消毒池，供人员进出使用。

②生产区内严格控制外来人员参观，非养鸡场工作人员和车辆不得随便进入，必须进入时要经严格的消毒。场内工作人员进入生产区前必须经过消毒室或消毒走廊更衣消毒。各鸡舍人员不可随便串岗、串鸡舍，舍内工具也应固定使用。

③养鸡场内不得混养其他家禽或家畜，并尽可能地杜绝野禽进入养鸡场。

④养鸡场工作人员不得从外面购食病死畜禽，也不能在外面从事家禽的养殖活动，以防传染病的引入。

⑤病鸡要及时隔离，死鸡经兽医工作人员检查后可在离养鸡场较远处深埋或焚烧，切忌到处乱丢或喂猪、狗等，使病原微生物到处散布。场内饲养人员不得私自解剖病死土杂鸡。

⑥定期对鸡舍内外的环境、地面进行消毒，一般要求每月对周围环境至少消毒 1 次，每周对鸡舍至少消毒 2 次，每天用清水对鸡舍喷洒 1 次。

四、做好免疫接种和药物防治

1. 疫苗及其种类

疫苗指具有良好免疫原性的病原微生物，经繁殖和处理后的制品，用以接种动物能产生相应的免疫力者，这类物质专供相应的疾病预防之用。

疫苗分为活菌（毒）疫苗、灭活疫苗、类毒素、亚单位疫苗、基因缺失疫苗、活载体疫苗、人工合成疫苗、抗独特型抗体疫苗等。临床上常用的有冻干活疫苗和油乳剂灭活疫苗，如鸡新城疫Ⅳ系冻干苗、鸡新城疫油乳剂灭活疫苗、鸡痘冻干苗和禽流感H5亚型油乳剂灭活疫苗等（图7-11）。

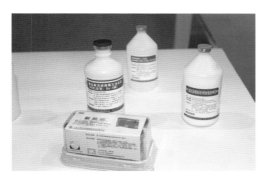

图 7-11　冻干活疫苗和油乳剂灭活疫苗

2. 活疫苗的免疫方法

活疫苗的预防接种方法有多种，不同的免疫方法则要求不同，注意避免出现接种技术的错误。

（1）**饮水免疫**　此法省工、省力，使用恰当效果不错。免疫前停水 2 ~ 3 个小时，将疫苗混匀于饮水，再让土杂鸡饮用，控制在 15 ~ 30 分钟内饮完，这样短时间内即可让每只土杂鸡都能饮到足够均等的疫苗。还需注意用苗前后 48 小时不得使用消毒剂，消毒剂会影响活疫苗的效果；如疫苗的浓度配制不当，疫苗的稀释和分布不均，水质不良，用水量过多，免疫前未按规定停水等都可影响疫苗的效果。

（2）**滴鼻或点眼**　用滴管将稀释好的疫苗逐只滴入鼻腔内或眼内。滴鼻或点眼免疫时要控制速度，确保准确，避免因速度过快使疫苗未被吸入而甩出，造成免疫无效。图 7-12 为活疫苗滴瓶。

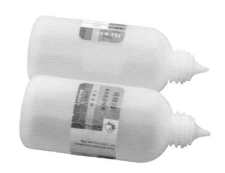

图 7-12　活疫苗滴瓶

（3）**气雾免疫**　疫苗采用加倍剂量，用特制的气雾喷枪使雾化充分，雾粒子直径在 40 微米以下，让雾粒子能均匀地悬浮在空气中。需要注意的是，如果雾滴微粒过大，沉降过快，鸡舍密封不严，就会造成疫苗不能被土杂鸡吸入或吸入不足，影响免疫效果。图 7-13 为活疫苗喷雾专用机。

图 7-13　活疫苗喷雾专用机（雾滴大小可调节范围为 10 ~ 150 微米）

（4）注射免疫 包括皮下注射和肌内注射。注意严格消毒注射器和针头，选择合适的针头，若针头过长、过粗，疫苗注射到胸腔或腹腔或神经干上，可造成死亡或跛行。图7-14为疫苗连续注射器。

图7-14 疫苗连续注射器

（5）刺种 用刺种针（图7-15）或钢笔尖蘸取疫苗液在土杂鸡的翅膀内侧少毛无血管部位接种，主要用于鸡痘疫苗的免疫，刺种前工具应煮沸消毒10分钟，接种时勤换刺种工具。

图7-15 刺种针

3. 疫苗接种的注意事项

（1）把好疫苗质量关 选择优质的疫苗，了解疫苗的性能和类型，认清疫苗的批号、出厂日期、厂家和用量，切勿使用过期疫苗和非法疫苗。假疫苗质量低劣，真空度、效价等都很差，很难达到免疫效果。

（2）做好疫苗的运输与保管 冻干疫苗自生产之日起在-15℃条件下可保存2年（图7-16），在10～15℃条件下只能保存3个月。灭活油乳剂疫苗存放于冰箱保鲜层（图7-17）或室温阴凉处，严防日晒。另外，疫苗运输时也要确保低温，防止疫苗包装标签虽然在有效期内，但效价明显降低甚至失效。

图7-16 冻干活疫苗贮存于冰箱0℃以下的冻结层

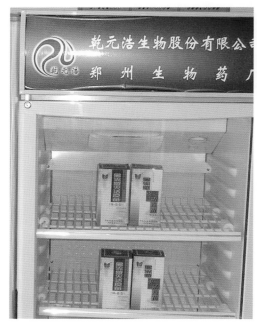

图7-17 灭活疫苗贮存于冰箱的4℃保鲜层

（3）正确使用疫苗 应按说明书的规定正确使用疫苗，例如，新城疫Ⅳ系弱毒活疫苗一般选用生理盐水稀释，要现用现配；可点眼、滴鼻、喷雾、饮水，选择饮水应加倍量；用疫苗前应停水2小时左右，严禁用含氯离子的自来水稀释；配好的疫苗尽可能1小时内用完；避免阳光直接照射疫苗，否则影响疫苗质量。灭活油乳剂疫苗使用前要从冰箱取出，回温到室温再使用；使用时做到不漏种，剂量准确，方法得当。剩余的疫苗应该无害化处理，可用消毒液浸泡，也可高压灭菌或焚烧处理。

（4）避免消毒剂对疫苗的影响　冻干苗是一种活苗，与消毒剂接触就会失去活力，使疫苗失效，引起免疫失败，在养土杂鸡生产中每周都使用消毒剂对鸡舍、用具进行冲洗或喷雾消毒，还有的养土杂鸡户用0.05%高锰酸钾等饮水消毒，用于肠道防腐消毒。因此，在接种冻干疫苗前后两天内严禁饮用消毒药水，经消毒后的饮水器和食槽须用清水冲洗干净后才能使用。

（5）防止抗病毒药对活毒疫苗的影响因抗病毒药在体内可抑制病毒的复制，从而严重抑制了活毒疫苗在体内的抗原活性，影响免疫抗体的产生，所以在用疫苗前后两天内禁用抗病毒药。

（6）减少疫苗之间的相互干扰　据报道，新城疫弱毒疫苗和传染性法氏囊弱毒疫苗之间产生干扰，在接种法氏囊炎疫苗后应间隔7天以上再接种新城疫苗，否则会因法氏囊的轻度肿胀影响新城疫免疫抗体的产生。

（7）降低母源抗体的中和　母源抗体是指种土杂鸡较高的免疫抗体经卵黄输给下一代土杂鸡，这种天然被动免疫抗体，可抵抗相对应强毒的侵袭，如土杂鸡过早接种疫苗，疫苗会被母源抗体所中和，母源抗体越高，被中和的越多，免疫效果会受影响。因此，应根据土杂鸡的母源抗体水平，决定土杂鸡的首次免疫接种日龄。

（8）制定合理的疫苗免疫程序　为了更好地达到防疫效果，控制传染病，应根据自身养鸡场实际情况结合当地流行疫情制定适合本养鸡场的免疫程序，科学合理地确定免疫接种的时间、疫苗的类型和接种方法等，有计划做好疫苗的免疫接种，减少盲目性和浪费现象。应定期检测土杂鸡群的血清抗体，掌握土杂鸡群免疫水平。当发现抗体达不到保护水平时，需及时补种疫苗，提高抗体水平。

　4. 常用免疫程序（表7-1、表7-2仅供参考）

表7-1　商品土杂鸡免疫程序

免疫日龄	疫苗名称	接种剂量	免疫方式	备注
1	马立克氏病	1头份	颈部皮下注射	
6	新支二联	1头份	点眼、滴鼻	
10	ND+H5+H9	0.3毫升	颈部皮下注射	
13	传染性法氏囊病	1头份	滴口	
21	ND+H5+H9	0.3毫升	肌内注射	
23	传染性法氏囊病	2头份	饮水	
	新支二联	2头份	饮水	
40	ND IV 系	3头份	饮水	60天龄以上鸡群使用
60	ND IV 系	3头份	饮水	90天龄以上鸡群使用

表 7-2　土杂鸡种鸡免疫程序

免疫日龄	疫苗名称	接种剂量	接种方法
1	马立克氏病 CVI988 液氮苗	1 头份	颈部皮下注射
6	新支二联活疫苗（La Sota+H120）	1 头份	滴鼻、点眼
10	新支法三联灭活油苗	0.3 毫升	颈部皮下注射
12	传染性法氏囊病活苗	1 头份	滴鼻、点眼
14	禽流感灭活油苗（H5+H9）	0.3 毫升	颈部皮下注射
21	新支二联活苗（La Sota+H120）	2 头份	饮水、滴鼻、气雾
24	传染性法氏囊病活苗	1.5 头份	饮水、滴鼻、点眼
28	鸡痘	1 头份	刺种
30	传染性鼻炎、慢呼二联灭活油苗	0.5 毫升	胸部肌内注射
35	传染性喉气管炎活苗	1 头份	点眼
55	新支二联活苗（La Sota+H52）	3 头份	饮水、滴鼻、气雾
60	禽流感灭活油苗（H5+H9）	0.5 毫升	胸部肌内注射
85	传染性脑脊髓炎 + 鸡痘	1 头份	刺种
90	新支二联活苗（La Sota+H52）	3 头份	饮水、滴鼻、点眼、气雾
95	传染性喉气管炎活苗	1 头份	点眼、滴鼻
100	传染性鼻炎、慢呼二联灭活油苗	0.5 毫升	胸部肌内注射
110	禽流感灭活油苗（H5+H9）	0.7 毫升	胸部肌内注射
120	新支减三联或新支减法四联油苗	0.7 毫升	胸部肌内注射
	新支二联活苗（La Sota+H52）	4 头份	饮水、滴鼻、气雾

注：根据抗体水平，每 1 ~ 2 个月用新城疫（La Sota）4 头份饮水 1 次。

5. 合理使用兽药

（1）**严格掌握兽药的适应证**　根据临床症状，弄清致病原因，选用适当的药物，一般讲革兰氏阳性菌引起的感染，可选用青霉素、红霉素和四环素类药物；对革兰氏阴性菌引起的感染，可选用氟苯尼考等药物，对耐青霉素及四环素的葡萄球菌感染，可选用红霉素、庆大霉素等药物；对霉形体或立克次氏体病则可选用四环素族广谱抗生素和林可霉素，对真菌感染则选用制霉菌素等。

（2）**选择最佳抗菌药物**　在养鸡场或兽医部门有条件时，最好通过药敏试验，选择敏感药物，确定最佳防治用药措施。

（3）**注意兽药的用法和用量**　使用药物时应严格剂量和用药次数与时间，首次剂量宜大，以保证药物在鸡体内的有效浓度，疗程不能太短或太长。如磺胺类药物一般连续用药不宜超过 5 ~ 7 天，必要时可停药 2 ~ 3 天后再使用。用药期间应密切注意药物可能产生的不良反应，及时停药或改药。给药途径也应适当选择，严重感染时多采用肌内注射，一般感染和消化道感染以内服为宜，但严重消化道感染引起的败血症，应选择注射法与内服并用。在应用抗菌药物治疗时，还应考虑到药物的供应情况和价格等问题，尽量优先选择疗效好、来源广、价格便宜的中草药等。

（4）**抗生素的联合应用**　联合用药一般可提高疗效、减少毒性作用和延缓细菌产生耐药性应结合临诊经验使用，如新诺明与甲氧苄氨嘧啶合用，抗菌效果可增强数十倍；而红霉素与青霉素、磺胺嘧啶钠合用，可产生沉淀而降低药效。因此，用药时应注意发挥药物间的协同作用，避免药物间的配伍禁忌。

（5）**防止细菌产生耐药性**　除了掌握抗生素的适应证、剂量、疗程外，还要注意到将几种抗生素交替使用，应避免滥用抗生素，以防止产生耐药性。

（6）**选择合适的给药方法**　使用药物时应严格按照说明书及标签上规定的给药方法给药。在土杂鸡发病初期，能吃料饮水，给药途径也多。在疾病中后期，土杂鸡若吃料饮水明显减少，通过消化途径难以给药，最好选择注射给药。采用内服给药时，一般宜在饲喂前给药，以减少胃内容物对药物的影响。刺激性较强的药物宜在饲喂后给药。饮水给药时，应在给药前2～3小时断水，要让土杂鸡在规定的时间内饮完。混饲给药时，一定要将药物混合均匀，最好用搅拌机拌和；手工拌和时可将药物与少量饲料混匀，然后再将混过药的饲料与其他料混合，这样逐级加大饲料量，直到全部混合完。采用注射给药时，要注意按规定进行消毒，控制好每只土杂鸡的注射量。注射动作应仔细快速，位置准确，严禁刺伤内脏器官或将药液漏出体外。

（7）**严格遵守休药期规定**　对毒性强的药物需特别小心，以防中毒。为防止鸡肉、蛋产品中的药物残留，严格遵守停药期（图7-18），特别在出售或屠宰上市前5～7天必须停药，保证产品没有兽药残留超标。

图7-18　合理使用兽药，严格遵守休药期

（8）**减少兽药对疫苗的影响**　在注射疫苗前后48小时，禁用抗病毒药和消毒药，碱性强的药物（如磺胺类药物）也不宜与疫苗同时使用。

（9）**做好用药记录**　主要内容包括：用药目的、用药时间、药物名称、批号、生产厂家、用药方法、用药剂量、用药次数、用药效果、用药开支及鸡的反应等内容。

（10）**注意药物的批号及有效期**　抗生素的保存有一定期限，购买药品时要注意药品包装上标明的批准文号、生产日期、注册商标、有效期等条款，防止伪劣假药和过期失效的药品流入养鸡场。

五、认真做好检疫工作

通过各种诊断方法对土杂鸡及产品进行疫病检查。通过检疫及时发现病鸡，并采取相应的措施，防止疫病的发生与传播。为保护本场鸡群，应做好以下几点检疫工作。

（1）**定期检疫种鸡**　对垂直传播性疫病如鸡白痢、禽白血病、鸡慢性呼吸道病等呈阳性反应者，不得作为种用，通过定期检疫和净化措施，建立垂直性疾病阴性种鸡群。

（2）**引种时注意检疫**　从外地引起鸡苗或种蛋，必须检查是否有供种资质，了解产地的疫情和饲养管理状况，并对种鸡检测，有垂直性疾病种鸡场的种蛋、雏鸡不宜引种。若是刚出雏，要监督按规定接种马立克氏病疫苗。引种后须经隔离观察确认无疫情才能进场。

（3）**定期进行免疫抗体检测**　养殖场对危害较严重的传染病如新城疫、禽流感、马立克氏病等要定期抽样采血，进行抗体检测，依据抗体水平，确定最适免疫时机。对免疫后抗体水平达不到要求，应寻找原因并加以解决，及时调整免疫程序。

（4）**加强饲料监测**　不仅对饲料成品进行检测，对玉米、小麦、鱼粉、骨粉等原料也需要检测，主要监测黄曲霉菌毒素和细菌学检查，发现有害物质超标或污染病原菌，应少用或不用，或经处理后再用，避免发生中毒或致病。

（5）**加强环境监测**　定期或不定期地检测空气、饮用水、水杯、料槽、孵化器等病原菌的种类和数量，检测饮用水中细菌总数和大肠杆菌数是否符合卫生指标。

（6）**开展药敏试验**　定期或不定期对病鸡进行细菌分离、鉴定，测定病原菌对抗菌药的敏感性，减少无效药物的使用，节约经济开支，提高防治效果。

（7）**做好流行病学监测**　在当地有计划、有组织收集流行病学的信息，注意新发生疫病的动向和特点，以便采取有针对性的防疫措施。

六、切实提高疾病诊断水平

疾病诊断包括临床综合诊断和实验室诊断。

1.临床综合诊断

（1）**流行病学调查**　流行病学调查是疾病诊断的基础，涉及的内容十分广泛，诸如地理地貌、季节、生态环境、卫生状况、饲养设施、饲养管理、土杂鸡群动态、身体状况、免疫水平、疾病状况（发病群的病情、发病率、死亡率和治疗情况）等。某些传染病的症状虽然相似，但其流行特点和规律不一定相同，有时结合流行病学调查可进行区分。

流行病学调查往往以座谈的方式向养土杂鸡户了解本次疫情流行的情况，内容包括：最初发病的时间，随后的蔓延情况，发病期间用药的情况，发病土杂鸡的品种、年龄、性别，查明其发病率和死亡率；了解疫情来源和本场过去是否发生过类似的疫病，附近地区是否曾发生，环境、气候是否发生变化，这次发生前是否从其他地方引进种鸡、畜禽、畜产品、饲料，输出地有无类似疫病存在；另外，了解传播途径和方式，如了解当地畜禽调拨以及卫生防疫情况，等等。通过以上情况的了解，不仅可以为诊断提供依据，而且也能为制订防治措施打好基础。

虽然，通过流行病学调查研究可以做出临床诊断，但这种诊断只是初步的诊断，尚未获得本次疾病发生的确切病因，所以不能称为确诊。但在采取应急措施时可作为依据，因为确诊尚需一定时间，不宜等待！

（2）**临床症状观察**
对个体和群体进行临床检查是一种最

基本、最常用的疾病诊断方法，主要观察土杂鸡外貌、行为习性、精神状态，检查体温、心跳、呼吸、粪便、可视黏膜、外伤等变化，依据检查结果与数据进行分析，可以做出临床诊断，这种诊断同样是初步诊断（印象），但也可以作为采取应急措施的依据。

（3）病理解剖

解剖时需要全面检查尸体，也可根据流行病学、临床初步诊断对特定部位、组织器官作重点检查，一般实践经验丰富者可采取后者以争取时间。剖检病例的数量，应依据疾病发生情况、疾病的性质和土杂鸡群组成而定，通常抽样每个发病群不同年龄的土杂鸡、急慢性病例、发病和病死的病例进行剖检。

解剖前须详细观察病鸡的外部变化，如土杂鸡的毛色、营养状况、可视黏膜（眼结膜、鼻瘤等）、爪及肛门周围有无粪便污染等，检查皮肤损伤、出血、瘀血、丘疹，检查翅腿关节、趾爪等形状，并作详细记录，以便作病情分析。

解剖后主要观察的组织器官如下。

①消化系统。首先检查上消化道，观察嘴的外形和硬度，有无损伤；检查口腔、食道和嗉囊黏膜色泽、内容物、充血、出血、坏死灶、溃疡灶和嗉囊内容物性状等。检查胸腹腔有无渗出液，观察渗出液的颜色和数量，检查是否有内容物、附着物、浆膜出血等。检查肝脏被膜色泽、充血、出血、坏死灶、肿瘤结节和附着物的大小及硬度等，切开观察其切面是否外翻。检查脾脏色泽、大小、结节、充血、出血、坏死灶、切面情况等。观察胰腺颜色、大小是否正常，表面有无出血斑点、结节、坏死灶等异常。注意腺胃、肌胃黏膜有无异常，特

别是腺胃乳头有无出血、溃疡，胃壁是否增厚肿胀，肌胃检查要剥去角质层后观察有无出血、溃疡等变化；肌胃与腺胃交界处有无出血。注意观察肠系膜及浆膜有无充血、出血、结节，剪开肠管观察其黏膜有无充血、出血、溃疡、坏死等变化，有无寄生虫，肠内容物的性状是否异常，特别要注意泄殖腔的变化。

②呼吸系统。检查自鼻腔至气管黏膜的色泽，有无充血、出血和分泌物等。观察气囊是否透明，有无渗出物。检查肺的弹性、色泽、充血、出血、质地、结节、坏死灶等。

③神经系统。检查脑膜有无充血、出血，脑实质有无充血、出血、水肿和坏死等病变。检查腿部坐骨神经有无纹路消失、水肿等现象。

④生殖系统。应注意卵巢观察有无肿胀、变形、变色、变硬等，产蛋鸡注意卵黄等形状是否圆滑，卵黄膜的色泽是否正常。公鸡注意睾丸、输精管有无异常。肾脏注意其颜色变化，是否肿胀、充血、出血，有无增生或坏死，输尿管内有无尿酸盐沉积。

⑤免疫系统。检查脾脏有无颜色变化，是否肿胀、充血、出血，有无增生或坏死。检查胸腺有无充血、出血、肿胀、萎缩，检查盲肠扁桃体是否有出血。

⑥其他。检查心脏大小，心包膜、心内外膜和心冠脂肪是否有出血；心包液是否清亮，颜色是否正常；心肌的颜色、出血、弹性与致密性等，质地是否正常，有无增生、坏死或肿瘤。

通过流行病学调查、观察临床症状及解剖病死土杂鸡，可以对一般性常见病初步做出诊断，在特殊情况及有条件的情况

下可以进一步做实验室检查，以便确诊。

2. 实验室诊断（图 7-19）

（1）微生物学诊断　包括病料的采集；病料涂片、镜检；分离培养和鉴定；动物接种试验。

（2）病理组织学诊断　主要制作病理切片，观察组织病变。

（3）血清学诊断　包括凝集反应、中和反应、沉淀反应、补体结合反应、免疫荧光抗体试验、免疫酶技术等。

（4）免疫学诊断　包括血清学试验、变态反应。

（5）分子生物学诊断　包括 PCR 技术、核酸探针技术、DNA 芯片技术等。

图 7-19　实验室诊断

七、疫病有效的扑灭措施

一旦鸡场发生传染病疫情，应及时采取扑灭措施。

1. 及时诊断

及时查明传染来源，迅速了解疫情，向饲养员了解传染病经过、发病时间、只数、死亡情况。立即对病鸡做出初步临床诊断，在保证不散毒的情况下，剖检尸体，取出病变组织连同剖检记录一起送检化验，或者把病鸡或刚死鸡盛放在严密容器内，快速送有关单位检验诊断化验。确诊后，应立即把疫情报告当地有关部门和上级单位，以便及时通知周围鸡场采取预防措施，防止疫情扩大。

2. 隔离

通过各种检疫的方法和手段，将病鸡和健康鸡分开来，分别饲养，目的是控制传染源，防止疫情继续扩大，以便将疫情限制在最小的范围内就地扑灭。隔离的方法根据疫情和场内具体条件不同，区别对待，一般可以分为以下 3 类。

（1）病鸡　包括有典型症状、类似症状或经检测为阳性的土杂鸡等是危险的传染源。若是烈性传染病，应根据国家相关规定认真处理。若是一般性疾病，则进行隔离，少量病鸡时将有病的剔出隔离；若数量较多，可将病鸡留在原舍，对可疑土杂鸡群隔离。隔离鸡舍、病鸡，只限于本场饲养员和指定兽医出入，其他人员一律不得往来。对病鸡采取对症治疗和特效治疗，直到恢复健康。

（2）可疑感染鸡　指未发现任何症状，但与病鸡同笼、同舍或有明显接触，可能有的处于潜伏期的土杂鸡，也要隔离，可做药物防治或紧急防疫。

（3）假定健康鸡　除上述两类外，场内其他土杂鸡均属于假定健康土杂鸡，也要注意隔离，加强消毒，进行紧急防疫。

紧急预防和治疗应给易感鸡群接种特异性菌苗或疫苗，对患病鸡群采取对症治疗，比如采取血清治疗，一般在最后一只病鸡治愈后 15 ~ 20 天可宣布传染病流行结束。

3. 封锁

严密封锁要求做到"早、快、严、小"，也就是及早发现疫情，尽快隔离病鸡，尽快采取极有效措施，把疫区封死、疫区封严，严格执行防疫制度，尽最大努力把疫情控制在最小范围内并迅速扑灭。发病鸡场停止雏鸡和种鸡的进入、出售或外调。待病鸡痊愈或全部处理完毕，鸡舍、场地和用具经严格消毒后两周，确定无疫情发生，然后再大消毒1次，才能解除封锁。

当养殖场暴发某些重要的烈性传染病，如高致病性禽流感、新城疫等，经政府宣布封锁，对半径3千米内的土杂鸡进行扑杀，扑杀后进行无害化处理，并对环境做彻底消毒。严禁疫区的动物和畜禽产品对外销售，人员、车辆进出需要严格消毒，对5千米以内的家禽实行紧急防疫。

八、实行无害化处理措施

1. 粪便的消除和处理

粪便的危害主要有两个方面：一方面是粪便中含有未被消化吸收的蛋白质，排出体外24小时后会被分解成氨气，是鸡舍最常见和危害较大的气体。氨气无色，具有刺激性臭味，人可感觉的最低浓度为4毫克/米^3，易被呼吸道黏膜、眼结膜吸附而产生刺激作用，使结膜产生炎症；吸入气管使呼吸道发生水肿、充血，分泌液充塞气管；氨气可刺激三叉神经末梢，引起呼吸中枢和血管中枢神经反射性兴奋；氨气还可麻痹呼吸道纤毛或损害黏膜上皮组织，使病原微生物易于侵入，从而减弱土杂鸡对疾病的抵抗力；影响食欲，使发病率和死亡率上升，降低生产性能。另一方面是粪便含有许多有害微生物、寄生虫和虫卵，据研究每克粪便中含有大肠杆菌可达$10^6 \sim 10^7$个。粪便中常见的病原微生物有大肠杆菌、沙门氏菌，另外一些病毒如新城疫病毒、传染性法氏囊炎病毒都能通过粪便传播，是疾病传播的主要传染源。

可见，及时清理粪便有利于改善鸡舍中的空气质量，同时对粪便进行无害化处理，可减少鸡舍中病原微生物和虫卵的数量，降低发病的风险，从而有利于土杂鸡群的健康。

由于土杂鸡粪量很大，生产上深埋或焚烧方法费用较高，养殖场往往选择堆肥发酵的方法对鸡粪进行无害化处理。

2. 病死鸡无害化处理

病死鸡滋生了大量病原微生物，是疾病传播最常见的重要传染源，对病死鸡严格按照《病害动物和病害动物产品生物安全处理规程》（GB16548—2006），进行深埋或焚烧等方法无害化处理。在掩埋病死鸡时应注意远离住宅、水源、生产区，土质干燥、地下水位低，并避开水流、山洪的冲刷，掩埋坑的深度为距离尸体上表面的深度不少于1.5～2米，掩埋前在坑底铺上2～5厘米厚的石灰，病死鸡投入后再撒上一层石灰，填土夯实。焚烧尽量选择焚烧炉，既卫生环保，灭菌（毒）又彻底，但成本相对偏高。

第八章　土杂鸡常见疾病防治技术

鸡病分为病毒性传染病、细菌性传染病、寄生虫病、中毒病、营养代谢病和普通病6个方面,已有报道的鸡病毒性传染病有禽流感、新城疫、马立克氏病、传染性法氏囊炎、传染性支气管炎、传染性喉气管炎、禽白血病、网状内皮组织增殖病、禽脑脊髓炎、鸡痘、禽腺病毒感染、鸡产蛋下降综合征等;鸡细菌性传染病有禽沙门氏菌病、大肠杆菌病、禽霍乱、葡萄球菌病、溃疡性肠炎(鸡病)、鸡慢性呼吸道病、禽曲霉菌病、衣原体感染等;鸡寄生虫病有鸡球虫病、鸡住白细胞虫病、组织滴虫病、隐孢子虫病、绦虫病、蛔虫病、外寄生虫病等;鸡中毒病有鸡有机磷农药中毒、药物中毒、黄曲霉毒素中毒、一氧化碳中毒等;营养缺乏与代谢病有维生素A缺乏症、B族维生素缺乏症、维生素D缺乏症、维生素E缺乏症、钙磷缺乏症、硒缺乏症等;普通病有恶食癖、啄伤、眼炎、气管炎、嗉囊炎、创伤等。受本书篇幅所限的影响,现介绍22种常见的主要鸡病。

一、禽流感

禽流感是由A型流感病毒引起的家禽和野生禽类的高度接触性传染性疾病的各种综合征。禽流感的表现千差万别,从无临床症状感染到呼吸道疾病和产蛋率下降,再到死亡率达100%的急性败血症不等,最后一种病型称为高致病性禽流感。高致病性禽流感是人兽共患病,被国际兽疫局列为A类传染病,我国将其列为一类动物疫病;低致病性禽流感被列为二类动物疫病。

(一)病原

禽流感病毒为A型正黏病毒科流感病毒属,对猪、马、禽及人都能致病,包括鸡。该病毒具有血凝活性,能凝集鸡等禽类和哺乳动物红细胞。禽流感病毒很容易发生基因漂移、转变、重组,导致抗原性变异的频率增加,血清型众多,但多数毒株是低致病性,只有H5和H7亚型的少数毒株是高致病性的。

病毒存在于病死鸡的各种组织器官和体液等中,常采集肝、脾或脑等组织作为病毒分离鉴定的病料。

禽流感病毒对各种理化因素没有超常的抵抗力,对氯仿等有机溶剂比较敏感;对热敏感,56℃30分钟、60℃10分钟、65℃5分钟或更短的时间均可使之失去感染性;直射阳光下40～48小时也可使其灭活;紫外线照射很快被灭活;氢氧化钠、高锰酸钾、新洁尔灭、过氧乙酸等常用消毒剂皆能迅速使其灭活。但禽流感病毒对湿冷有抵抗力,在-20℃低温、干燥或甘油中病毒可保存数月至1年以上,病毒在冷冻肉和骨髓中可存活10个月以上,在-196℃低温下存活42个月以上,在干燥的血块中100天或粪便中82～90天仍可存活,在感染的机体组织中具有长时间的生活力。

（二）流行病学

1878年禽流感首次暴发于意大利的鸡群，欧洲、美洲、非洲和亚洲的一些国家先后发生此病，至今该病几乎遍及世界各地。1966年从火鸡体内分离到H9N2亚型禽流感病毒后，相继从鸡、野鸡、鸭和鸡等人和动物体内分离到禽流感病毒。1992年我国广东鸡群首先报道发生低致病性禽流感，以引起呼吸道症状、产蛋下降为主；2003年暴发以大面积死亡为主的H5N1亚型高致病性禽流感，2020年2月湖南发生H5N1亚型高致病性禽流感和四川发生H5N6亚型高致病性禽流感。目前，禽流感已经成为严重威胁我国养禽业的疫病，也是对养鸡业危害极其巨大的疫病。

1997年我国香港首次报道人感染H5N1禽流感，2013年3月31日上海首先出现人感染H7N9禽流感，在我国10多个省、自治区、直辖市出现人感染禽流感疫情，并造成一定数量人员死亡，可见禽流感具有重要的公共卫生意义。

禽流感病毒在自然条件下能感染多种禽类，至少在50种禽类中发现了禽流感病毒或抗体，其中在自然条件下火鸡、鸡、鸭最为易感，鸡也较为易感，哺乳动物一般不易感。本病毒在野禽尤其野生水禽中感染后，大多数无明显症状，呈隐性感染，从而成为禽流感病毒的天然贮存库。

患禽流感的病禽和病愈带毒禽是主要传染来源，鸭、鹅和野生水禽在本病传播中起重要作用，候鸟也有一定作用。本病通过消化道和呼吸道传染，另外，皮肤损伤、眼结膜感染及吸血昆虫也可传播本病。本病能否垂直传播，现在还没有充分的证据证实，但当母鸡感染后，鸡蛋的内部和表面可存有病毒。人工感染母鸡，在感染后3～4天几乎所产的全部鸡蛋都含有病毒。

该病一年四季均可流行，但在冬季和春季多发。

（三）临床症状

潜伏期从几个小时到3~5天不等，禽流感的临床症状可表现为从无症状的隐性感染到100%的死亡率，低致病性禽流感和高致病性禽流感的临床症状有许多不同，差异比较明显。

低致病性禽流感临床症状以传播速度快、发病率高、死亡率低、表现呼吸道症状、产蛋下降为主。病鸡表现精神沉郁，食欲减少，呼吸困难，常发出"怪叫"声，眼肿、流泪，流鼻液，腹泻，可能有短时间发热。产蛋率大幅下降，可达50%以上，甚至停产；蛋品质下降，砂壳蛋、软皮蛋和畸形蛋等增多。

高致病性禽流感的临床症状以传播速度快、发病率和死亡率高、肿头、败血症为主。感染高致病性禽流感的病鸡多为急性经过，最急性的病例常突然发病，不出现任何症状，可在感染后10多个小时内死亡。急性者病程为1～2天，最早出现的症状是雏鸡死亡增多，病鸡表现精神高度沉郁，缩颈昏睡，羽毛蓬松无光泽，采食量下降或完全废绝，饮水量也明显减少。病鸡头部肿胀，冠和肉髯发黑、水肿（图8-1），眼结膜炎，眼分泌物增多，体温升高，腹泻，粪便黄绿色并带多量的黏液或血液，无明显呼吸道症状，在发病后的5~7天内死亡率几乎达到100%。

图 8-1　鸡冠发绀

图 8-3　胰腺有灰白色坏死点

（四）剖检变化

低致病性禽流感病变主要在呼吸道，尤其是窦的损害，以卡他性、纤维性或脓性炎症为特征。喉气管黏膜水肿、充血并间有出血，气管充血、出血，严重的呈出血环样（图 8-2），在支气管叉处有黄色干酪样物阻塞，眶下窦肿胀，有浆液性到脓性渗出物；气囊膜混浊，纤维素性腹膜炎，胰腺有斑状灰白色至灰黄色的斑状坏死点（图 8-3），肠道黏膜充血或轻度出血；输卵管黏膜充血、水肿，卵泡充血、出血、变性坏死（图 8-4）；肾脏肿大、充血。

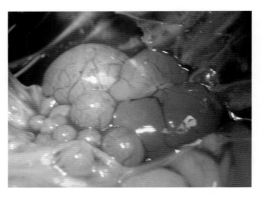

图 8-4　卵泡变性、坏死

高致病性禽流感病变表现为内脏器官和皮肤有各种水肿、出血和坏死。病死鸡头部、眼周围、耳和肉髯水肿，皮下有黄色胶样液体（图 8-5），颈、胸部皮下水肿和充血。胸部肌肉、脂肪和腺胃上有出血斑点，腹部脂肪也有出血斑点。腺胃乳头肿大并有严重的出血点，肌胃角质层下及十二指肠均有明显的出血斑点。肺脏充血、出血，鼻腔、气管、支气管黏膜有充血、出血。肝脏和脾脏肿大，呈暗红色。胰腺水肿并有黄白色坏死，肾脏肿大、出血和坏死。腹膜、肋膜、心包膜、气囊及卵巢充血和出血。心包腔内或腹膜上有纤维素渗出物。输卵管充血、出血，有黏性分泌物。泄殖腔充血、出血、坏死。

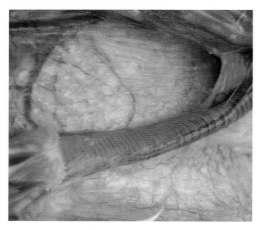

图 8-2　气管呈环状出血

图 8-5　鸡面部肿胀，皮下有胶冻样渗出液

（五）诊断

根据流行病学、临床症状和剖检变化可以做出初步诊断，对低致病性禽流感可通过实验室确诊。须提示的是，若发现鸡发病急、传播迅速、死亡率高等异常情况，应立即向当地动物防疫监督机构报告，由动物防疫监督机构或省级以上兽医主管部门批准的单位采样，送国家指定的高致病性禽流感参考实验室鉴定诊断，经国务院兽医主管部门或省级人民政府兽医主管部门认定，由国务院兽医主管部门按照国家规定的程序及时准确公布疫情，严禁私自解剖、采集病料和从事病毒分离鉴定，严禁私自发布疫情，一旦违反将追究法律责任。

（六）防治措施

禽流感是世界性分布的疫病，对该病的防治各个国家都很重视，我国也从多方面采取严格的防范措施，因为该病一旦暴发，造成的经济损失将无法估计，对养殖业可造成毁灭性的打击。

本病预防主要是严格检疫，把好国门关，防止禽流感从国外传入我国。在引进种鸡、种蛋时，不从有本病疫情的养鸡场甚至地区引种，防止传入本病。养鸡场选址时应远离鸡场、水禽场等，养鸡场严禁饲养鸡、鸭、鹅等其他禽类，以免横向交

叉感染。养鸡场应有良好隔离措施，注意避免与野鸟、珍禽接触，严格执行卫生消毒防疫制度，采取综合性防疫措施，避免将本病传入。

接种疫苗是行之有效的防治方法。国家规定强制接种 H5、H7 亚型禽流感油乳剂灭活疫苗或禽流感基因重组苗，能有效预防和控制高致病性禽流感的暴发。H9N2 亚型低致病性禽流感油乳剂灭活疫苗是商业化、自主选择的疫苗，养鸡场可根据本场和当地该疫病的流行情况选择是否接种，若当地流行严重，最好接种，以免被其感染而引起产蛋率大量下降。免疫程序和方法：雏鸡一般在 5～7 日龄时首免，每只 0.3 毫升；25～30 日龄二免，每只 0.5 毫升；以后每隔 6 个月接种一次，每只 0.5～1 毫升。接种部位一般选在鸡翼窝部，接种方式为皮下注射。

使用具有清热败毒的中草药或双黄连、黄氏多糖等抗病毒中草药制剂对低致病性禽流感有一定的预防和早期治疗作用，干扰素、白介素等生物制品也有一定的早期治疗效果。

若发生高致病性禽流感疫情，应按照《重大动物疫情应急条例》和《高致病性禽流感应急预案》要求，执行"早、快、严、小"防控措施，立即严密封锁养鸡场，将疫点半径 3 千米内所有禽类扑杀，并将所有病死禽、被扑杀禽及其禽类产品、禽类排泄物、被污染饲料、垫料、污水等按《高致病性禽流感 无害化处理技术规范》NY/T 766—2004 进行无害化处理，严格消毒。关闭疫区内禽类产品交易市场，禁止易感染活禽进出和易感染禽类产品运出。对疫区周围 5 千米范围内的所有易感禽类实施疫苗紧急免疫接种。

二、新城疫

新城疫又称亚洲鸡瘟，是由新城疫病毒引起的一种主要侵害鸡、火鸡、野禽、鸡及观赏鸟类的高度接触传染性、致死性疾病，我国将其列入一类动物疫病。本病是为害鸡的主要疫病之一，鸡常突然发病并迅速蔓延，发病率和病死率都高，表现呼吸困难，下痢，伴有神经症状，产蛋严重下降，黏膜和浆膜出血。

（一）病原

本病的病原为新城疫病毒，本病毒存在于病鸡的所有组织器官和体液等中，在脑、脾、肺含毒量最高，在骨髓中保毒时间最长。

新城疫病毒血凝素可凝集人、鸡、豚鼠和小白鼠的红细胞，此特征可应用于血凝试验和血凝抑制试验，鉴定病毒和检测其抗体水平。

本病毒在低温条件下抵抗力强，4℃可存活1～2年，-20℃时能存活10年以上。该病毒对消毒剂、日光及高温抵抗力不强，经紫外线照射或100℃经1分钟，55℃经45分钟或在阳光直射下经30分钟可被灭活。一般消毒剂的常用浓度即可很快将其杀灭，常用的消毒药有2%氢氧化钠溶液、3%石炭酸溶液、1%来苏尔、0.1%甲醛溶液等。

（二）流行病学

新城疫病毒可感染50个鸟目中27个鸟目240种以上的禽类，鸡、火鸡和野鸡对本病毒非常易感，鸡对本病毒也比较易感。

本病的主要传染源是病鸡和带毒鸡，受感染鸡在症状出现前24小时，其分泌物和排泄物中发现新城疫病毒。潜伏期的病鸡所生的蛋也含有病毒。本病传播途径主要是呼吸道和消化道，也可经创伤、眼结膜等方式传播。当健康鸡与病鸡或带毒鸡直接接触，或间接摄入被鸡呼吸道或消化道排泄物污染的垫料、饲料或饮水等时，该病即在鸡群中传播开来。昆虫、鼠类的机械携带，以及带毒的鸽、麻雀的传播对本病也具有重要的流行病学意义。

不同发病鸡群的发病率、死亡率差异较大，共同特点是流行期较长，鸡群从发病到恢复正常一般要持续30～40天。

该病一年四季均可流行，但以春、秋季多发，往往呈地方流行性。不同年龄、品种和性别的鸡均能感染，但雏鸡的发病率和死亡率明显高于成年鸡。

（三）临床症状

本病的潜伏期为2～15天，平均5～6天。发病的早晚及临床症状严重程度依病毒的毒力、年龄、免疫状态、感染途径及剂量、并发感染、环境及应激情况而有所不同。

最急性型，发病迅速，一般不表现临床症状，突然死亡。急性型，发病率和死亡率可达90%以上，病初体温升高，精神不振，食欲减少或废绝，但喜饮，倒提时口腔内流出大量黏液，行走迟缓，离群呆立，闭目缩颈，翅尾下垂，冠和肉髯呈紫色；呼吸困难，常发出喘鸣声；腹泻严重，拉黄白或黄绿色粪便，有时含有血液；产蛋鸡产蛋量下降，软壳、白壳蛋增多，病程长的出现腿麻痹、共济失调等神经症状，一般2～3天死亡。慢性型，发病后期多见，神经症状明显，呈兴奋、麻痹及痉挛状态，动作失调，步态不稳，头颈歪斜，时而抽搐，常出现不随意运动；羽翼下垂，体况消瘦，时有腹泻，最后死亡。

最近几年其流行症状呈现非典型症状，表现精神萎靡不振，病情比较缓和，采食量下降，发病率和死亡率都不高，有零星的死亡现象。病鸡张口呼吸，有"呼噜"声，咳嗽，口流黏液，倒提病鸡可见从口中流出酸臭液体（图8-6），排黄绿色稀粪，继而出现歪头，扭脖或呈仰面观星状等神经症状（图8-7）；产蛋鸡产蛋量突然下降5%～12%，严重者可达50%以上，并出现畸形蛋、软壳蛋和糙皮蛋。其他的如神经症状在慢性病例中也会出现。

图8-6　倒提鸡时，口中流出黏液

图8-7　患新城疫的病鸡精神不振，拉黄绿色稀粪，有扭头现象

（四）剖检变化

主要表现为全身败血症，以消化道和呼吸道最为严重，全身组织器官呈广泛性充血、出血，最常见病变在腺胃、肌胃和肠道。腺胃乳头出血，挤压有脓性分泌物，严重的形成溃疡，腺胃与肌胃交界处黏膜有出血条带（图8-8），肌胃角质膜下

黏膜出血（图8-9），胃内容物变成墨绿色（图8-10）；喉头充血、出血，病死鸡气管黏膜脱落，气管充血、出血，有时有黏性分泌物，肺瘀血；小肠和直肠有弥漫性出血，部分出血水肿，严重的可见肠有坏死性结节，剖开可见纽扣样溃疡面（图8-11），盲肠扁桃体剖面出现黑色溃疡灶（图8-12）；泄殖腔黏膜出血；脑充血、出血（图8-13），脑实质水肿；嗉囊内有酸臭液体；肝、脾、肾肿胀，部分病例肝有出血斑和小的灰白色坏死灶，有的病死鸡可见食管、胰腺和脾脏出血，腹腔内有卵黄液与松软的卵黄滤泡。

非典型新城疫剖检可见气管轻度充血，有少量黏液。鼻腔有卡他性渗出物，气囊混浊。少见腺胃乳头出血等典型病变。

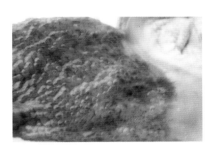

图8-8　腺胃乳头出血、腺胃与肌胃交界处有出血条带

图8-9　肌胃角质膜下出血斑

图 8-10 肌胃内容物呈墨绿色

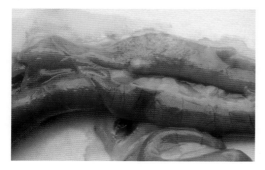

图 8-11 肠出血，可见溃疡性结节

图 8-12 盲肠扁桃体剖面出现黑色溃疡灶

图 8-13 脑出血

（五）诊断

当鸡群突然采食量下降，出现呼吸道症状和拉绿色稀粪，产蛋鸡的产蛋率明显下降，应首先考虑到新城疫的可能性。通过对鸡群的仔细观察，发现呼吸道、消化道及神经症状，结合尽可能多的剖检病变，如见到以消化道黏膜出血、坏死和溃疡为特征的示病性病理变化，可初步诊断为新城疫。确诊要进行病毒分离和鉴定；也可通过血清学诊断来判定，如病毒中和试验、ELISA 试验、免疫荧光、琼脂双扩散试验、神经氨酸酶抑制试验等，但血凝抑制试验仍不失为一种快速准确的实验室诊断方法。

（六）防治措施

新城疫的预防工作是一项综合性工程，饲养管理、防疫、消毒、免疫及监测 5 个环节缺一不可，不能单纯依赖疫苗来控制疾病。

加强饲养管理工作和清洁卫生，注意饲料营养，减少应激，提高鸡群的整体健康水平；特别要强调全进全出和封闭式饲养制，提倡育雏、育成、成年鸡分场饲养方式；严格防疫消毒制度，杜绝强毒污染和入侵。

定期做好疫苗接种，目前生产中多采用鸡的新城疫疫苗，结合当地疫情，建立科学的、合理的免疫程序很有必要。商品土杂鸡推荐的免疫程序（仅供参考）：7 日龄使用鸡新城疫 La Sota 或 Clone-30 弱毒苗滴鼻、点眼首免，24～26 日龄鸡新城疫 La Sota 弱毒苗喷雾或滴口二免，50 日龄鸡新城疫 La Sota 弱毒苗喷雾或滴口三免；或 7 日龄鸡新城疫 La Sota 或 Clone-30 弱毒苗滴鼻点眼＋鸡新城疫油乳剂灭活疫苗每羽 0.3 毫升皮下注射首免，25 日龄鸡新城疫 Ⅳ 系弱毒苗点眼、喷雾、滴口二免，50 日龄鸡新城疫 La Sota 弱毒苗喷雾或滴口三免。产蛋鸡和种鸡推荐的免疫程序（仅供参考）：7 日龄鸡新城疫 Ⅳ 系弱毒苗滴鼻、点眼 + 鸡新城疫油乳剂灭活疫苗每羽 0.3 毫升皮下注射首免，28 日龄鸡新城疫 La Sota 1 倍量喷雾免疫或 2 倍量滴口二免，9 周龄 La Sota 1.5 倍量喷雾免疫三免，开产前 7～10 天鸡新城疫 La Sota 2 倍量滴口 + 鸡新城疫油乳剂灭活疫苗每羽 0.3 毫升皮下注射四免，开产后每 6—9 月鸡新城疫 La Sota 2 倍量滴口 + 鸡新城疫油乳剂灭活疫苗每羽 0.3 毫升皮下注射加强免疫。在鸡新城疫疫苗免疫接种前后 2～3 天，在鸡群的饮水中添加速补等速溶性维生素，以减少应激反应，提高免疫效果。

一旦发生本病，应加强对鸡舍的消毒和带鸡消毒，并做好隔离工作。及时淘汰发病鸡，对病死鸡进行无害化处理，防止疫情的扩散。对没有出现症状的鸡可紧急注射鸡新城疫灭活苗，每羽皮下注射 0.3 毫升，必要时可鸡新城疫 La Sota 4 倍量饮水 + 鸡新城疫油乳剂灭活疫苗皮下注射；同时饲料中增加速补多维，并在饲料或饮水中添加强力霉素、环丙沙星等广谱抗菌药物和一些抗病毒的药物（如抗病毒中药制剂及干扰素等），效果会更好。

三、传染性法氏囊炎

传染性法氏囊炎又称甘布啰病，是由传染性法氏囊炎病毒引起的一种高度接触性免疫抑制性传染病。本病传播快，流行广，发病突然，水样腹泻，胸肌和腿肌呈条片状出血。

（一）病原

传染性法氏囊炎病毒抵抗力很强，耐热，耐阳光、紫外线照射，56℃加热 5 小时仍存活，60℃可存活半小时；耐酸不耐碱，pH 值 2.0 经 1 小时不被灭活，pH 值 12 则受抑制。病毒对乙醚和氯仿不敏感；在污染的粪便、饲料、饮水中可存活 52 天，病鸡舍内可存活 100 天以上。70℃则迅速灭活本病毒，3% 煤酚皂溶液、0.2% 过氧乙酸、2% 次氯酸钠、5% 漂白粉、3% 石炭酸、3% 福尔马林、0.1% 升汞溶液可在 30 分钟内灭活本病毒。

（二）流行病学

本病主要发生于雏鸡和火鸡，不过鸡、鸭、孔雀、乌骨鸡也易感。不同品种的鸡均有易感性，3～5 周龄鸡最易感，4—6 月为流行高峰季节。

病鸡是主要传染源。鸡可通过直接接触和污染了传染性法氏囊炎病毒的饲料、饮水、垫料、尘埃、用具、车辆、人员、衣物等间接传播，老鼠和昆虫等也可间接传播，经眼结膜也可传播。本病毒不仅可通过消化道和呼吸道感染，还可通过污染了病毒的蛋壳传播，但未有证据表明经卵垂直传播。我国不少地区鸡群存在超强毒力的毒株，部分疫苗中也存在超强毒株，须引起养鸡工作者的重视。

本病发病率高（可达 100%），而死亡率不高，一般为 5% 左右，也可达 20%～30%，卫生条件差而伴发其他疾病时死亡率可升至 40% 以上，雏鸡甚至可达 80% 以上。

本病的另一流行病学特点是发生本病的养鸡场，常常出现新城疫、马立克氏病等疫苗免疫接种失败现象，这种免疫抑制现象常使发病率和死亡率急剧上升。

（三）临床症状

本病潜伏期为 2 ~ 3 天，易感鸡群感染后发病突然，病程一般为 1 周左右，典型发病鸡群的死亡曲线呈尖峰式。发病鸡群的早期症状之一是有些病鸡出现啄自己肛门的现象，随之出现腹泻，排出白色黏稠或水样稀便。随着病程的发展，食欲逐渐消失，颈和全身震颤，病鸡步态不稳，羽毛蓬松，精神委顿，卧地不动，体温常升高，泄殖腔周围的羽毛被粪便污染。此时病鸡脱水严重，趾爪干燥，眼窝凹陷，最后衰竭死亡。急性病鸡可在出现症状 1 ~ 2 天后死亡，3 ~ 5 天达死亡高峰，以后逐渐减少。在初次发病的养鸡场多呈显性感染，症状典型，死亡率高。以后发病多转入亚临诊型，死亡率低，但其造成的免疫抑制严重。

（四）剖检变化

病死鸡肌肉色泽发暗，胸部肌肉和大腿内外侧常见条纹状或斑块状出血（图8-14、图8-15）。腺胃和肌胃交界处常见出血点或出血斑（图8-16）。法氏囊病变具有特征性，水肿，比正常大 2 ~ 3 倍，囊壁增厚，外形变圆，呈土黄色，外包裹有胶冻样透明渗出物（图8-17）。黏膜皱褶上有出血点或出血斑，内有炎性分泌物或黄色干酪样物。随病程延长，法氏囊萎缩变小，囊壁变薄，第八天后仅为其原重量的1/3左右。一些严重病例可见法氏囊严重出血，呈紫黑色如紫葡萄状（图8-18）。肾脏肿大，常见尿酸盐沉积，输尿管有多量尿酸盐而扩张。盲肠扁桃体多肿大、出血。

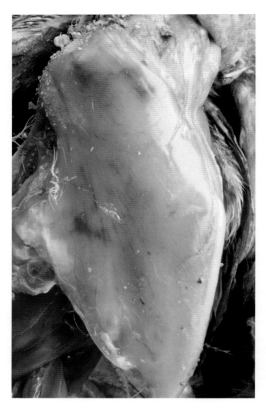

图8-14 传染性法氏囊炎表现胸肌出血

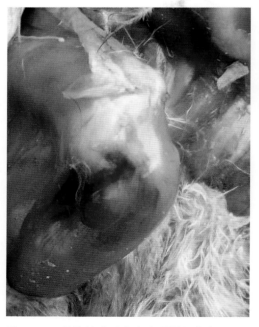

图8-15 传染性法氏囊炎表现腿肌出血

图 8-16　腺胃和肌胃交界处有出血条带

图 8-17　法氏囊水肿

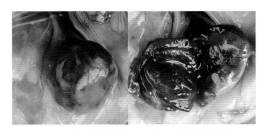

图 8-18　法氏囊肿胀、出血，像紫葡萄样

（五）诊断

本病根据其流行病学、病理变化和临床症状可做出初步诊断，确诊须通过实验室方法。

（六）防治措施

本病的预防需实行科学的饲养管理和严格的卫生措施，采用全进全出饲养方式，鸡舍换气良好，温度、湿度适宜，消除各种应激条件，提高鸡免疫应答能力。对 60 日龄内的雏鸡最好实行隔离封闭饲养，杜绝传染来源。

疫苗免疫接种是比较有效的预防办法。目前使用的疫苗主要有灭活苗和活苗两类，免疫程序的制定可根据琼脂扩散试验对鸡群的母源抗体、免疫后抗体水平进行监测，以便选择合适的免疫时间。如用标准抗原作 AGP 测定母源抗体水平，若 1 日龄阳性率 < 80%，可在 10 ~ 15 日龄首免；若阳性率 ≥ 80%，可在 14 ~ 20 日龄传染性法氏囊炎中等毒力活疫苗饮水首免。4 ~ 5 周龄传染性法氏囊炎中等毒力活疫苗饮水二免，18 ~ 22 周龄和 45 周龄时各注射油佐剂灭活苗一次，一般可保持较高的母源抗体水平。

一旦发病，应严格封锁病鸡舍，每天上下午各进行一次带鸡消毒，对环境、人员、工具也应进行消毒。发病早期注射高免血清或高免卵黄抗体治疗可获得较好的疗效，每羽皮下或肌内注射 0.5 ~ 1.0 毫升，注射越早效果越佳。发病鸡群可适当提高鸡舍温度，在水中添加水溶性维生素及电解质，以增强抵抗力；投服抗生素防止继发感染，可有利于康复。

四、鸡马立克氏病

鸡马立克氏病是由疱疹病毒引起的一种淋巴组织增生性疾病，鸡是最主要的自然宿主。本病神经型表现腿、翅麻痹，内脏型可见各种脏器、性腺、虹膜、肌肉和皮肤等部位形成肿瘤。

（一）病原学

鸡马立克氏病病毒属于细胞结合性疱疹病毒 B 群，病毒有两种存在形式，即裸体粒子（核衣壳）和有囊膜的完整病毒粒子。核衣壳通常存在于细胞核中，偶见于细胞浆或细胞外液中，有严格的细胞结合性，离开细胞致病性即显著下降和丧失，在外界环境中生存活力很低，主要见于肾小管、法氏囊、神经组织和肿瘤组织中。具有囊膜的病毒子主要存在于细胞核膜附近或者核空泡中，非细胞结合性，可脱离细胞而存在，对外界环境抵抗力强，主要见于羽毛囊角化层中，多数是有囊膜的完整病毒粒子，在本病的传播方面起重要作用。

（二）流行病学

本病主要通过直接或间接接触经空气传播，在生命的早期吸入有传染性的皮屑、尘埃和羽毛引起鸡群的严重感染，被病毒污染的工作人员衣服、鞋靴以及笼具、车辆都可成为本病的传播媒介。雏鸡对本病十分易感，但一般要在 10 周后才表现症状或死亡。日本鸡易感性最大，母鸡的易感性大于公鸡。

（三）临床症状

根据临床症状和病变发生的主要部位，本病在临床上分为神经型（古典型）、内脏型（急性型）、眼型和皮肤型 4 种类型，有时可以混合发生。

神经型主要侵害外周神经，侵害坐骨神经最为常见。病鸡步态不稳，发生不完全麻痹，后期则完全麻痹，不能站立，蹲伏在地上，或一腿伸向前方另一腿伸向后方，呈劈叉特征性姿态（图 8-19）；臂神经受侵害时，被侵的侧翅膀下垂；当侵害支配颈部肌肉的神经时，病鸡发生头下垂或头颈歪斜；当迷走神经受侵时则可引起失声、嗉囊扩张以及呼吸困难；腹神经受侵时则常有腹泻症状。

内脏型多呈急性暴发，常见于产蛋鸡，开始以大批鸡精神委顿为主要特征，几天后部分病鸡出现共济失调，随后出现单侧

图 8-19　病鸡呈劈叉特征性姿态，翅膀下垂

或双侧肢体麻痹。部分病鸡死前无特征临床症状，很多病鸡表现脱水、消瘦和昏迷。

眼型出现于单眼或双眼，视力减退或消失，虹膜失去正常色素，呈同心环状或斑点状以至弥漫的灰白色，瞳孔边缘不整齐，到严重阶段瞳孔只剩下一个针头大的小孔。

皮肤型一般无明显的临床症状，往往在宰后拔毛时发现羽毛囊增大，形成淡白色小结节或瘤状物，多在腿部、颈部及躯干背面生长粗大羽毛的部位。

（四）剖检变化

病鸡最常见的病变表现在外周神经、坐骨神经丛等受害神经增粗，呈黄白色或灰白色，横纹消失，有时呈水肿样外观；病变往往只侵害单侧神经，诊断时多与另一侧神经比较。内脏器官中以卵巢的受害最为常见（图 8-20），其次为肝（图 8-21）、肾（图 8-22）、脾、心、肺、胰、肠系膜、腺胃、肠道和肌肉等，在上述组织中长出大小不等的肿瘤块，呈灰白色，质地坚硬而致密。有时肿瘤组织在受害器官中呈弥漫性增生，整个组织器官变得很大。

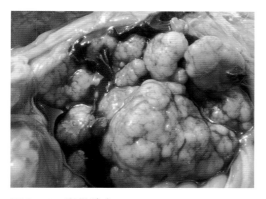

图 8-20 卵巢肿瘤

图 8-21 肝脏肿瘤

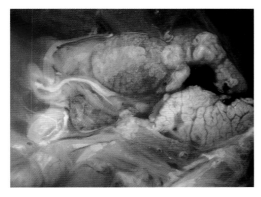

图 8-22 肾脏肿瘤

（五）诊断

本病根据其流行病学、临床症状和病理变化可做出初步诊断，通过实验室方法确诊。

（六）防制措施

预防本病主要通过加强饲养管理和卫生管理，坚持自繁自养，执行全进全出的饲养制度，避免不同日龄鸡混养；实行网上饲养和笼养，减少鸡与羽毛粪便接触；严格卫生消毒制度，尤其是对种蛋、出雏器和孵化室的消毒，常选用熏蒸消毒法；消除各种应激因素，注意对传染性法氏囊炎、禽白血病等的预防；加强检疫，及时淘汰病鸡和阳性鸡。

疫苗接种是防制本病的关键，在进行疫苗接种的同时，鸡群要封闭饲养，尤其是育雏期间应搞好封闭隔离，可减少发病率。雏鸡必须在出壳 24 小时内注射马立克氏病疫苗，注射时严格按照操作说明进行。我国目前使用的马立克氏病疫苗有冻干苗和液氮苗两种，这些疫苗均不能抵抗感染，但可防止发病。冻干苗为火鸡疱疹病毒（HVT）疫苗，其使用方便，易保存，但不能预防超强毒的感染发病，也易受母源抗体干扰，造成免疫失败。液氮苗常为 CVI988、二价或三价苗，需 -196℃的液氮保存，可预防超强毒的感染发病，受母源抗体干扰较少，在存在超强毒的养鸡场，应该使用马立克氏病二价液氮疫苗或 CVI988。

需长途运输的雏鸡，到达目的地时，可补种 1 次马立克氏病疫苗。个别污染严重的鸡场，可在出壳 1 周内用马立克氏冻干苗进行二免。在疫苗使用中应注意以下几点。

第一，接种剂量要足，一般每只需注射 4 000 蚀斑单位（PFU）以上的马立克氏病疫苗，而我国目前的标准量是每只 2 000 蚀斑单位，在保存、稀释、使用时造成部分损失，常导致免疫剂量不足，实际使用时应按说明量的 2 ~ 3 倍使用。

第二，保存、稀释疫苗要严格按照操作说明去做，尤其是液氮苗，要定期检查保存疫苗的液氮罐，以保证疫苗一直处于液氮中，稀释时要求卫生、快速、剂量准确。

第三，疫苗稀释后仍需放在冰瓶内，并在 1 小时内用完。

五、禽白血病

禽白血病是由禽 C 型反录病毒群的病毒引起的禽类多种肿瘤性疾病的统称，主要是淋巴细胞性白血病，其次是成红细胞性白血病、成髓细胞性白血病。此外，还可引起骨髓细胞瘤、结缔组织瘤、上皮肿瘤、内皮肿瘤等。大多数肿瘤侵害造血系统，少数侵害其他组织，是一种免疫抑制性疾病。该病已成为影响我国蛋鸡业的重要疫病，发病后给蛋鸡养殖带来很大的经济损失。

（一）病原

禽白血病病毒属于反录病毒科禽 C 型反录病毒群，禽白血病病毒与肉瘤病毒紧密相关，因此，统称为禽白血病 / 肉瘤病毒。经典禽白血病病毒有 A、B、C、D 亚群，前几年，在蛋鸡场开产后发生的白血病 / 血管瘤主要是由 J 亚群禽白血病病毒引起，但同时也有的是由 A、B 亚群白血病病毒感染引起。

禽白血病病毒的多数毒株能在 11 ~ 12 日龄鸡胚中良好生长，可在绒毛尿囊膜产生增生性痘斑。腹腔或其他途径接种 1 ~ 14 日龄易感雏鸡，可引起鸡发病。多数禽白血病病毒可在鸡胚成纤维细胞培养物内生长，通常不产生任何明显细胞病变，但可用抵抗力诱发因子试验来检查病毒的存在。

白血病 / 肉瘤病毒对脂溶剂和去污剂敏感，对热的抵抗力弱。病毒材料需保存在 -60℃以下，在 -20℃很快失活。本群病毒在 pH 值 5 ~ 9 稳定。

（二）流行病学

本病在自然情况下只有鸡能感染，母鸡的易感性比公鸡高，多发生在 18 周龄以上的鸡，呈慢性经过，病死率为 5% ~ 6%。

传染源是病鸡和带毒鸡。有病毒血症的母鸡，其整个生殖系统都有病毒繁殖，以输卵管的病毒浓度最高，特别是蛋白分泌部，因此，其产出的鸡蛋常带毒，孵出的雏鸡也带毒。这种先天性感染的雏鸡常有免疫耐受现象，其不产生抗肿瘤病毒抗体，长期带毒排毒，成为重要传染源。后天接触感染的雏鸡带毒排毒现象与接触感染时雏鸡的年龄有很大关系。雏鸡在 2 周龄以内感染这种病毒，发病率和感染率都很高，残存母鸡产下的蛋带毒率也很高。4 ~ 8 周龄雏鸡感染后发病率和死亡率大大降低，其产下的蛋也不带毒。10 周龄以上的鸡感染后不发病，产下的蛋也不带毒。

在自然条件下，本病主要以垂直传播方式进行传播，也可水平传播，但比较缓慢，多数情况下接触传播被认为是不重要的。本病的感染虽很广泛，但临床病例的发生率相当低，一般多为散发。饲料中维生素缺乏、内分泌失调等因素都可促使本病的发生。

（三）临床症状

禽白血病由于感染的毒株不同，其临床症状会有所不同，淋巴细胞性白血病是最常见的一种病型，其经典禽白血病病毒引起的临床表现为：在 14 周龄以下的鸡极为少见，至 14 周龄以后开始发病，在性成熟期发病率最高。病鸡精神委顿，全身衰弱，进行性消瘦和贫血，鸡冠、肉髯苍白，皱缩，偶见发绀。病鸡食欲减少或废绝，腹泻，产蛋停止。腹部常明显膨大（图 8-23），用手按压可摸到肿大的肝脏，最后病鸡衰竭死亡。

由 J 亚群禽白血病病毒引起的特征性临床表现为鸡爪血管瘤（图 8-24），一旦破裂，血流不止（图 8-25）。

（四）剖检病变

剖检以肿瘤为主要病变，淋巴细胞性白血病可见肿瘤主要发生于肝（图 8-26）、脾、卵巢（图 8-27）、肾（图 8-28）、法氏囊，也可侵害胸肌（图 8-29）、心肌（图 8-30）、腺胃（图 8-31）、肠道（图 8-32）、血管、性腺、骨髓、肠系膜和肺。肿瘤呈结节形或弥漫形，灰白色到淡黄白色，大小不一，切面均匀一致，很少有坏死灶。其他病症的剖检病变相似，部分不同病变在临床上极少见。

图 8-23　腹部明显膨大

图 8-24　鸡爪血管瘤

图 8-25　鸡爪血管瘤破裂流血

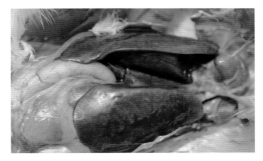

图 8-26　肝脏内有颗粒样肿瘤，肝脏表面凹凸不平

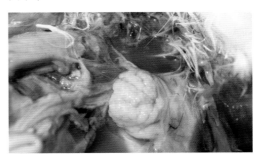

图 8-27　卵巢肿瘤，呈白花菜样

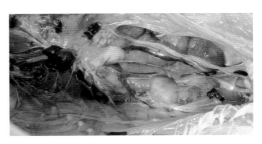

图 8-28　肾脏肿瘤，肿胀突出

图 8-29　胸肌内有玉米粒样肿瘤

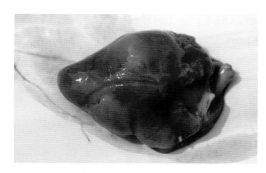

图 8-30　心肌中长有肿瘤，表面凹凸不平

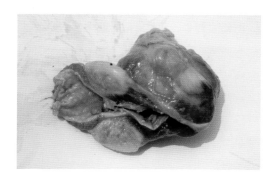

图 8-31　腺胃肌瘤

图 8-32　肠壁内有玉米粒样肿瘤

（五）诊断

本病根据其流行病学、临床症状和病理变化可做出初步诊断，实际诊断中常根据血液学检查和病理学特征结合病原和抗体的检查来确诊。淋巴细胞性白血病应注意与马立克氏病鉴别。

（六）防制措施

本病主要为垂直传播，病毒型间交叉免疫力很低，雏鸡免疫耐受，对疫苗不产生免疫应答，所以对本病的控制尚无切实可行的方法。

减少种鸡群的感染率和建立无白血病的种鸡群是控制本病的最有效措施。加强种鸡的净化工作，种鸡在育成期和产蛋期各进行两次检测，淘汰阳性鸡。从蛋清和阴道拭子试验阴性的母鸡选择受精蛋进行孵化，在隔离条件下出雏、饲养，连续进行 4 代，建立无病鸡群。但由于费时长、成本高、技术复杂，一般种鸡场还难以实行。

鸡场的种蛋、雏鸡应来自无白血病种鸡群，同时加强鸡舍孵化、育雏等环节的消毒工作，特别是育雏期（最少 1 个月）封闭隔离饲养，并实行全进全出制。抗病育种，培育无白血病的种鸡群。生产各类疫苗的种蛋、鸡胚必须选自无特定病原（SPF）鸡场。

六、鸡传染性支气管炎

鸡支气管炎是由冠状病毒引起的一种急性、高度传染性疾病，以呼吸道侵害为主，以咳嗽，喷嚏，雏鸡流鼻液，产蛋鸡产蛋量减少，呼吸道黏膜呈浆液性、卡他性炎症为特征。本病发病率高，病死率低，但淘汰率高，经济影响大。近年来，出现了肾型、腺胃型传染性支气管炎，死亡率增高。

（一）病原

鸡传染性支气管炎病毒属于冠状病毒科冠状病毒属，病毒能在 10 ~ 11 胚龄的鸡胚中生长，自然病例病毒初次接种鸡胚，多数鸡胚能存活，少数生长迟缓。但随着继代次数的增加，对鸡胚的毒力增强，至第十代时，可在接种后的第十天引起80%的鸡胚死亡。

大多数病毒株在 56℃ 15 分钟失去活力，但对低温的抵抗力则很强，在 -20℃ 时可存活 7 年。一般消毒剂，如 1% 来苏尔、1% 石炭酸、0.1% 高锰酸钾、1% 福尔马林及 70% 酒精等均能在 3 ~ 5 分钟内将其杀死。病毒在室温中能抵抗 1%HCl（pH 值为 2）、1% 石炭酸和 1%NaOH（pH 值为 12）1 小时，而在 pH 值为 7.8 时最为稳定。

（二）流行病学

本病仅发生于鸡，其他家禽均不感染。各种年龄的鸡都可发病，但雏鸡最为严重，死亡率也高，一般以 40 日龄以内的鸡多发。本病主要经呼吸道传染，病毒从呼吸道排毒，通过空气的飞沫传给易感鸡。也可通过被污染的饲料、饮水及饲养用具经消化道感染。

本病一年四季均能发生，但以冬春季节多发。鸡群拥挤、过热、过冷、通风不良、温度过低、缺乏维生素和矿物质，以及饲料供应不足或配合不当，均可促使本病的发生。

（三）临床症状

雏鸡伸颈张嘴呼吸，有啰音或喘息音，打喷嚏和流鼻液，有时伴有流泪和面部水肿。出现呼吸症状 2 ~ 3 天后精神不振，食欲下降，常聚热源处，翅膀下垂，羽毛逆立。青年鸡发病时张口呼吸，咳嗽，发出"咯啰"声，为排出气管内黏液，频频甩头，发病 3 ~ 4 天后出现腹泻，粪便呈黄白色或绿色。产蛋鸡发病后，除出现气管啰音、喘气、咳嗽、打喷嚏等症状外，突出表现是产蛋量显著下降，并产软壳蛋、畸形蛋、褪色蛋，蛋壳粗糙，蛋清稀薄如水。

雏鸡发生肾型传染性支气管炎时，大群精神较好，表现典型双相性临床症状，即发病初期有 2 ~ 4 天轻微呼吸道症状，随后呼吸道症状消失，出现表面上的"康复"，1 周左右进入急性肾病变阶段，出现零星死亡。腺胃型传染性支气管炎病鸡羽毛逆立，精神萎靡，排米汤样白色粪便，鸡爪干瘪。

（四）剖检病变

剖检可见气管、支气管、鼻道和窦腔内有浆液性、卡他性或干酪性的渗出物（图 8-33），气管黏膜肥厚，呈灰白色。气管充血，呈环样出血（图 8-34）。产蛋鸡的腹腔内可见到液状卵黄物质，输卵管子宫部水肿，内有干酪样分泌物。雏鸡病愈后有的输卵管发育受阻，变细、变短或呈囊状，失去正常功能，致使性成熟后不能正常产蛋。

发生肾型传染性支气管炎时，机体严

重脱水，肾脏肿大，褪色，呈花斑状，俗称"花斑肾"（图 8-35），肾小管和输尿管内充满白色的尿酸盐。发生腺胃型传染性支气管炎时，可见腺胃异常肿大（图 8-36），腺胃黏膜糜烂（图 8-37），肌胃萎缩，肠道有卡他性炎症。

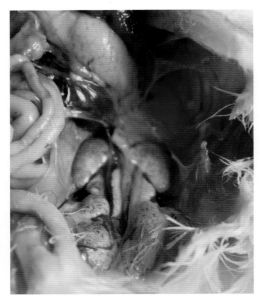

图 8-35　肾脏肿胀，呈花斑状

图 8-33　气管内黏稠分泌物

图 8-36　腺胃异常肿大，肌胃萎缩

图 8-34　气管呈环样出血

图 8-37　腺胃黏膜糜烂

（五）诊断

在雏鸡中突然发生呼吸啰音、咳嗽或打喷嚏，在群间迅速传播并导致死亡，可怀疑鸡支气管炎，结合剖检变化可做出初步诊断，进一步确诊则有赖于病毒分离鉴定及其他实验室方法。

本病在鉴别诊断上应注意与新城疫、鸡传染性喉气管炎及传染性鼻炎相区别。鸡新城疫时一般发病较本病严重，在雏鸡常可见到神经症状。鸡传染性喉气管炎的呼吸道症状和病变则比鸡传染性支气管炎严重；传染性喉气管炎很少发生于幼雏，而传染性支气管炎则幼雏和成年鸡都能发生。传染性鼻炎的病鸡常见面部肿胀，这在本病是很少见到的。肾型传染性支气管炎常与痛风相混淆，痛风时一般无呼吸道症状，无传染性，且多与饲料配合不当有关，通过对饲料中蛋白的分析、钙磷分析即可确定。

（六）防制措施

加强饲养管理，降低饲养密度，避免鸡群拥挤，注意温度、湿度变化，避免过冷、过热。加强通风，防止有害气体刺激呼吸道，尤其是季节交替时的冷应激。合理配比饲料，防止维生素，尤其是维生素 A 的缺乏，以增强机体的抵抗力。

疫苗免疫接种是控制本病的有效措施，采用弱毒苗和灭活苗联合免疫，可产生呼吸道黏膜的局部免疫和全身的体液免疫。以下免疫程序仅供参考。

商品土杂鸡：7 ～ 9 日龄 H_{120} 滴鼻、点眼，40 ～ 50 日龄用 H_{52} 滴鼻、点眼或饮水免疫，污染严重地区可于 15 ～ 20 日龄再加强一次 H_{120} 免疫。

土杂鸡种鸡：7 ～ 9 日龄 H_{120} 滴鼻、点眼，40 ～ 50 日龄 H_{52} 滴鼻、点眼或饮水，开产前注射传染性支气管炎灭活油乳剂苗，同时采用 H_{52} 饮水免疫。

而对传染性支气管炎病毒变异株，可于 20 ～ 30 日龄、100 ～ 120 日龄接种传染性支气管炎 4/91 弱毒疫苗，或者皮下及肌内注射传染性支气管炎灭活油乳疫苗。

发生鸡传染性支气管炎后，应及时采取抗病毒、补充电解质、控制饮食等综合性治疗措施，同时使用抗生素防治并发性疾病，一般治疗效果比较好，治愈后不易复发。

雏鸡发生肾型传染性支气管炎后，可提高育雏温度 2 ～ 3℃，提供充足饮水，并在饮水中添加电解质或保肾药等。饲料中停止添加任何损害肾脏的药物，如磺胺类药物、庆大霉素、卡那霉素等。毒性较大的药物也应禁止添加，如痢特灵、喹乙醇、球虫药、驱虫药等。降低饲料中蛋白质水平，蛋白质含量在 15% ～ 16% 较适宜，同时将多维素加倍，尤其是要增加维生素 A 的用量。避免一切应激反应，保持鸡群安静，停止免疫，尤其不能进行喷雾免疫。通过上述方法进行治疗可使鸡群死亡迅速减少直到停止。

七、传染性喉气管炎

传染性喉气管炎是由传染性喉气管炎病毒引起的鸡的一种急性呼吸道传染病，主要见于成年鸡，发病急、传播快。本病的特征是呼吸困难、咳嗽和咳出含有血液的渗出物，剖检时可见喉头、气管黏膜肿胀、出血和糜烂。

（一）病原

传染性喉气管炎病毒属疱疹病毒科疱疹病毒属，该病毒只有一个血清型，但有强毒株和弱毒株之分。

病毒主要存在于病鸡的气管及其渗出物中，肝、脾和血液中较少见。接种于鸡胚绒毛尿囊膜，病毒可生长繁殖，使鸡胚在接种后 2 ~ 12 天死亡，胚体变小，绒毛尿囊膜增生和坏死，形成灰白色的斑块病灶。病毒易在鸡胚细胞培养上生长，引起核染色质变位和核仁变圆，胞浆融合，成为多核巨细胞，核内可见 A 型包涵体。病毒还可在鸡白细胞培养上生长，引起已出现多核巨细胞为特征的细胞病变。

病毒对外界环境因素的抵抗力中等，55℃ 10 ~ 15 分钟，直射阳光 7 小时，普通消毒剂如 3% 来苏尔、1% 火碱 12 分钟都可将病毒杀死。病禽尸体内的病毒存活时间较长，在 -18℃ 条件下能存活 7 个月以上。冻干后，-20 ~ 60℃ 条件下能长期存活。经乙醚处理 24 小时后，即失去了传染性。

（二）流行病学

在自然条件下，本病主要侵害于鸡，虽然各种年龄的鸡均可感染，但以成年鸡的症状最为特征。病鸡及康复后的带毒鸡是主要传染源，经上呼吸道及眼内传染。易感鸡群与接种了疫苗的鸡作较长时间的接触，也可感染发病。被呼吸器官及鼻腔排出的分泌物污染的垫草饲料、饮水和用具可成为传播媒介。人及野生动物的活动也可机械传播。种蛋蛋内及蛋壳上的病毒不能传播，因为被感染的鸡胚在出壳前均已死亡。

本病一年四季都能发生，但以冬春季节多见。鸡群拥挤，通风不良，饲养管理不善，维生素 A 缺乏，寄生虫感染等，均可促进本病的发生。本病在同群鸡传播速度快，群间传播速度较慢，常呈地方流行性。本病感染率高，但致死率较低。

（三）临床症状

由于病毒的毒力不同、侵害部位不同，传染性喉气管炎在临床上可分为喉气管型和结膜型，由于病型不同，所呈现的症状亦不完全一样。

喉气管型：是高度致病性病毒株引起的，发病初期，鸡群中少数鸡突然死亡，继而部分鸡发生流泪、结膜炎、鼻腔流出黏稠渗出物等症状。经 1 ~ 2 天后，大部分鸡出现伸颈张口呼吸、喘气、打喷嚏等呼吸道症状，同时出现体温升高、食欲减退、精神委顿、鸡冠变紫、腹泻等症状。出现典型的呼吸道症状时，病鸡表现为呼吸困难，抬头伸颈，并发出响亮的喘鸣声，表情极为痛苦，有时蹲下，身体就随着一呼一吸而呈波浪式的起伏；咳嗽或摇头时，咳出血痰，血痰常附着于墙壁、水槽、食槽或鸡笼上，个别鸡的嘴有血染。用手将鸡的喉头向上顶，令鸡张开口，可见喉头周围有泡沫状液体，喉头出血。若喉头被血液或纤维蛋白凝块堵塞，病鸡会窒息死亡，死亡鸡的鸡冠及肉髯呈暗紫色，死亡鸡体况较好，死亡时多呈仰卧姿势，病程常为 10 ~ 14 天。产蛋鸡发病时，产蛋量下降，蛋壳褪色，软壳蛋增多，约 1 个月后恢复正常，死亡率为 10% ~ 20%。幼龄鸡发病后，症状不典型，仅见结膜炎、气喘、呼吸啰音等，死亡率较低。

结膜型：是低致病性病毒株引起的，其特征为眼结膜炎，眼结膜红肿，1 ~ 2 日后流眼泪，眼分泌物从浆液性到脓性，最后导致眼盲，眶下窦肿胀。产蛋鸡产蛋率下降，畸形蛋增多。

（四）剖检病变

本病剖检特征性病变是喉头、气管黏膜肥厚、潮红，有出血点；喉头、气管覆盖一层血染的渗出物，有时喉头和气管完全被黄色干酪样物及血块充满，干酪样物易剥离。慢性病例可见眼睑及眼下窦肿胀、充血，切开可见干酪样渗出物。产蛋鸡卵巢异常，卵泡发软、出血等。

（五）诊断

本病突然发生，传播快，成年鸡多发，发病率高，死亡率低。临床症状较为典型：张口呼吸，气喘，有干啰音，咳嗽时咳出带血的黏液。喉头及气管上部出血明显。根据上述症状及剖检变化可初步诊断为传染性喉气管炎，确诊需进行实验室检查。

本病在鉴别诊断上，应注意同传染性支气管炎、新城疫及慢性呼吸道病的区别。传染性支气管炎多发生于雏鸡，呼吸音低，病变多在气管下部。新城疫死亡率高，剖检后病变较典型。慢性呼吸道病传播较慢，呼吸啰音，消瘦，气囊变化明显。

（六）防制措施

加强饲养管理，防止病源侵入，一旦发病要对健康鸡群严格管理，采取全进全出制，以免健康存栏鸡带毒传播。

污染鸡场在 35 ~ 40 日龄和 100 日龄左右，用传染性喉气管炎活苗免疫。免疫最佳方式是涂肛，弱毒苗也可进行滴鼻、点眼免疫，但点眼免疫应防止继发性眼炎。一般不采取饮水或喷雾免疫。

发病鸡群的治疗，在发病初期用传染性喉气管炎活苗紧急接种，可控制疫情。或者用抗本病的高免血清作紧急接种也有良好效果。饲料中添加抗菌药物，防止其他细菌病的继发感染。饲料中多维素加倍添加，消除应激反应。对呼吸困难的鸡可用氢化可的松和青、链霉素混合喷喉，以缓解呼吸道症状，能大大降低死亡率。氢化可的松 2 毫升 + 青、链霉素各 5 000 单位 + 生理盐水至 10 毫升，每只喷 0.5 毫升。

八、鸡痘

鸡痘是由痘病毒引起的一种缓慢扩散、接触性传染病，其病变特征是在无毛或少毛的皮肤上有痘疹，或在口腔、咽喉部黏膜上形成白色结节。

（一）病原

鸡痘病毒是已知鸡传染性病毒中最大的病毒，能在 10 ~ 12 胚龄的鸡胚成纤维细胞上生长繁殖，并产生特异性病变，细胞先变圆，继之变性和坏死。用鸡胚绒毛尿囊膜复制病毒，在接种痘病毒后的第六天，在鸡胚绒毛尿囊膜上形成一种致密的局灶性或弥漫性的痘斑，灰白色，坚实，厚约 5 米，中央为一灰死区。某些鸡胚适应毒可引起全胚绒毛尿囊膜形成弥漫性痘斑。

病毒大量存在于病鸡的皮肤和黏膜病灶中，病毒对外界自然因素抵抗力相当强，上皮细胞屑片和痘结节中的病毒可抗干燥数年之久，阳光照射数周仍可保持活力，–15℃下保存多年仍有致病性。病毒对乙醚有抵抗力，在 1% 的酚或 1 : 1 000 福尔马林中可存活 9 天，1% 氢氧化钾溶液可使其灭活。50℃ 30 分钟或 60℃ 8 分钟被灭活。胰蛋白酶不能消化 DNA 或病毒粒子，在腐败环境中，病毒很快死亡。

（二）流行病学

各种年龄、性别和品种的鸡都能感染，但以雏鸡和中雏最常发病，雏鸡死亡多。

本病一年四季都能发生，秋冬两季最易流行，一般在秋季和冬初发生皮肤型鸡痘较多，在冬季则以黏膜型（白喉型）鸡痘为多。病鸡脱落和破散的痘痂，是散布病毒的主要形式。其主要通过皮肤或黏膜的伤口感染，不能经健康皮肤感染，亦不能经口感染。库蚊、疟蚊和按蚊等吸血昆虫在传播本病中起着重要作用。蚊虫吸吮过病灶部的血液之后即带毒，带毒的时间可长达10～30天，其间易感染的鸡经带毒的蚊虫刺吸后而传染，这是夏秋季节流行鸡痘的主要传播途径。打架、啄毛、交配等造成外伤，鸡群过分拥挤、通风不良、鸡舍阴暗潮湿、体外寄生虫、营养不良、缺乏维生素及饲养管理太差等，均可促使本病发生和加剧病情。如有传染性鼻炎、慢性呼吸道病等并发感染，可造成大批死亡。

（三）临床症状

鸡痘的潜伏期为4～8天，根据病鸡的症状和病变，常分为皮肤型、黏膜型和混合型3种病型，偶有败血型。

皮肤型：皮肤型鸡痘的特征是在身体无或毛稀少的部分，特别是在鸡冠、肉髯、眼睑和喙角，亦可出现于泄殖腔的周围、翼下、腹部及腿等处，产生一种灰白色的小结节，渐次成为带红色的小丘疹，很快增大如绿豆大痘疹，呈黄色或灰黄色，凹凸不平，呈干硬结节，有时和邻近的痘疹互相融合，形成干燥、粗糙呈棕褐色的大的疣状结节，突出皮肤表面。痂皮可以存留3至4周之久，以后逐渐脱落，留下一个平滑的灰白色疤痕。轻的病鸡也可能没有可见疤痕。皮肤型鸡痘一般比较轻微，没有全身性的症状。但在严重病鸡中，尤以幼雏表现出精神萎靡、食欲消失、体重减轻等症状，甚至引起死亡。产蛋鸡则产

蛋量显著减少或完全停产。

黏膜型（白喉型）：此型鸡痘的病变主要在口腔、咽喉和眼等黏膜表面，气管黏膜出现痘斑。初为鼻炎症状，2至3天后先在黏膜上生成一种黄白色的小结节，稍突出于黏膜表面，以后小结节逐渐增大并互相融合在一起，形成一层黄白色干酪样的假膜，覆盖在黏膜上面。这层假膜是由坏死的黏膜组织和炎性渗出物质凝固而形成，很像人的"白喉"，故称白喉型鸡痘或鸡白喉。如果用镊子撕去假膜，则露出红色的溃疡面。随着病的发展，假膜逐渐扩大和增厚，阻塞在口腔和咽喉部位，使病鸡尤以幼雏鸡呼吸和吞咽障碍，严重时嘴无法闭合，病鸡往往张口呼吸，发出"嘎嘎"的声音。

混合型：本型是指皮肤和口腔黏膜同时发生病变，病情严重，死亡率高。

败血型：在发病鸡群中，个别鸡无明显的痘疹，只是表现为下痢、消瘦、精神沉郁，逐渐衰竭而死，病鸡有时也表现为急性死亡。

（四）剖检病变

皮肤型鸡痘其特征性病变是局灶性表皮和其下层的毛囊上皮增生，形成结节。结节起初表现湿润，后变为干燥，外观呈圆形或不规则形，皮肤变得粗糙，呈灰色或暗棕色。结节干燥前切开切面出血、湿润，结节结痂后易脱落，出现瘢痕。

黏膜型禽痘，其病变出现在口腔、鼻、咽、喉、眼或气管黏膜上。黏膜表面稍微隆起白色结节，以后迅速增大，并常融合而成黄色、奶酪样坏死的伪白喉或白喉样膜，将其剥去可见出血糜烂，炎症蔓延可引起眶下窦肿胀和食管发炎。

败血型鸡痘，其剖检变化表现为内脏

器官萎缩，肠黏膜脱落，若继发引起网状内皮细胞增殖症病毒感染，则可见腺胃肿大，肌胃角质膜糜烂、增厚。

（五）诊断

根据发病情况，据病鸡的冠、肉髯和其他无毛部分的结痂病灶，以及口腔和咽喉部的白喉样假膜就可做出初步诊断。确诊则有赖于实验室检查。

皮肤型鸡痘易与生物素缺乏相混淆，生物素缺乏时，因皮肤出血而形成痘痂，其结痂小，而鸡痘结痂较大。黏膜型鸡痘易与传染性鼻炎相混淆，传染性鼻炎时上下眼睑肿胀明显，用碘胺类药物治疗有效，黏膜型鸡痘时上下眼睑多黏合在一起，眼肿胀明显，用磺胺类药物治疗无效。

（六）防制措施

搞好饲养管理，加强鸡群的卫生消毒及消灭吸血昆虫。

定期进行免疫接种。目前常用的是鸡痘鸡化弱毒苗，使用方法：鸡翅膀内侧无毛无血管处皮肤刺种，刺种后3～4天，刺种部位若出现红肿、水泡及结痂，表明刺种成功，否则应予补种。首免在30日龄左右，二免在开产前进行。本病流行季节或污染严重的鸡场，可在6～20日龄内首次接种。

目前尚无特效治疗药物，主要采用对症疗法，以减轻病鸡的症状和防止并发症。皮肤上的痘痂，一般不做治疗，必要时可用清洁镊子小心剥离，伤口可用1%碘甘油（碘化钾10克，碘5克，甘油20毫升，摇匀，加蒸馏水至100毫升）涂擦治疗，对鸡痘引起的眼炎可用庆大霉素或其他抗生素点眼治疗。对白喉型鸡痘，应用镊子剥掉口腔黏膜的假膜，用1%高锰酸钾洗后，再用碘甘油或氯霉素、鱼肝油涂擦。病鸡眼部如果发生肿胀，眼球尚未发生损坏，可将眼部蓄积的干酪样物排出，然后用2%硼酸溶液或1%高锰酸钾冲洗干净，再滴入5%蛋白银溶液。剥下的假膜、痘痂或干酪样物都应烧掉，严禁乱丢，以防散毒。

九、产蛋下降综合征

产蛋下降综合征是由禽腺病毒引起的传染病，病鸡不表现明显的临床症状，主要表现为产蛋鸡产蛋率下降、褪色蛋、软壳蛋、畸形蛋、无壳蛋增多。

（一）病原

产蛋下降综合征病毒属于禽腺病毒Ⅲ群，无囊膜，能在鸭胚、鸭胚肾细胞和鸭胚成纤维细胞、鸡胚肝细胞和鸡胚成纤维细胞上生长繁殖，但在鸡胚肾细胞和火鸡细胞中生长不良，在哺乳动物细胞不能生长。在鸭胚生长良好，可使鸭胚致死。

本病病毒能凝集鸡、鸭、鹅、鸽、火鸡的红细胞，但不能凝集家兔、绵羊、马、猪、牛的红细胞。国内外分离的病毒株有10多个，已知各地分离到的毒株同属一个血清型。

病毒对乙醚、氯仿不敏感，pH值为3～10的环境中能存活。加热到56℃可存活3小时，60℃加热30分钟丧失致病力，70℃加热20分钟则完全灭活。在室温条件下至少存活6个月以上，0.3%甲醛24小时、0.1%甲醛48小时可使病毒完全灭活。该病毒能在鸭肾细胞、鸭胚成纤维细胞、鸡胚肝细胞、鸡肾细胞和鹅胚成纤维细胞上生长，增殖良好。接种在7～10日龄鸭胚中生长良好，并可使鸭胚致死，其尿囊液有很高的血凝滴度；接种5～7

胚龄鸡胚卵黄囊，则胚体萎缩。

（二）流行病学

各种年龄的鸡均可感染，但幼龄鸡不表现临床症状，尤以26～36周龄的产蛋鸡最易感。本病一年四季都能发生，主要经种蛋垂直传播，也可水平传播，尤其产褐壳蛋的母鸡易感性高。

（三）临床症状

发病鸡群一般无特殊临床症状，只表现产蛋量突然下降或产蛋率达不到高峰，可使产蛋鸡群产蛋率下降10%～30%，3～8周后渐渐恢复正常。产蛋率下降的同时，还伴有大量软壳蛋、褪色蛋、薄壳蛋、畸形蛋、无壳蛋等异常蛋，在流行盛期，蛋破损率可达20%～40%，无壳蛋、软壳蛋可达15%。

（四）剖检病变

本病一般没有死亡，也无特殊性病变，偶见输卵管黏膜水肿、肥厚，有时可见卵巢萎缩，卵泡稀少。

（五）诊断

本病根据其流行病学、临床症状和病理变化可做出初步诊断，多种因素可造成密集饲养的鸡群发生产蛋下降，在诊断时应注意综合分析和判断。确诊需进行实验室检查。鉴别诊断本病时必须与鸡新城疫、传染性喉气管炎、传染性脑脊髓炎及钙、磷缺乏症等引起的产蛋下降相区别。

（六）防制措施

本病无有效的治疗方法，在开产前接种产蛋下降综合征油乳剂灭活苗，可有效预防本病。

在发病鸡群饲料中提高多维素和蛋氨酸的用量，同时添加抗生素以防止输卵管发炎，有利于鸡群的康复。

十、禽沙门氏菌病

禽沙门氏菌病是由沙门氏菌属中的任何一个或多个成员所引起的一大群急性或慢性疾病，包含鸡白痢、禽伤寒和禽副伤寒。诱发禽副伤寒的沙门氏菌能广泛地感染各种动物和人类，人类沙门氏菌感染和食物中毒也常常来源于副伤寒的禽肉、蛋品等，因此，在公共卫生上有重要性。鸡沙门氏菌病表现为败血症和肠炎，包括鸡白痢和副伤寒等。因沙门氏菌遍布于外界环境中，是困扰养鸡业发展的严重疾病之一。

（一）病原

沙门氏菌属包括了2 100多个血清型，但经常为害人、畜、禽的沙门氏菌仅10多个血清型，鸡白痢沙门氏菌和鸡沙门氏菌分别为鸡白痢、禽伤寒的病原，不能运动，对养禽业为害巨大；副伤寒沙门氏菌是禽副伤寒的病原，能运动，能感染人类。

本菌抵抗力较差，60℃10分钟内即被杀死，0.1%石炭酸，0.01%升汞，1%高锰酸钾都能在3分钟内将其杀死，2%福尔马林可在1分钟内将其杀死。

（二）流行病学

各种品种的鸡对本病均有易感性，鸡白痢多发生于雏鸡，以2～3周龄以内雏鸡的发病率与病死率为最高，呈流行性。禽伤寒多发生于仔鸡和成年鸡。禽副伤寒常在孵化后两周之内感染发病，6～10天达最高峰，呈地方流行性，病死率从很低到10%～20%不等，严重者高达80%以上；1月龄以上的鸡有较强的抵抗力，一般不引起死亡；成年鸡往往不表现临床症状。

本病主要通过消化道和眼结膜而传播感染，也可经蛋垂直传播给下一代。本病一般呈散发性，较少会全群暴发。

（三）临床症状

鸡白痢特征为雏鸡感染后常呈急性败血症。发病雏鸡呈最急性者，无症状迅速死亡。稍缓者表现精神委顿，绒毛松乱，两翼下垂，缩头颈，闭眼昏睡，不愿走动，拥挤在一起；病初食欲减少，而后停食，多数出现软嗉症状；同时腹泻，拉白色稀粪（图8-38），肛门周围绒毛被粪便污染，有的因粪便干结封住肛门周围，影响排便；由于肛门周围炎症引起疼痛，故常发生尖锐的叫声，最后因呼吸困难及心力衰竭而死。成年鸡感染鸡白痢后，多呈慢性或隐性带菌，可随粪便排出，因卵巢带菌，严重影响孵化率和雏鸡成活率。

图8-38　鸡白痢引起的白色稀粪

日龄较大的鸡往往发生副伤寒和伤寒，主要发生于饲养管理条件较差的鸡场，最初表现为饲料消耗量突然下降，水泄样下痢，精神萎靡、羽毛松乱、两翅下垂、头部苍白、冠萎缩等症状。感染后的2～3天内，体温上升1～3℃，并一直持续到死前的数小时。感染后4天内出现死亡，但通常是死于5～10天。

（四）剖检变化

发生鸡白痢，最急性死亡的雏鸡，病变不明显。病程长者，肝大，充血或有条纹状出血，内有石灰样灰白色坏死点（图8-39）；出血性肺炎，其他脏器充血；卵黄吸收不良，其内容物色黄如油脂状或干酪样。有些病例在心肌、肺、肝、盲肠、大肠及肌胃肌肉中有坏死灶或结节，心外膜炎，胆囊肿大，脾有时肿大，肾充血或贫血，输尿管充满尿酸盐而扩张，盲肠中有干酪样物堵塞肠腔，有时还混有血液，肠壁增厚，常有腹膜炎。

图8-39　肝脏肿大，内有石灰样灰白色坏死点

禽伤寒的最急性病例，眼观病变轻微或不明显。病程稍长的常见有肾、脾和肝充血肿大。在亚急性及慢性病例，特征病变是肝大呈青铜色，此外，心肌和肝有灰白色粟粒状坏死灶、心包炎。公鸡睾丸可存在病灶，并能分离到禽伤寒沙门氏菌。

禽副伤寒的病例可见肝、脾、肾充血肿胀，出血性或坏死性肠炎，心包炎及腹膜炎。在产蛋鸡中，可见到输卵管的坏死和增生，卵巢的坏死及化脓，这种病变常扩展为全面腹膜炎。慢性的常无明显的病变。

（五）诊断

按照流行病学、临床症状、剖检变化，并根据养鸡场过去的发病史，可以做出初步诊断。确诊必须进行病原的分离和鉴定，采用鸡白痢玻板凝集试验等血清学方法也可确诊鸡白痢、禽伤寒。

（六）防治措施

通过检疫和净化措施，培育沙门氏菌阴性种鸡群是预防本病的关键。做好孵化、育雏期间卫生消毒措施，加强饲养管理，最大限度地减少外源沙门氏菌的传入，如严格执行兽医防疫管理制度，做好防鸟、防鼠、除猫、除虫等工作。

土霉素、恩诺沙星等常见药物对禽沙门氏菌病有较好的治疗效果，但需注意避免长时间使用一种药物，可经常更换抗菌药，以免产生耐药性，通过药敏试验筛选敏感药物治疗效果更有保障。

十一、鸡大肠杆菌病

本病是由大肠杆菌埃氏菌的某些致病性血清型菌株引起的疾病总称，是鸡常见的细菌病，包括急性败血症、脐炎、气囊炎、肝周炎、肉芽肿、肠炎、卵黄性腹膜炎、输卵管炎、脑炎等，分别发生于鸡孵化期至产蛋期，本病的特征是引起心包炎、气囊炎、肺炎、肝周炎和败血症等病变。由于大肠杆菌广泛存在和分布，并随着规模化养鸡业的发展，饲养密度的增加，本病的流行也日趋增多，给养鸡业造成了较大的经济损失。

（一）病原

大肠埃希氏杆菌革兰氏染色阴性，有鞭毛，无芽孢，有的菌株可形成荚膜，需氧或兼性厌氧，易于在普通培养上增殖，在麦康凯培养基上可见粉红色的菌落，在伊红美蓝琼脂平板生成带有黑色金属光泽的菌落。

本菌对外界环境因素的抵抗力属中等，对物理和化学因素较敏感，55℃1小时或60℃20分钟可被杀死，120℃高压消毒立即死亡。本菌对石炭酸、升汞、甲酚和福尔马林等高度敏感，常见消毒药均能将其杀灭，甲醛和烧碱杀菌效果更好，5%石炭酸、甲醛等作用5分钟即可将其杀死，但有黏液、分泌物及排泄物的存在会降低这些消毒剂的效果。在鸡舍内，大肠杆菌在水、粪便和灰尘中可存活数周或数月之久，在阴暗潮湿而温暖的外界环境中存活不超过1个月，在寒冷、干燥的环境中存活较长。

（二）流行病学

大肠杆菌在自然环境、饲料、饮水、鸡舍、鸡本身等均有存在，大肠杆菌是鸡肠道的常在菌，正常鸡体内有10%～15%大肠杆菌是潜在的致病性血清型；垫料和粪便中可发现大肠杆菌；每克灰尘中大肠杆菌含量可达 10^6 个，该菌可长期存活，尤其在干燥条件下存活时间更长，用水喷雾后可使细菌量减少84%～97%；饲料也常被致病性大肠杆菌污染，但在饲料加热制粒过程中可将其杀死；啮齿动物的粪便中也常含有致病性大肠杆菌；通过污染的井水或河水也可将致病性血清型引入鸡群。

本病主要通过呼吸道感染，也可通过消化道传播，还可通过蛋传播给下一代。临床常见发病率为5%～30%，发病率因日龄和饲养管理条件不同而异，环境差、日龄小，会使发病率增高。

大肠杆菌是条件性致病菌，潮湿、阴暗、通风不良、积粪多、拥挤以及感染新城疫、慢性呼吸道病等疾病时，均可促进本病的发生。本病的发生没有季节性，一年四季均可发生，但在潮湿、阴暗的环境中易发，各种年龄的鸡均可发生。

（三）临床症状

本病的潜伏期在数小时至3天之间。由致病性大肠杆菌引起的疾病在临床上表现极其多样化，有急性败血型、卵黄性腹膜炎、输卵管炎、肉芽肿、脑炎、眼炎等临床类型，本书主要介绍常见的急性败血型和卵黄性腹膜炎两种类型。

急性败血型是临床最常见、也是目前危害最大的一个型，通常所说的鸡大肠杆菌病指的就是这个型，见于各种日龄的鸡，但以雏鸡多发。最急性的病鸡不表现临床症状而突然死亡，或症状不明显。随着病程的发展，病鸡出现精神沉郁、离群呆立，羽毛松乱，有时两翅下垂，食欲减退或废绝，体温升高，呼吸困难，出现张口呼吸，喘气，有湿性啰音，早晚常有咳嗽声，鼻瘤暗紫；拉黄色或黄绿色稀粪，粪便恶臭，肛门周围羽毛被粪便沾污；严重的伏地不起，腹式呼吸，最后因衰竭而死亡，死亡的鸡会比较消瘦。

卵黄性腹膜炎型俗称"蛋子瘟"，主要发生在笼养产蛋鸡。病鸡的输卵管常因感染大肠杆菌而产生炎症，炎症产物使输卵管伞部粘连，漏斗部的喇叭口在排卵时不能打开，卵泡因此不能进入输卵管落入腹腔而引起本病。广泛的腹膜炎产生大量毒素，可引起发病母鸡死亡。临床上严重病鸡外观腹部膨胀、重坠，肛门周围羽毛沾有蛋白或蛋黄状物。

（四）剖检变化

剖检的病理变化因不同病型而异。

急性败血型主要病变包括心包炎、肝周炎、气囊炎、浆膜炎等，俗称"三周炎"。病理变化的共同特点是纤维素性渗出物增多，附着于浆膜表面，严重的常与周围器官粘连，剖检可见气管和支气管内常有少量黏稠液体；心包混浊、心包积液和纤维素性心包炎（图8-40）；气囊炎，气囊混浊、不透明，但往往可见腹膜炎，有炎性渗出物（图8-41）；肺脏病变明显，根据病程的发展出现不同的病变，有轻微肺炎、单个肉芽肿结节性肺炎和成片性肉芽肿结节性肺炎（图8-42）；肝周炎（图8-43），肿大，可达正常肝的2～5倍，质碎，有时可见出血点或出血斑，内有大小不等的白色坏死灶；肠充盈，肿胀，为正常肠管的2～4倍，肠道变薄，肠黏膜充血、出血且易脱落，脱落形成肠栓；肾脏有时肿大，并有出血点、坏死灶。少数病例腹腔有积液和血凝块。

卵黄性腹膜炎型剖检可见腹腔内积有卵黄状物，卵泡充血、出血变性、坏死（图8-44），卵泡破裂，使腹腔内流淌着蛋黄液（图8-45），并有特殊腥臭味。

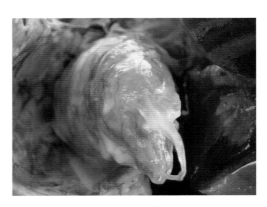

图8-40　心包炎、心包积液

图 8-41　胸腔膜混浊

图 8-42　严重肺炎，有肉芽肿结节

图 8-43　肝脏周炎，表面有纤维渗出物

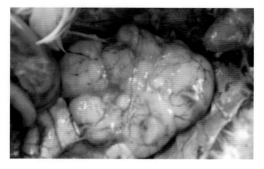

图 8-44　卵泡变性、坏死

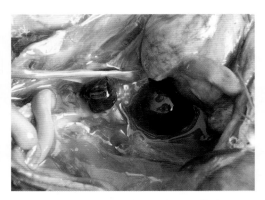

图 8-45　卵泡破裂，腹腔内流着蛋黄液

（五）诊断

通过实验室病原检验方法，排除其他病原感染（病毒、细菌、支原体等），经鉴定为致病性血清型大肠杆菌，方可认为是原发性大肠杆菌病；在其他原发性疾病中分离出大肠杆菌时，应视为继发性大肠杆菌病。

（六）防制措施

大肠杆菌病的发生具有一定的条件性，病原可能是外来的致病型大肠杆菌，也可能是体内正常情况下存在的大肠杆菌，当环境改变或发生应激时会引起发病。因此，加强饲养管理，保持鸡舍卫生清洁，做好消毒工作，合理通风，保持合理的饲养密度，供应优质饲料和合格的饮用水，采取措施减少与降低浮尘，及时更换产蛋巢窝，可有效预防大肠杆菌病。使用微生态制剂和进行疫苗免疫是防治大肠杆菌病比较有效的方法，微生态制剂预防效果好于治疗效果，在生产中应长时间连续饲喂，并且越早越好；其是活菌产品，不应与抗生素同时使用，并注意其运输和保管。发病严重的鸡场或种鸡场可选择接种疫苗来预防，一般需要进行 2 ~ 3 次疫苗免疫，第一次为 4 周龄，第二次为 18 周龄。

大肠杆菌对多种抗生素敏感，但也容易出现耐药性，所以在防治中应经常变换药物或联合使用两种以上药物效果更好，有条件的养鸡场尽量做药敏试验，在此基础上选用敏感药物进行治疗，且应注意交替用药，按疗效投药，这样才能起到较好的治疗效果。无条件进行药敏试验的养鸡场，在治疗时一般可选用下列药物：强力霉素每千克饲料加 100 毫克，氟哌酸、环丙沙星每千克饲料加 50 ~ 100 毫克，氟苯尼考每千克饲料加 50 ~ 100 毫克，连喂 4 ~ 5 天。个别病鸡可按每千克体重肌注庆大霉素 0.5 万 ~ 1 万单位，或卡那霉素 30 ~ 40 毫克。在饲料中定期添加 0.5% 大蒜素的预防和治疗效果也比较好。

十二、禽巴氏杆菌病

禽巴氏杆菌病是一种侵害家禽和野禽的接触性疾病，又名禽霍乱。本病常呈现败血性症状，发病率和死亡率都很高，但也常出现慢性或良性经过。

（一）病原

禽多杀性巴氏杆菌是革兰氏染色阴性，不形成芽孢，也无运动性，用瑞氏、姬姆萨氏法或美蓝染色镜检，呈两极杆菌。

本菌对理化因子的抵抗力较弱，极易被常用消毒剂、日光、干燥和高温灭活，如 56℃ 15 分钟、70℃ 10 分钟即可杀死该菌；日光对本菌有强烈的灭杀作用，薄菌层暴露阳光 10 分钟即被杀死；常用消毒药如 5% 石炭酸、1% 漂白粉、5% ~ 10% 石灰水等作用 1 分钟均可杀死该菌。但在血液、分泌物、排泄物及土壤中该菌能存活 1 周以上，在尸体内则可存活 3 个月。

（二）流行病学

禽霍乱一年四季均可发生，但以阴雨潮湿、高温季节或秋后多发，常呈散发或呈地方性流行。不同日龄的鸡均可发病，且多见于成年鸡，其发病率和死亡率均较高，危害较大。鸡、鸭、鹅、鸽等家禽及野禽都可感染，而且相互之间可以传播，所以给防治工作带来不少困难。

主要传染源是带菌鸡及病鸡，被该菌污染的环境、饲料、饮水、用具等都可成为传染媒介。该病主要通过鸡的消化道、呼吸道或伤口引起感染，而且病原菌传播速度比较快，一旦鸡群出现最急性禽霍乱死亡病例后，如果饲养管理和卫生条件差，往往也会在 1 ~ 2 天内即可能引起全群发病直至暴发流行。

（三）临床症状

禽霍乱在临床表现上主要为最急性型、急性型和慢性型 3 种类型。

最急性型常见于流行初期，以产蛋高的鸡最常见。病鸡无前驱症状，晚间一切正常，吃得很饱，次日发病死于鸡舍内。

急性型在生产上最常见。病鸡精神不振，两翅下垂，缩头蹲伏，不愿活动，行动迟缓；食欲减退甚至废绝，而饮水增加；体温可升高到 43 ~ 44℃；呼吸困难，口、鼻分泌物增加，病鸡总是试图甩掉积在咽喉部的黏液，不断地摇头，所以又称为"摇头瘟"；排灰白或铜绿色恶臭稀粪，并可能混有血液。发病鸡一般在 2 ~ 3 天内死亡，很少能康复。

慢性型多见于流行的后期，往往由急性型转变而来，但近年来也有少部分病例从一开始就表现为慢性型。病鸡贫血，消瘦，呼吸困难，鼻流黏液，持续性腹泻，关节肿大，行走不便，消瘦，病程可达数周甚至几个月。

（四）剖检变化

禽霍乱的剖检典型特征性病变主要有3处：心冠脂肪泼水样出血，十二指肠弥漫性出血，肝脏有针尖样大小白色坏死灶。

最急性型的无特殊病变，有时只能看见心外膜有少许出血点。

急性型的可见皮下、腹部脂肪点状出血；心外膜、心冠脂肪严重出血（图8-46），心包液增多，呈淡黄色；肝脏肿大，质脆，呈古铜色，表面有许多针尖样大小的白色坏死点（图8-47）；十二指肠呈出血性或急性卡他性炎症；肺脏充血，出血，有时出现肉芽样病变。另外，肠道弥漫性出血，呼吸道黏膜出血，肺气肿，气囊炎等也可能出现。

图8-47　肝脏肿大，有密集针尖样灰白色坏死点

慢性型的一般表现为局部病变。心包炎；肝周炎，肝有灰白色坏死灶；气囊炎，气囊混浊、有炎性分泌物；关节炎，关节肿胀，关节腔内有暗红色混浊黏稠液或呈干酪样物质；产蛋鸡可见卵黄性腹膜炎。

（五）诊断

根据病鸡流行病学、临床症状、剖检特征可以初步诊断。确诊须通过实验室方法，取病鸡血涂片，肝脾触片经美兰、瑞氏或姬姆萨染色，如见到大量两极浓染的短小杆菌，有助于诊断。进一步的诊断须经细菌的分离培养及生化反应，也可以应用一些快速血清学方法诊断。

（六）防制措施

加强鸡群的饲养管理，平时严格执行养鸡场兽医卫生防疫措施，采取全进全出的饲养制度，预防本病的发生是完全有可能的。在该病常发地区的养鸡场，可选择使用禽霍乱弱毒菌苗和灭活菌苗对鸡群进行免疫接种，预防禽霍乱的发生，首次免疫为4周龄，18周龄进行第二次免疫。

发病应立即采取治疗措施，有条件的地方应通过药敏试验选择有效药物全群给

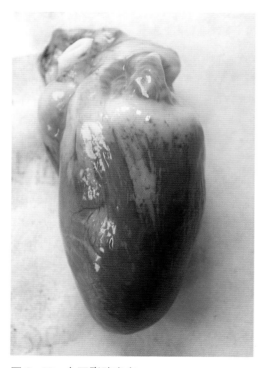

图8-46　心冠脂肪出血

药。磺胺类药物、氟苯尼考、红霉素、庆大霉素、环丙沙星、恩诺沙星均有较好的疗效。在治疗过程中，剂量要足，疗程合理，当鸡死亡明显减少后，再继续投药 2 ~ 3 天以巩固疗效防止复发。

十三、鸡慢性呼吸道病

鸡慢性呼吸道病又称为鸡败血霉形体感染、败血支原体感染，是鸡的一种接触性、慢性呼吸道疾病，特征为咳嗽、流鼻液和气管啰音，产蛋鸡产蛋率下降。本病病程长，易复发，且易与其他疾病并发或继发感染，各种应激因素都是本病的诱因。

（一）病原

鸡慢性呼吸道病的病原为鸡败血霉形体，是霉形体属内的致病种，到目前为止，这个种只发现 1 个血清型，但各个分离株之间的致病性和抗原性存在差异。一般分离株主要侵犯呼吸道。鸡败血霉形体具有一般霉形体形态特征，一般呈球形，大小 0.25 ~ 0.5 微米。革兰氏染色弱阴性，姬姆萨染色效果较好，培养要求比较复杂，培养基中需含有 10% ~ 15% 的鸡、猪或马血清。菌落微小、光滑、圆形、透明，具有致密突起的中心。

发酵葡萄糖、麦芽糖、糊精、糖原、淀粉，某些菌株也发酵果糖而产酸，不水解精氨酸，不能从尿素取得能源。对毛地黄皂苷敏感，还原四氮唑。大多数菌株能凝集鸡、火鸡、豚鼠和人的红细胞。

鸡败血霉形体对环境抵抗力弱，一般消毒药物均能将其迅速杀死，但对青霉素有抵抗力。在水内立刻死亡，在 20℃ 的鸡粪内可生存 1 ~ 3 天；在卵黄内 37℃ 能生存 18 周，20℃ 存活 6 周，在 45℃ 中经 12 ~ 14 小时死亡。液体培养物在 4℃ 中不超过 1 个月，在 -30℃ 中可保存 1 ~ 2 年，在 -60℃ 中可生存多年，冻干培养物在 -60℃ 中存活时间更长。但各个分离株保存时间极不一致，有的分离株远远达不到这么长的时间。

（二）流行病学

4 ~ 8 周龄的鸡最易感，纯种鸡较杂交鸡严重，成年鸡常为隐性感染。

本病的传播方式有水平传播和垂直传播，水平传播是病鸡通过咳嗽、喷嚏或排泄物污染空气，经呼吸道传染，也能通过饲料或水源由消化道传染，还可经交配传播。垂直传播是由隐性或慢性感染的种鸡所产的带菌蛋，可使 14 ~ 21 日龄的胚胎死亡或孵出弱雏，这种弱雏因带病原体又能引起水平传播。

本病在鸡群中流行缓慢，仅在新疫区表现急性经过，当鸡群遭到其他病原体感染或寄生虫侵袭，以及影响鸡体抵抗力降低的应激因素如预防接种，卫生不良，鸡群过分拥挤，营养不良，气候突变等均可促使或加剧本病的发生和流行，带有本病病原体的幼雏，用气雾或滴鼻的途径免疫时，能诱发致病。若用带有病原体的鸡胚制作疫苗，则能造成疫苗的污染。本病一年四季均可发生，但以寒冷的季节流行较严重。

据调查本病在我国的一些大中型鸡场均有不同程度的发生，感染率达 20% ~ 70%，病死率的高低决定于管理条件和是否有继发感染，一般达 20% ~ 30%，本病的为害还在于使病鸡生长发育不良，胴体降级，成年鸡的产蛋量减少，饲料的利用率下降，同时病原体还能通过隐性感染的种鸡经卵传递给后代，这种垂直传播可造成本病代代相传。

（三）临床症状

本病的潜伏期,在人工感染 4 ~ 21 天,自然感染可能更长。本病病程较长,病鸡主要表现脸肿及眶下窦炎,在眶下窦处可形成大的硬结节,眼流泪,有泡沫样液体,眼内有干酪样渗出物,打喷嚏,咳嗽,呼吸困难,有啰音,死亡率较低。

滑液囊支原体感染时,病鸡表现肉冠黄白,跛行,瘫痪和发育不良。跖底肿胀,切开有奶油样或干酪样渗出物。关节肿胀,内有黄褐色渗出物。

（四）剖检病变

肉眼可见的病变主要是心包增厚、灰白,鼻腔、眶下窦黏膜水肿、充血、出血,喉头、气管、支气管和气囊中有渗出物（图8-48、图8-49）,气管黏膜常增厚。胸部和腹部气囊的变化明显,早期为气囊膜轻度浑浊、水肿,表面有增生的结节病灶,外观呈念珠状。随着病情的发展,气囊膜增厚,囊腔中含有大量黄色干酪样渗出物（图8-50）,有时能见到一定程度的肺炎病变。可见窦腔内充满黏液和干酪样渗出物,气囊混浊,有干酪样物。与大肠杆菌混合感染时,易发生气囊炎、心包炎、腹膜炎。

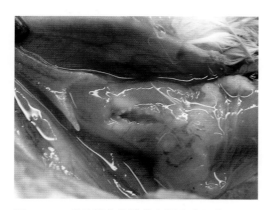

图 8-48　喉头堵塞着淡黄色涌出分泌物

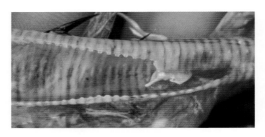

图 8-49　气管有黄色干酪样物质

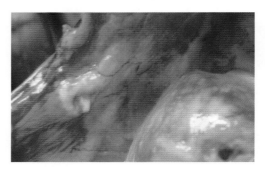

图 8-50　气囊增厚,混浊,有黄色干酪样渗出物

（五）诊断

根据本病的流行情况、临床症状和病理变化,可做出初步诊断。鸡慢性呼吸道病的确实诊断或对隐性感染的种鸡进行检疫,必须进行病原的分离培养和血清学试验。本病在临床上应注意与鸡的传染性支气管炎、传染性喉气管炎、新城疫、雏鸡曲霉菌病、滑液霉形体、禽霍乱相鉴别。

（六）防制措施

加强饲养管理,注意通风换气,避免各种应激反应。

种鸡场进行支原体净化是根本,一般在 2 月龄、4 月龄、6 月龄时,各进行 1 次血清学检测,淘汰阳性鸡,建立支原体阴性的种鸡群。

本病可以通过鸡蛋传染,因此,对于孵化用的种蛋必须严格控制,尽量减少种蛋带菌。有两种方法可以用来降低或消除种蛋内的支原体。一种方法是在种蛋入孵之前在 0.04% ～ 0.1% 的红霉素溶液中浸泡 15 ～ 20 分钟。另一种方法是种蛋加热处理，即在入孵之前，先将种蛋在 45℃ 温度中处理 14 小时，效果也很好。也可两种方法并用。已经感染本病的种鸡，在产蛋前和产蛋期间，肌内注射链霉素 20 万单位，每隔 1 个月注射 1 次，同时在种鸡的饲料中添加土霉素，也能够减少种蛋的带菌。另外，在雏鸡出壳时，再用链霉素溶液（每 1 毫升蒸馏水中含链霉素 100 单位）喷雾，或用链霉素滴鼻（每只幼雏 2 000 单位），以控制发病。

支原体单独感染时，鸡群损失较少，但与新城疫、传染性支气管炎、大肠杆菌病、传染性鼻炎等病混合感染时，损失较大。所以，必须做好上述等病的预防。

接种疫苗是防止鸡慢性呼吸道病的有效措施，常用免疫程序为 15 ～ 20 日龄颈部皮下注射 0.3 毫升灭活油苗，开产前皮下注射 0.5 毫升灭活油苗。

发病鸡群的治疗，饲料中添加敏感药物如红霉素、泰乐菌素、恩诺沙星等，同时饲料中多维素添加量加倍。用药期间必须结合饲养管理和环境卫生的改善，消除各种应激因素，方能收到较好效果。

十四、禽曲霉菌病

禽曲霉菌病又称曲霉菌性肺炎，是由烟曲霉菌等致病性霉菌引起的一种常见真菌病，多种家禽都能感染，以雏鸡多发，是当前危害鸡的一种重要的常见传染病。本病的特征是在肺及气囊发生炎症和小结节。

（一）病原

该病的病原是曲霉菌属中的烟曲霉菌、黄曲霉菌等，常见且致病力最强的是烟曲霉菌。烟曲霉菌和其分生孢子感染后能分泌血液毒、神经毒和组织毒，具有很强的危害作用。曲霉菌及其孢子对外界环境的抵抗力很强，干热 120℃、煮沸 5 分钟才能杀死，对化学药品也有较强的抵抗力，常用消毒剂如 2.5% 福尔马林、3% 石炭酸、3% 氢氧化钠、水杨酸、碘酊等需要作用 1 ～ 3 小时才能将其杀死，对常用的抗生素不敏感。

（二）流行病学

曲霉菌可引起多种禽类发病，雏鸡最易感，特别是 20 日龄内的鸡，多呈急性、群发性暴发，发病率和死亡率都较高；成年鸡多为散发，产蛋率下降，蛋品质下降，沙壳蛋、畸形蛋增多，受精率下降，孵化率下降，死胚增加。曲霉菌污染比较严重时，大日龄的鸡也表现出群发性曲霉菌病，而且症状相当严重，有可能造成大批死亡，需要引起注意。

本病的主要传染媒介是被曲霉菌污染的垫料、空气和发霉的饲料。曲霉菌的孢子广泛存在于自然界，在适宜的湿度和温度下，曲霉菌大量繁殖。引起传播的主要途径是霉菌孢子经呼吸道被吸入而感染；发霉饲料亦可经消化道感染。当种蛋保存条件差或孵化环境受到严重污染时，蛋壳受污染，霉菌孢子容易穿过蛋壳侵入而感染，使胚胎发生死亡，或者出壳后不久即出现症状。养鸡场饲养环境卫生状况差、饲养管理差、室内外温差过大、通风换气不良、过分拥挤、阴暗潮湿及营养不良，都是促使本病流行的诱因。

（三）临床症状

病鸡可见呼吸困难、喘气、张口呼吸，精神委顿，常缩头闭眼，流鼻液，食欲减退，口渴增加，消瘦，体温升高，后期表现腹泻。在食管黏膜有病变的病例，表现吞咽困难。病程一般在1周左右。发病后如不及时采取措施，死亡率可达50%以上。

（四）剖检变化

主要病变在肺和气囊发生炎症和形成结节。病初鸡肺脏出现瘀血、充血，随之出现肉芽肿病变，再发展便出现黄白色大小不等的霉菌结节，严重时肺脏完全变成暗红色，肺组织质地变硬，弹性消失，时间较长时，可形成钙化的结节（图8-51）；在肺的组织切片中可见分节清晰的霉菌菌丝、孢子囊及孢子。气囊膜混浊、增厚，或见炎性渗出物覆盖，气囊膜上可见数量和大小不一的结节，有时可见成团的灰白色或浅黄色的霉菌斑、霉菌性结节，其内容物呈干酪样。肝脏肿大2～3倍，质地易碎，严重时有无数大小不一的黄白色霉菌性结节（图8-52）。肠道刚开始充血，逐渐有出血现象，再发展出现肠黏膜脱落，更严重时出现霉菌性结节（图8-53）。发展成脑炎性霉菌病时脑充血、出血，可见一侧或双侧大脑半球坏死，组织软化，呈淡黄色或棕色。部分病鸡出现气管、支气管黏膜充血，有炎性分泌物，脾脏和肾脏也见肿大，法氏囊萎缩。

图 8-51　肺霉菌结节

图 8-52　肝黄白色霉菌性结节

图 8-53　肠黄白色霉菌性结节

（五）诊断

依靠流行病学调查，观察垫料或饲料是否发霉，结合病理剖检变化可初诊。确诊可以采取病禽肺或气囊上的结节病灶，作为压片镜检或分离培养鉴定。

（六）防制措施

不使用发霉的垫料和饲喂发霉变质的饲料是预防本病的关键措施。育雏室空关时，应清扫干净，用甲醛液熏蒸消毒和0.3%过氧乙酸消毒后，再进雏饲养。保持育雏室干燥、清洁卫生，垫料要经常翻晒和更换，特别是阴雨季节，更应翻晒，防止霉菌滋生，严禁使用发霉的垫料。加强饲养管理，合理通风换气，保持室内环境及用物的干燥、清洁，食槽和饮水器具经常清洗，做好孵化室的卫生。

本病目前尚无特效的治疗方法，发病后立即清除鸡舍内发霉的垫草，停喂发霉的饲料，改喂新鲜的饲料，选择无刺激性和无副作用的消毒剂进行带鸡消毒，对尽快控制住该病具有一定的效果。治疗可试用以下几种方法。一是制霉菌素：每天每只雏鸡用5 000～8 000单位拌料饲喂，5～7天；成年鸡按每千克体重2万～4万单位剂量计算拌料，饲喂5～7天。二是碘化钾：每升饮水中加入碘化钾5克，灌服。三是硫酸铜：0.05%硫酸铜连饮3～5天。

十五、鸡球虫病

鸡球虫病是由艾美耳属球虫寄生于肠道引起的一种疾病，对雏鸡危害严重，死亡率可达15%以上。本病特征性症状为排褐色糊状稀粪，间或排血便，贫血症状明显。

（一）病原

病原为原虫中艾美耳科艾美耳属的球虫，不同种的球虫，在肠道内寄生部位不一样，其致病力也不相同。柔嫩艾美耳球虫寄生于盲肠，致病力最强；毒害艾美耳球虫寄生于小肠中1/3段，致病力强；巨型艾美耳球虫寄生于小肠，以中段为主，有一定的致病作用。

球虫的生活史属于直接发育型的，不需要中间宿主。球虫在发育过程中，通常经历孢子生殖、裂殖生殖和配子生殖3个生殖阶段（图8-54）。其中，孢子生殖在外界环境中进行，称为外生性发育阶段；而裂殖生殖和配子生殖在体内进行，称为内生性发育阶段。鸡摄入具感染性的孢子化卵囊后，卵囊破裂并释放出孢子囊，后者又进一步释放出子孢子。子孢子侵入肠上皮细胞进入裂殖生殖（无性生殖）阶段。首先发育为第一代裂殖体，发育成熟的裂殖体中包含数量不等的裂殖子。成熟的裂殖体释放出的裂殖子再次侵入肠上皮细胞，发育为第二代裂殖体。成熟的第二代裂殖体释放出的裂殖子可再次发育为下

图 8-54　鸡球虫生活史

一代裂殖体。有的球虫可能有3～4个世代的裂殖生殖。在经历几个世代的裂殖生殖后，球虫即进入配子生殖（有性生殖）阶段。最后一代裂殖体释放出裂殖子侵入肠上皮细胞，部分裂殖子发育为小配子体，部分发育为大配子体。小配子体发育成熟后，释放出大量的小配子。小配子与成熟的大配子结合（受精）形成合子，并进一步发育为卵囊。卵囊随粪便排出体外。刚排出体外的新鲜卵囊未孢子化，不具感染性。它们在温暖、潮湿的土壤或添料中，进行孢子生殖，经分裂形成成熟子孢子，成为具有感染性卵囊。发育为孢子化卵囊后才具有感染性。

球虫虫卵的抵抗力较强，在外界环境中一般的消毒剂不易破坏，在土壤中可保持生活力达4～9个月，在有树荫的地方可达15～18个月。卵囊对高温和干燥的抵抗力较弱，当相对湿度为21%～33%时，柔嫩艾美耳球虫的卵囊，在18～40℃温度下，经1～5天就死亡。

（二）流行病学

各个品种的鸡均有易感性，15～50日龄鸡发病率和致死率都较高，成年鸡对球虫有一定的抵抗力，多为隐性带虫者。病鸡是主要传染源，凡被带虫鸡污染过的饲料、饮水、土壤和用具等，都有卵囊存在，主要通过消化道途径感染，人及其衣服、用具等以及某些昆虫都可成为机械传播者。

饲养管理条件不良，鸡舍潮湿、拥挤，卫生条件恶劣时，最易发病。在潮湿多雨、气温较高的梅雨季节易暴发球虫病。

（三）临床症状

病初鸡活动缓慢，食欲减退，羽毛蓬松，喜蹲伏。继而嗉囊内充满液体，冠和可视黏膜贫血、苍白，逐渐消瘦，发生下痢，粪便沾污肛门羽毛，粪便腥臭，常混有血液、坏死脱落的肠黏膜和白色的尿酸盐。如不及时采取措施，致死率可达50%以上。

（四）剖检变化

大多数球虫寄生于肠道。病变主要在小肠后段，肠管膨大（图8-55），增厚或变薄，肠内容物稀薄，呈黄红色或褐色（图8-56）。肠黏膜出血，糜烂，呈糠麸样。严重的病例肠黏膜有出血条带。盲肠明显肿胀，内有较干的出血内容物（图8-57）。

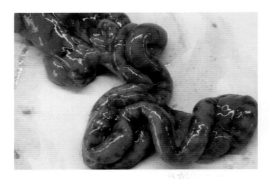

图8-55　小肠膨大，外观肠壁有出血斑

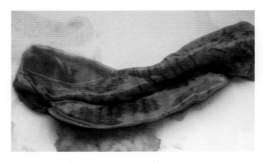

图8-56　肠黏膜出血、脱落

图8-57　盲肠肿胀，有出血内容物

（五）诊断

根据临床症状、病理变化及流行病学可做出初步诊断。从肠黏膜、肠内容物、粪便中检查到球虫的各个发育阶段即可确诊。但需注意的是，鸡球虫感染较普遍，单单检出球虫还不足以说明鸡发病死亡是由球虫病引起的，必须进一步做细菌学、病毒学检测，根据检测结果做出综合判断。

（六）防制措施

及时清除粪便，更换垫料，保持鸡舍的清洁、干燥。粪便应堆积发酵，垫料应消毒或销毁。雏鸡与成鸡应分开饲养。

一旦确诊为鸡球虫病，可选用抗球虫药物进行治疗，氯苯胍按每千克饲料80毫克混饲，盐霉素按0.006%混饲，氨丙啉按每千克饲料150～200毫克混饲，磺胺-6-甲氧嘧啶按0.05%混饲，连用3～7天。在使用抗球虫药的同时，可适当采用一些抗生素（如强力霉素、氟苯尼考等）以防止细菌继发感染。

十六、鸡住白细胞虫病

鸡住白细胞虫病是由住白细胞虫寄生于鸡的红细胞和单核细胞而引起的贫血性血液原虫病，对雏鸡危害严重，发病率高，症状明显，常引起大批死亡。成年鸡感染后鸡只消瘦，增重减慢。

（一）病原

本病的病原是属于疟原虫科、白细胞原虫属的原虫，其特征是雌雄配子体寄生在白细胞内。我国已发现鸡有2种住白细胞虫即卡氏住白细胞虫和沙氏住白细胞虫，其中以卡氏住白细胞虫的致病力最强，可引起鸡的大批死亡。卡氏住白细胞虫的发育，需要库蠓参与才能完成，可分为3个阶段，即裂殖增殖、配子生殖和孢子生殖。裂殖增殖和配子体形成在鸡体内进行，而雌、雄配子体结合和孢子生殖在蠓体内完成。

（二）流行病学

本病在我国各地均有发生，常呈地方性流行。本病的发生有明显的季节性，常发生于夏秋季节，主要由库蠓叮咬而传播。各个年龄的鸡都能感染，但以3～6周龄的雏鸡发病率较高。

（三）临床症状

病鸡食欲不振，精神沉郁，流涎、下痢，粪便呈青绿色。病鸡贫血严重，鸡冠和肉垂苍白，有的可在鸡冠上出现圆形出血点，所以本病亦称为"白冠病"。严重者因咯血、出血、呼吸困难而突然死亡，死前口流鲜血。成年母鸡产蛋率下降，时间可长达1个月。

（四）剖检病变

剖检死亡病鸡可见尸体消瘦，鸡冠苍白，口流鲜血，口腔内积存血液凝块，血液稀薄。全身皮下出血，肌肉特别是胸肌和腿部肌肉散在明显的点状或斑块状出血。肝脏肿大，在肝脏的表面有散在的出血斑点。肾脏周围常有大片出血，严重者大部分或整个肾脏被血凝块覆盖。双侧肺脏充满血液，心脏、脾脏、胰脏、腺胃也有出血。肠黏膜呈弥漫性出血，在肠系膜、体腔脂肪表面、肌肉、肝脏、胰脏的表面有针尖大至粟粒大与周围组织有明显界限的灰白色小结节，这种小结节是住白细胞虫的裂殖体在肌肉或组织内增殖形成的集落，是本病的特征病变。

（五）诊断

根据流行病学资料、临床症状和病原学检查即可确诊。病原学诊断是使用血片检查法，以消毒的注射针头，从鸡的翅下小静脉或鸡冠采血一滴，涂成薄片，或是制作脏器的触片，再用瑞氏或姬氏染色法染色，在显微镜下发现虫体便可做出诊断。

（六）防制措施

在流行季节，鸡舍内外、纱窗应喷洒7%马拉硫磷等药物，以杀灭库蠓，切断传播途径。在流行地区、流行季节添加敏感药物进行预防，可收到良好效果。

发病鸡群用磺胺二甲氧嘧啶、磺胺-6-甲氧嘧啶、复方新诺明、氯羟吡啶等药物拌料进行治疗，连用3～5天有较好的治疗效果。每升水加3～5毫克的维生素K，连用10天，以增强抵力。

十七、传染性盲肠肝炎

传染性盲肠肝炎又称黑头病、组织滴虫病，是由组织滴虫属的火鸡组织滴虫引起的一种急性原虫病。多发于火鸡雏和雏鸡，成年鸡也能感染，但病情较轻。主要特征是盲肠出血肿大，肝脏表面有纽扣状坏死溃疡灶。

（一）病原

病原为火鸡组织滴虫，在盲肠寄生的虫体呈变形虫样，直径为5～30微米，虫体细胞外质透明，内质呈颗粒状，核呈泡状，其邻近有一生毛体，由此长出1～2根细的鞭毛。组织中的虫体呈圆形或卵圆形，或呈变形虫样，大小为4～21微米，无鞭毛。

如病鸡同时有异刺线虫寄生时，此种原虫则可侵入鸡异刺线虫体内，并转入其卵内随异刺线虫卵排出体外，从而得到保护，即能生存较长时间，成为本病的感染源。

（二）流行病学

本病以2周龄到4月龄的鸡最易感，主要是病鸡排出的粪便污染饲料、饮水、用具和土壤，通过消化道而感染。火鸡组织滴虫对外界的抵抗力不强，不能长期存活。

（三）临床症状

本病的潜伏期一般为15～20天，5月龄以上成年鸡很少出现临床症状。有病鸡头部皮肤变成蓝紫色，故有"黑头病"之称。病鸡表现精神不振，食欲减退，鸡冠、嘴角、喙、皮肤呈黄色，腹泻，逐渐消瘦，粪便呈淡黄色或淡绿色，急性感染时可排血便。病愈鸡的粪便中仍带有原虫，带虫时间可达数周或数月。

（四）剖检病变

病鸡主要表现为盲肠和肝脏严重出血坏死。盲肠肿大，肠壁肥厚似香肠，内容物为干燥、坚实的栓子，横切开栓子，切面呈同心圆状，中心为黑色的凝固血块，外面包裹着灰白色或淡黄色的渗出物和坏死物质。肝大，表面有特征性纽扣状凹陷坏死灶。

（五）诊断

在一般情况下，根据传染性盲肠肝炎的特异性肉眼病变和临床症状便可诊断。但在并发有球虫病、沙门氏菌病、曲霉菌病或上消化道毛滴虫病时，必须用实验室方法检查出病原体方可确诊。病原检查的方法是采集盲肠内容物，用加温至40℃的生理盐水稀释后，做成悬滴标本镜检。如在显微镜前放置一个白热的小灯泡加温，即可在显微镜下见到能活动的火鸡组织滴虫。

（六）防制措施

加强饲养管理，在进雏鸡前鸡舍应彻底消毒，注意通风，注意雏鸡和成鸡要分开饲养，降低舍内密度，避免鸡接触异刺线虫虫卵，尽量网上平养，以减少接触虫卵的机会，定期用左旋咪唑驱虫。

发病鸡群的治疗：可选用替硝唑、地美硝唑等拌料治疗，同时以左旋咪唑每千克体重 25 ～ 40 毫克，驱除体内异刺线虫。为防止其他细菌性疾病的继发，可适当添加广谱抗菌药物加以预防。

十八、鸡蛔虫病

鸡蛔虫病是蛔虫寄生于鸡小肠内引起的一种常见寄生虫病，影响雏鸡的生长发育，甚至造成大批死亡。

（一）病原

鸡蛔虫是寄生在鸡体内最大的一种线虫，呈淡黄白色，头端有 3 个唇片，除小肠外，在鸡的腺胃和肌胃内，有时也有大量虫体寄生。受精后的雌虫在鸡的小肠内产卵，卵随鸡粪排到体外。虫卵呈深灰色，椭圆形，卵壳厚，表面光滑或不光滑，新排出虫卵内含一个椭圆形胚细胞。

虫卵对外界环境因素和常用消毒药物的抵抗力很强，在严寒冬季，经 3 个月的冻结仍能存活，但在干燥、高温和粪便堆沤等情况下很快死亡。

（二）流行病学

本病遍及全国各地，3 ～ 4 月龄以内的雏鸡最易感染和发病，1 岁以上的鸡多为带虫者。

（三）临床症状

雏鸡常表现为生长发育不良，精神沉郁，行动迟缓，食欲不振，下痢，有时粪中混有带血黏液，羽毛松乱，消瘦、贫血，黏膜和鸡冠苍白，最终可因衰弱而死亡。严重感染者可造成肠堵塞导致死亡。成年鸡一般不表现症状，但严重感染时表现下痢、产蛋量下降和贫血等。

（四）剖检病变

可见小肠内有蛔虫（图 8-58），小肠黏膜发炎、出血，肠壁上有颗粒状化脓灶或结节。严重感染时可见大量虫体聚集，相互缠结，引起肠阻塞，甚至肠破裂和腹膜炎。

图 8-58　小肠内可见蛔虫，肠黏膜发炎、出血

（五）诊断

流行病学资料和症状可做参考，饱和盐水漂浮法检查粪便发现大量虫卵，或尸体剖检在小肠，有时在腺胃和肌胃内发现有大量虫体即可确诊。

（六）防制措施

搞好环境卫生：及时清除粪便，堆积发酵，杀灭虫卵；鸡群定期应用左旋咪唑预防性驱虫，每年 2 ～ 3 次。

发现病鸡，及时用药治疗：左旋咪唑按每千克体重 20 ～ 30 毫克，丙硫咪唑按每千克体重 10 ～ 20 毫克，一次内服。

十九、黄曲霉菌毒素中毒

黄曲霉菌毒素中毒是鸡最为常见、极易被忽视和对经济效益影响较大的中毒性疾病，也是人兽共患疾病之一。本病轻则引起生产性能下降（如产蛋量下降，受精率下降等），重则出现消化功能障碍、神经症状、腹水、肝脏受损、全身性出血和肿瘤等症状和病变，危及生命。

（一）病因

本病是由黄曲霉毒素引起的，不少养殖者常认为本病是由霉玉米引起的，易将黄曲霉菌毒素中毒与曲霉菌病混淆。

黄曲霉菌广泛存在于自然界中，寄生于玉米、稻米、小麦、大麦、花生、黄豆、豌豆、棉籽饼、饼粕、麸皮、米糠等粮食以及其加工的副产品上，如上述原料水分超标极易造成其黄曲霉菌毒素含量超标。

（二）流行病学

本病呈世界性分布，在高温、高湿的季节和温暖潮湿的地区极易发生，多发生于梅雨季节的南方，但本病在全国各地一年四季皆可发生。

（三）临床症状

黄曲霉菌毒素中毒因日龄不同、采食量的多少、毒素的含量和采食时间的长短等，可分成急性、亚急性和慢性3种病型。

雏鸡一般都为急性中毒，有时无症状，迅速死亡，部分死亡前常见有抽搐、角弓反张等神经症状，病死率可达100%。

青年鸡、成年鸡的耐受性相对高些，多呈亚急性或慢性经过，常表现为精神不振，食欲减少，饮水增加，消瘦体弱，容易呕吐、腹泻，排出白色或绿色稀粪，贫血。产蛋鸡还表现开产推迟，产蛋量下降，蛋品质下降（破壳蛋、砂壳蛋和软壳蛋等增多），孵化率降低。

（四）剖检病变

剖检肝脏肿大、质碎，心包和腹腔中常有积水，腺胃和肠黏膜有出血性炎症，肾脏也苍白和稍肿大，胰腺有出血点，胸部皮下和肌肉常见出血。中毒时间较长，可见腹腔纤维瘤（图8-59）、肌胃肿瘤（图8-60）、肝脏肿瘤（图8-61）、胰腺肿瘤（图8-62）、卵巢肿瘤（图8-63）、肠道肿瘤、肾脏肿瘤等。

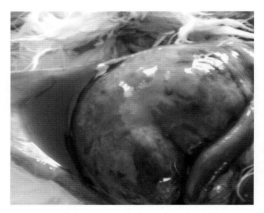

图8-59　腹腔纤维瘤

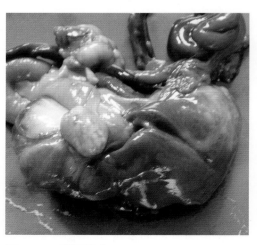

图8-60　肌胃肿瘤

图 8-61　肝脏肿瘤

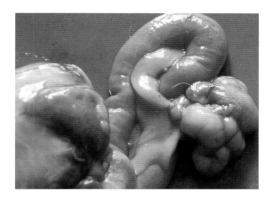

图 8-62　胰腺肿瘤

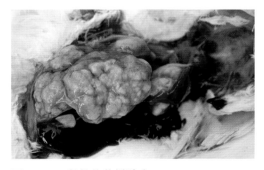

图 8-63　卵巢花菜样肿瘤

（五）诊断

通过流行病学调查、临床症状和剖检病变，并排除传染病与营养代谢病的可能性，可做出初步诊断，确切诊断需进行实验室检查。

（六）防制措施

预防中毒的根本措施是不喂发霉饲料，对饲料定期进行黄曲霉菌毒素测定，淘汰超标饲料。

目前，没有治疗黄曲霉菌毒素中毒的特效药物。鸡群如果发生黄曲霉菌毒素中毒时，应立即更换饲料，给予含碳水化合物较高的、易消化的饲料，减少或不喂含脂肪多的饲料，加强护理，一般会恢复。中毒严重的没有治疗价值，应进行无害化处理。

二十、鸡有机磷农药中毒

（一）病因

主要是误食了喷洒有机磷农药（常见的有 1 605、敌百虫、乐果、敌敌畏）的青菜等蔬菜与叶类植物而引起中毒。有机磷农药中毒发生后往往来不及治疗，就发生大量死亡，因此，应加强日常的饲养管理。

（二）临床症状

鸡群突然大批死亡，病鸡表现突然停食，精神不安，运动失调，大量流口水、鼻液，流眼泪，呼吸困难，两腿发软，频频摇头，全身发抖，口渴，频拉稀便。濒危时，瞳孔收缩变小，口腔流出大量涎水，倒地，两肢伸直，肌肉震颤、抽搐，昏迷，最后因抽搐或窒息而死亡。

（三）剖检变化

剖检时上呼吸道内容物可嗅到大蒜气味，血液呈暗黑色，肌胃内容物呈墨绿色（图 8-64），肌胃黏膜充血或出血。肝脏、肾脏呈土黄色，肝大、瘀血。肠道黏膜弥漫性出血，严重时可见黏膜脱落。喉气管内充满带气泡的黏液，腹腔积液，肺瘀血、水肿，有时心肌及心冠脂肪有出血点。

（四）诊断

本病通过流行病学调查、临床症状和

剖检病变可诊断，注意与新城疫、禽流感、黄曲霉菌毒素中毒鉴别。

（五）防制措施

本病以预防为主，放牧的草地或饲喂的青菜等植物必须确认没有被农药喷洒或污染。

若早期发现农药中毒，治疗可用解磷定注射液，成年鸡每只肌内注射 0.5 毫升（每毫升含 40 毫克）。首次注射过后 15 分钟再注射 0.5 毫升，以后每隔 30 分钟服阿托品半片（每片 1 毫克），连服 2～3 次，并给予充分饮水。雏鸡首次内服阿托品片 1/3～1/2 片以后，按每只雏鸡 1/10 片剂量溶于水后灌服，每隔 30 分钟 1 次，并给予大量的清洁饮水。不论成鸡或雏鸡，在注射药物前先用手按在食道及食道膨大部，有助于药物的进入。

图 8-64　肌胃内容物呈墨绿色

二十一、一氧化碳中毒

（一）病因

一氧化碳中毒即煤气中毒，多因鸡舍保温取暖时，煤炭燃烧不充分及排烟不畅所引起，一般多为慢性。

（二）毒理

一氧化碳进入体内与红细胞中的血红蛋白结合后不易分离，从而使红细胞输送氧气的能力大大降低，造成全身缺氧，特别是大脑对缺氧十分敏感，受害最严重。

（三）临床症状

轻度中毒时，表现精神沉郁，不爱活动，羽毛松乱，生长迟滞，喙呈粉红色。严重时则表现烦躁不安，呼吸困难，运动失调，呆立或昏迷，头向后仰，易惊厥，痉挛，甚至死亡。

（四）剖检变化

剖检可见血液、脏器、组织黏膜和肌肉等均呈樱桃红色，并有充血、出血。

（五）诊断

本病通过流行病学调查、临床症状和剖检病变可诊断，注意与鸡慢性呼吸道病鉴别。

（六）防制措施

检修煤炉和管道，防止漏气，加强通风，做好预防工作。

一旦发生一氧化碳中毒，立即打开门窗，排出煤气，换进新鲜空气。

二十二、鸡恶食癖

鸡恶食癖包括啄肛、啄羽、啄趾、啄蛋等异常行为表现，其中以啄肛的危害最严重，常将肛门周围及泄殖腔啄得血肉模糊，甚至将肠道啄出吞食，造成被啄鸡的死亡。在土杂鸡中这种恶食癖尤为严重，常造成严重的经济损失。

第一，要到现场进行调查和分析，找出发生恶食癖的主要原因，并努力消除这个因素。第二，将染有恶癖的鸡和被啄的鸡及时挑出、隔离，以免恶癖蔓延。在被啄鸡的伤口涂上紫药水或四环素软膏。第三，加强饲养管理，提高整齐度，减少矮胖鸡，防止产蛋鸡脱肛。鸡群要及时分群，饲养密度不宜过大，加强通风换气，改善鸡舍环境。第四，饲料营养全价，供应充足的蛋白质和微量元素。第五，发生啄癖时，可在鸡舍暂时换上红色灯泡或窗户挂上红布帘子，使舍内形成一种红色光线，雏鸡就不容易看清蹼足上的血管或血迹。也可将瓜菜吊在适当高处，让鸡啄食，或悬挂乒乓球等玩具，转移啄癖鸡的注意力。光线太强可在鸡舍窗户上蒙一层黑色帘子，对预防啄癖有一定作用。第六，平时进行断喙，是防止啄癖的有效措施。断喙时一定要到位，形成下喙比上喙长。第七，发病鸡群饲料中添加2%石膏，连用1周左右；也可在饮水中添加1%的食盐，但时间不能长，以免发生食盐中毒。在饲料中添加蛋氨酸、羽毛粉、硫酸亚铁、硫酸钠、啄羽灵、啄肛灵等，在某些情况下也有效果。

第九章 土杂鸡养殖场经营管理

养鸡的宗旨和目的就是盈利，用最小的成本获得最大的利润。不管是对养殖户还是对大中小型养鸡场来讲，鸡场的经营和管理是非常重要的。

随着市场经济体系的建立和完善，土杂鸡生产必须适应市场经济的需要，这就要求生产者必须具备较强的经营管理意识和能力，理顺管理体制，这一点十分重要。对于小规模生产和大规模生产的要求也是不同的，需要进行土杂鸡生产发展的战略决策考虑，具有较强的市场开拓能力，配备强有力的经营人员和制定配套的制度，以保证食品安全、获得良好的经济效益和生产的持续稳定发展。

一、生产前的决策

在开始正式养殖工作之前，鸡场的经营管理者一定要综合考虑自己的硬件设备、资金、技术条件，再决定以下几件事情。

1. 市场调查

市场调查应当包括市场需求、发展前景及经济效益的预测等几方面的内容。

在确定养土杂鸡之前，必须运用适当方法，有目的、有计划地对土杂鸡的市场需求情况进行调查和分析，包括目前市场需求量怎样，销售渠道如何等。同时，要对各品种鸡的产肉产蛋情况、抗病能力、耗料情况等进行详细了解，从而为生产决策和制订生产计划提供依据，以期获得最佳经济效益。

2. 养殖品种

通常来说生长速度较快的鸡种，对饲养管理条件要求也比较高。如果是初搞养殖，最好选择地方鸡种，这些品种通常适应性广、耐粗饲、抵抗力强，这些品种通常也比较适宜放养。对具备一定条件与技术的鸡场完全就可以根据市场行情选择市场需求量大，利润空间大的品种。在同一类型中，要尽量选择生产性能高的品种。

商品鸡养殖周期短，对养殖技术要求也比较低，但利润相对较低。饲养种鸡养殖周期长、对养殖技术要求较高，但利润较高。养殖者可根据自身的条件确定到底是饲养商品鸡还是种鸡。同一鸡场一般不饲养不同代次的鸡只，父母代鸡场主要任务是饲养父母代种鸡，生产商品代鸡苗，相应可配套孵化设施，对鸡舍的设计及繁殖配种方式、饲养管理方法均有特定的要求。而商品鸡场则主要考虑怎样发挥鸡的最大生产潜力，获得最好的生产效益。

3. 养殖规模

到底饲养多大的规模，要根据自己的设施条件、资金周转状况、市场需求量来确定。

适当的饲养规模，对进行土杂鸡生产管理和获得最佳经济效益是重要的因素。从养殖业的角度考虑，必须具有较大规模才能产生较好的效益，因为每只鸡的绝对利润不可能是很大的，需要有数量的积累，才能产生规模效益，但不进行市场、效益分析和超过自身承担风险的能力，盲目扩大规模，也是不能成功的。如果饲养种鸡，则规模相对不宜过大，一般估计1只父母代种母鸡可提供150只以上商品土杂鸡，如全负荷供种，生产能力是很大的，一般达不到最高的利用效率。同时，对种鸡饲养技术的要求比饲养商品鸡要严格得多，必须综合考虑各方面因素确定种鸡饲养规模，一般种鸡场有上千只的规模较为适宜。目前国内主要有3种养殖模式。

（1）**副业养殖模式**　如果资金有限，需谨慎控制养殖规模、人力和场地，尽量利用闲置场地，不另外占用家里的壮劳力，由妇女、老人养殖商品土杂鸡1 000只左右，既有较好的经济效益，也不耽误照顾家庭生活和庄稼农活。图9-1为农家鸡舍。

图9-1　农家鸡舍

（2）**专业户养殖模式**　如果有一定经济实力，积累了较好的养殖技术，场地和人员也都到位，不妨全家一起专门经营土杂鸡养殖项目。土杂鸡养殖量可在3 000只以上，每天8小时按步骤完成1个工作日常管理工作。只要技术跟上、经营得当，按目前的售价，每月收入可达3 000～5 000元的经济效益。图9-2为专业养鸡场。

图9-2　专业养鸡场

（3）**规模化养殖模式**　近年来，随着社会的发展，畜禽养殖业不断向集约化、规模化、工厂化、现代化方向发展。规模化养殖是传统畜牧业向现代畜牧业转变的必由之路，集科学技术、现代管理、先进生产工艺于一体，是提高畜牧业经济效益的有效途径，土杂鸡规模化养殖也逐渐兴起（图9-3）。

图9-3　规模化养鸡场

4. 进雏计划

对鸡场经营者来说，每年都需要提前做好进雏计划，以充分利用自己的生产设施，并获取最大的经济效益。

对商品鸡场来说，进雏的依据：要考虑每批鸡的生产周期，自己的销售能力，能不能使土杂鸡在售价相对较高的时节上市，从而决定一年进几批雏，每次进雏的数量是多少。

对种鸡场来说要更多地考虑自己的生产能力、孵化能力、外部环境是否有利于育雏与产蛋，还有雏鸡种蛋的售价，多数种鸡场选择每年的 2—3 月和 9—11 月育雏。

进雏计划的确定，除遵循以上原则外，还应根据本场的人力、物力、财力等情况灵活掌握。

二、提高土杂鸡场经济效益的措施

1. 抓好养鸡企业的 5 个环节

经营养鸡企业和经营其他任何企业一样，都必须具备资金、技术、生产、供应和销售 5 个环节，资、技、产、供、销这 5 个环节首尾相连，环环相扣，缺一不可。要有资金和技术才能进行生产，要进行生产必然需要原料的供应，生产出来的产品必须销售出去才能获得利润，有了利润又可以扩大再生产。如此循环往复，企业才可以不断发展壮大。

（1）**资金**   资金是发展经济的基础。资金分为固定资金和流动资金两类。养鸡行业的固定资金指的是土地、房建和设备设施；流动资金指的是鸡苗款、饲料款、工资、水电费和其他生产经营开支。养鸡行业的固定资金一般需要 3 年时间才能收回来。除了利税、扩大再生产投资及通货膨胀因素外，一个鸡场的流动资金应该是一个常数，用这笔常数流动资金就可以进行年复一年的生产经营活动。

（2）**技术**   科学技术是第一生产力，坚持科学养鸡。常言道"养鸡业的风险大"，指的就是技术性强，特别是要求疾病防治技术应过关，否则养鸡经营者会日日担心。若有过硬的技术，就可以从容不迫地进行生产经营活动了。

（3）**生产**   鸡场和其他任何企业一样，最重要的经营活动便是生产活动。只有把生产搞好了，企业才有经济效益，凡是生产搞不上去的企业，其他一切都无从谈起。鸡场应集中力量搞生产，场长就是生产场长，必须亲自抓生产，领导和组织生产。

（4）**供应**   任何企业都必须在生产资料供应有保障的前提下才能进行正常的生产活动，否则生产就会时断时续，时好时坏，严重危及企业的生命力。鸡场应有专人负责供应，既有长期固定的供应渠道，又有临时机动的供应渠道，以保证鸡场不断鸡苗、不断饲料、不断电、不断疫苗药械和其他生产资料。

（5）**销售**   鸡场的一切生产经营活动都是为了获取经济效益，经济效益只有通过销售产品才能实现，所以企业一定要抓好产品的销售工作。要了解市场，寻找市场，开拓市场，培育市场，争取以较好的价格将产品及时地卖出去。鸡场应有专人负责销售工作，对于千变万化的市场行情能做出快速、灵活和果断的决策。

2. 影响鸡场经营成败的因素

（1）建场因素

①场址。场址选择不当，就消除不了传染源；或者鸡场出现缺水、缺电、道路

不通、风力过大、日照不够、昼夜温差太大等问题，灾害频繁，导致经营失败。

②场内布局。在一个鸡场内若把育雏育成舍布局在鸡场的下风向，把饲料加工车间摆在鸡场的下风向，把场前区（包括伙房、蛋库、办公室等）摆在鸡场的上风向，脏道和净道不分或者交叉，水井离粪坑不足 30 米等，都属于布局不合理，难免要发生交叉传染，造成防疫隐患，影响经营。

③房建设备。鸡场的建筑若不合理，设备若不配套，只追求形式不讲究功能，势必造成生产性能不高并增加鸡场折旧成本，这样就难以获取良好的经济效益。一定要注意，鸡舍建筑的功能是蔽日、遮风、防雨、隔热和保持干燥，不要把过多的资金用在建筑上，而应把资金重点投放在舍内设备上。

（2）人员因素

①内行与外行。只有内行才能养好鸡。凡是有志于养鸡事业的人，一定要虚心学习养鸡技术，变成内行后再养鸡，不要把养鸡看得太简单，否则很难成功。养鸡企业在选择鸡场管理人员时一定要选择内行，这是最起码的一个条件，然后才能谈及其他条件。

②勤奋与懒惰。人的秉性各不相同，有勤奋与懒惰之分。勤奋的人始终勤奋，勤能补拙；懒惰的人如不愿改正，再聪明也无用。鸡场从负责人到职工都要选择勤奋之人，若遇懒惰之人，观其 3 次仍然不改其懒惰本性，就应果断换人，否则工作难以开展。养鸡工作需要眼勤、手勤、脚勤，懒惰之人懒于动眼、动手和动脚，鸡是养不好的。

③细心与粗心。养鸡是个细致的工作，操作程序不能乱，工作细节不能忘，手脚动作不能重，就连咳嗽说话都要细声细气，

所以养鸡工作必须选择细心的人。粗心人不是忘记关水龙头就是把蛋打破，有时还要大声吼两句，高歌哼两声，饲料忘记喂，鸡群数不清，病死鸡也看不见，根本养不好鸡。凡是遇到粗心人，观察其 3 次仍然粗心，应坚决换人，否则鸡场的生产工作无法正常进行。

④寂寞与热闹。鸡场一般都远离城镇，地处偏僻农村，员工不能随便出场，在这样的工作、生活环境中确实令人感到寂寞。要从事养鸡事业的人必须耐得住寂寞，至少要能忍耐一个饲养周期的寂寞。凡是耐不住寂寞的人，最好不要从事养鸡事业。对于鸡场负责人来说，应该有强烈的事业心，只有耐得住寂寞才会有成功。

（3）疾病因素 鸡场经营的成败与否取决于鸡群的成活率，鸡群的成活率又取决于疾病的发生情况。只要不发生疾病，鸡场经营就会成功，否则就会失败。尽管生产上的工作有千条万条，第一条应该是杜绝疾病的发生。只要做到鸡体及其外部环境无毒无菌，就可以做到不生疾病。正常情况下，鸡群的育雏育成存活率在 90% 以上，产蛋期存活率在 85% 以上。如果育雏育成存活率低于 75%，产蛋期存活率低于 60%，这个鸡场的经营就会因亏损而失败了。

（4）生产性能因素 鸡群的生产性能高，鸡场经营就会成功，反之就会失败。当前的商品鸡种都有较高的生产潜力，足以使鸡场经营成功。但是生产潜力能否完全发挥出来，则取决于鸡群是否健康。凡是健康的现代商品鸡群，一定能表现出较高的生产性能。凡是暴发过疾病的鸡群，其生产性能一定低下。所以，鸡群生产性能的高低与疾病暴发与否有直接关系，必须控制疾病的暴发。

（5）饲养因素 一个健康的商品鸡群

要充分发挥其生产潜力，还必须依赖饲料的保证，饲料质量不好，营养不够，喂量不足乃至发生断料现象，将严重降低生产性能，导致鸡场经营失败。饲料成本占养鸡成本的70%左右，必须花费极大的精力解决好饲料问题。一要配方好，二要原料好，三要加工配合好，四要运输贮存好，五要饲喂好，做到这"五好"才能发挥饲料的作用，鸡群才有较高的生产性能，鸡场经营才会成功。

（6）资金因素　鸡场在饲养周期开始之前就应准备充分的垫底资金，如果鸡群还未饲养到收支平衡日龄以前就没有资金购买饲料了，势必要提前卖鸡，这样就可能造成重大经济损失，鸡场经营就失败了。这种情况在生产实践中是发生过的，应引起注意。

（7）市场因素　若忽视了市场调查，当市场供大于求时，鸡场还在大量发展养鸡，鸡养得再好，生产性能再高，也逃不脱亏损和失败的命运，现代化企业强调市场导向就是这个道理。养鸡市场出现供大于求的问题，这是市场规律，不以人的主观意志为转移，任何人也左右不了。作为一个企业的鸡场来说，在遇到了供大于求的市场局面时，只能利用竞争机制来解决，就是说当别人破产倒闭时，自己用以前经营的利润积累补亏，坚持不倒，待到供求平衡或供小于求时再图发展，获取高利润。当然，如果市场研究做得好，能准确预测市场行情，在供大于求时少养鸡，在供求平衡时适度发展养鸡，在供小于求时大力发展养鸡，这样鸡场的经营就会永远立于不败之地。

3. 降低生产成本的途径与方法

养殖的生产成本，主要由饲料、固定资产折旧、工资、防疫、燃料动力、其他直接费用和企业管理费等组成。降低生产成本，不仅可直接提高经济效益，还可增强产品的竞争力。降低生产成本的重点：降低饲料费用支出，提高成活率和饲料转化率。降低生产成本的措施主要有以下几项。

（1）降低饲料费用支出　在养鸡生产中，饲料费用是鸡场的一大笔开支，占生产成本的60%～70%，降低饲料成本是降低生产成本的关键。具体措施如下。

①合理设计饲料配方，在保证鸡的营养需要的前提下，尽量降低饲料价格。

②控制原料价格，最好采用当地盛产的原料，少用高价原料。

③周密制订饲料生产计划，减少积压浪费。

④加强综合管理，提高饲料转化率。

（2）减少燃料动力费开支　燃料动力费排在生产成本的第三位，鸡场的燃料动力费主要集中在育雏室和孵化室。减少此项开支的措施如下。

①育雏室供温采用烟道加温，可大大降低鸡场的电费。

②在选择孵化机时，要选择耗电量低的名优产品。

③可在孵化后期采用我国传统的孵化方法——摊床孵化，利用蛋的自温孵化。

④加强全场用电的管理，按规定照明的时间给予光照，加强全场灯光管理，消灭"长明灯"。

（3）节省药物费用支出　在鸡场的防疫管理方面，坚持防重于治的方针。

①在进雏鸡时，要了解该种鸡场的防疫情况、是否带有某种传染病，并核查种鸡垂直性传染病的净化情况。

②雏鸡来源不宜从多个场引进，最好从固定的种鸡场进苗，以便于传染病的控制。

③一旦有病鸡应及时隔离，及时淘汰。

对鸡群投药，宜采用以下原则：可投可不投的，不投；剂量可大可小的，投小剂量；用国产和进口药均可的，用国产药；用高价低价药均可的，用低价药。

三、土杂鸡的销售

1. 销售时应注意的事项

（1）寻找最佳销售时机　对于商品鸡来说就是养到多少天上市，可以获取最高的利润。简单的估算就是：利润＝鸡体重 × 售价－饲养成本。每个鸡种都有一个生长最快的时期，等过了这个时期，体重增长放缓，开始沉积脂肪。部分鸡种开始出现第二性征，鸡冠开始变红。因此，要综合考虑鸡的体重、售价还有饲养成本，找到利润最大的时机上市。

对种鸡来说主要考虑的是种鸡的繁殖性能以及雏鸡、种蛋的售价，如果不能盈利，就要果断淘汰。

（2）尽量减少应激　捉鸡时最好安排在大清早，如果是开放式鸡舍，则应在天黑时抓鸡装笼，以免因惊慌逃避而增加捕捉困难。对无窗鸡舍，可利用一光束来引导鸡走到笼车里，即舍内熄灯，而在笼车中开灯来引导鸡走进，到一定的数量就截止。使用这种方法要考虑鸡舍的设计，让车的后门与鸡舍的门结合起来，便于利用灯光引导鸡从暗室中走入特制的层笼车中，运至市场或屠宰场。这种引导捕捉可大大减少商品鸡在捕捉与装运过程中的损伤率。

捕鸡时，必须抓住鸡的翅膀、脚放入笼内。不得抛鸡入笼，以免因骨折而成为次品。要轻抓轻放，笼底要垫平，以防碰伤鸡，影响商品价值。

夏季为防止烈日暴晒，要在上午 8 ~ 9 时前运至销售地点。出售、屠宰前应停喂饲料。准备出售的土杂鸡，要在出售前6 ~ 8 小时停料，防止屠宰时消化器官残留物过多，使产品受到污染，同时也防止饲料浪费。已装笼的土杂鸡要注意通风、防暑，必须放到通风良好的场所，不让阳光直射到鸡的头部。炎热的夏天，可以在运前向鸡体喷水，中途停车时间不要过长。

（3）经济核算　每批鸡出售后必须进行核算，其一是计算饲料报酬，计算式：总耗料（千克）/ 土杂鸡净增重（千克）。其二是收支核算，即计算成本。每次核算要尽可能精确，才能算出饲养中的问题，得出经验，提高今后养鸡效益。

2. 营建市场营销网络

做好市场实际上是做好市场营销网络。市场营销网络包括实际上存在的各种相互交织的销售渠道和对这些销售渠道的管理。销售渠道又称分销渠道，是指产品由场（厂）或各种企业向消费者流动所经过的各种途径。销售渠道以企业为起点，以最终消费者的消费为终点，途经的各点称为中间商。各种渠道相互交织便构成了销售网。对鸡产品（活鸡、雏鸡、种蛋）而言，可能的销售渠道有以下几种。

（1）直销　由企业直接卖给最终消费者。

（2）零售　企业将产品卖给零售商，再由零售商卖给最终消费者。

（3）批发零售　企业将产品批发给批发商，批发商再卖给零售商，再由零售商卖给最终消费者。

（4）代理零售　企业寻找一个适合的商业伙伴作为该产品在某地理区域的代理商，再经代理商将产品卖给零售商，然后卖给最终消费者。

（5）代理批发零售　即在代理与零售中增加一级批发商。

只有营建好了自己的销售网络，保证产品顺利在市场上流通，最终才能创造利润。

参考文献

陈宽维，2001. 优质黄羽肉鸡饲养新技术 [M]. 南京：江苏科学技术出版社．

陈溥言，2008. 兽医传染病学 [M]. 5 版．北京：中国农业出版社．

崔治中，2009. 兽医全攻略·鸡病 [M]. 北京：中国农业出版社．

戴亚斌，2015. 鸡场用药关键技术 [M]. 北京：中国农业出版社．

樊新忠，2003. 土杂鸡养殖技术 [M]. 北京：金盾出版社．

甘孟侯，1999. 中国禽病学 [M]. 北京：中国农业出版社．

呙于明，齐广海，2007. 家禽营养与饲料科技进展 [M]. 北京：中国农业科学技术出版社．

国家畜禽遗传资源委员会，2010. 中国畜禽遗传资源志·家禽志 [M]. 北京：中国农业出版社．

胡友军，2009. 优质鸡养殖实用技术 [M]. 广州：广东科技出版社．

焦库华，2003. 禽病的临床诊断与防治 [M]. 北京：化学工业出版社．

李慧芳，汤青萍，赵宝华，2014. 怎样提高土杂鸡养殖效益 [M]. 北京：金盾出版社．

李慧芳，章双杰，赵宝华，2015. 蛋鸡优良品种与高效养殖配套技术 [M]. 北京：金盾出版社．

廖云琼，康永刚，2010. 肉种鸡饲养管理技术 [J]. 现代农业科技（21）：351-361．

刘月琴，张英杰，2007. 家禽饲料手册 [M]. 北京：中国农业大学出版社．

P McDonald，2007. 动物营养学 [M]. 王九峰，译．北京：中国农业大学出版社．

钱建飞，2000. 肉鸡生产关键技术 [M]. 南京：江苏科学技术出版社．

王长庚，2005. 现代养鸡技术与经营管理 [M]. 北京：中国农业出版社．

魏刚才，刘俊伟，2011. 鸡场疾病预防与控制 [M]. 北京：化学工业出版社．

辛朝安，2008. 禽病学：第 2 版 [M]. 北京：中国农业出版社．

熊家军，唐晓惠，2009. 鸡高效养殖新技术 [M]. 北京：化学工业出版社．

徐桂芳，陈宽维，2003. 中国家禽地方品种资源图谱 [M]. 北京：中国农业大学出版社．

杨宁，2003. 家禽生产学 [M]. 北京：中国农业出版社．

赵宝华，程旭，郑大永，2019. 提高肉种鸡出雏率的主要措施 [J]. 中国禽业导刊，36(17)：49-50．

赵宝华，张安，邵丹，2016. 林下放养鸡发生新城疫的诊断及其防控对策 [J]. 中国禽业导刊，33(18)：69．

赵宝华，张丹，郑大永，2019. 商品肉鸡养殖过程遇到的常见疾病及防控对策 [J]. 中国禽业导刊，36(12)：47-49．

SAIF Y M，2005. 禽病学 [M]. 苏敬良，高福，索勋，主译．北京：中国农业出版社．